国家十三五重点研发计划项目"**工业化建筑设计关键技术**"
(2016YFC0701501)

装配式 混凝土剪力墙结构 施工指南

ZHUANGPEISHI HUNNINGTU JIANLIQIANG
JIEGOU SHIGONG ZHINAN

北京市保障性住房建设投资中心
北京城乡建设集团有限责任公司 编著

中国电力出版社
CHINA ELECTRIC POWER PRESS

内 容 提 要

本书以装配式建筑的发展历程为开篇，从装配式建筑的施工准备、临时设施，到装配式剪力墙结构的施工方法、质量验收、施工案例等方面，系统介绍了装配式剪力墙结构的施工组织、验收流程及控制要点。本书适用于参与装配式剪力墙结构及装配式临时设施的研究、设计、施工等技术人员，也可供土木建筑相关专业学生参考阅读。

图书在版编目（CIP）数据

装配式混凝土剪力墙结构施工指南 / 北京市保障性住房建设投资中心，北京城乡建设集团有限责任公司编著. —北京：中国电力出版社，2020.10
ISBN 978-7-5198-3226-1

Ⅰ. ①装… Ⅱ. ①北…②北… Ⅲ. ①装配式混凝土结构–剪力墙结构–工程施工–指南
Ⅳ. ①TU398–62

中国版本图书馆 CIP 数据核字（2019）第 105283 号

出版发行：中国电力出版社
地　　址：北京市东城区北京站西街 19 号（邮政编码 100005）
网　　址：http://www.cepp.sgcc.com.cn
责任编辑：王晓蕾（010-63412610）
责任校对：黄　蓓　朱丽芳
装帧设计：王红柳
责任印制：杨晓东

印　　刷：北京天宇星印刷厂
版　　次：2020 年 10 月第一版
印　　次：2020 年 10 月北京第一次印刷
开　　本：787 毫米×1092 毫米　16 开本
印　　张：16.5　1 插页
字　　数：375 千字
定　　价：68.00 元

《装配式混凝土剪力墙结构施工指南》
编 委 会

主　　任	金　焱				
副 主 任	王　磊	王春河	朱　静	沈怡宏	刘晓光
	李持缨	孙　洁	王　钰	付　思	
成　　员	丁晓姮	薛　梅	孟　捷	伍孝波	徐　翔
	何　丹	张广军	王志刚	李书明	王　蛟
	杨　燕	周　羽	李　旭	单振宇	张　勃
	孙兴凯	师　政	黄　宁		

主　　编	伍孝波	韦晓峰	刘立平		
副 主 编	李相凯	吴继成	张　勃	谭江山	宋　梅
参编人员	蔡　宾	李学祥	王大群	张志勇	周秋勇
	王　赛	刘永辉	刘学勇	张　冬	李建东
	王井峰	李孟男	李海旭	岑丽丽	张　顼
	孙兴凯	崔洪武	董大卫	孟　捷	陈　楠
	张　涛	于　晟	刘永建	陆　斌	范雪莲
	陈　雷	李　轩	佟　义	刘媛媛	赵　奇
	刘曦瞳	芦　琍	毛忠坤	翟克鑫	韩可林
	彭靖超	王　雯	韩冬松	刘亚琳	高文竹
	徐少杰	宋立凯	韩冬琴		

序

当前，国家及地方发展装配式建筑的政策纷纷出台、市场规模持续扩大，开发企业、设计企业、施工企业和生产制造企业都热情高涨，积极投入到这场产业升级的浪潮中。北京市保障性住房建设投资中心（以下简称"北京保障房中心"）作为首都住房保障的排头兵，以"品质、创新、一流"为宗旨，打造品质高端、技术先进、功能一流的保障房。坚持以"不低于普通商品住房"为标准，在保障房建设过程中，以适应首都城市战略定位调整和建筑行业转型升级趋势为起点，围绕"建筑设计标准化、部品生产工厂化、现场施工装配化、结构装修一体化、维护保养专业化、过程管理信息化、建筑应用智能化"，大力推行住宅产业化。同时不断在保障房建设过程中向超低能耗住宅、钢结构住宅、被动房等领域不断研发，努力向首都市民提供节能、绿色、低碳、宜居的基本住房。

截至 2018 年 5 月，北京保障房中心实施的装配式技术的项目共计 54 个，房屋总套数 8.8 万套，地上总建筑面积 538.7 万 m²。这里面，既有单独实施装配式结构体系的项目，也有单独实施装配式装修技术体系的项目，但更多的是在同一个项目中同时实施装配式结构技术及装配式装修技术。在《装配式建筑评价标准》发布后，我们也对几个有代表性的项目进行了自评价，即使是北京地区 80m 限高的项目，也实现了高装配率。如台湖公租房项目，建筑高度 79.9m，装配率达到 97.2%，等级评价为 AAA。

一、推进实施装配式建筑的驱动力

切实履行市属国企社会责任的使命驱动。习总书记说"绿水青山就是金山银山"，作为特殊功能类的市属国企，有责任为实现"绿水青山"贡献一份力量。节能降耗，走资源节约型企业发展之路、发展循环经济，推进清洁生产，推进环境友好型企业建设、努力为首都百姓提供绿色宜居的高品质基本住房，是我们应承担的社会责任和肩负的使命。传统现浇建筑建造过程能源和资源消耗量大，建筑环境污染问题突出，劳动生产率总体偏低，而装配式建筑在减少人工、减少能耗方面效果非常明显。在这几年的建设中，我们一直在跟踪研究建设项目中得到的数据，与传统现浇作业方式相比，装配式建筑具有精度高、节省模板，改善制作时的施工条件，提高劳动生产率，提高产品质量，加快总体施工进度、减少施工扬尘和噪声污染的综合效益。

快速满足老百姓美好生活居住需求驱动。北京保障房中心承担着全市 50% 以上的公租房配租任务，为实现居有所居，满足首都人民美好生活居住需求，我们必须探索一条快速的、高质量的、适应大规模建造的建设路径。装配式建筑创新性地把工业化生产、环保型建材、装配化技术等多种因素进行有机整合，正是契合我们要走的提质增效的路径。

建筑全生命周期成本最优驱动。装配式结构的实施提升了建筑质量，与传统现浇结构相比，其墙体轴线精度和墙面表面平整度误差从厘米级误差降到了毫米级，有了质的飞跃，给后续装修装饰提供了更为友好和优质的工作界面；装配式装修的实施，也大大提高了住宅的品质，大大降低了运行期间的维护成本。从北京保障房中心项目运营反馈的数据，实施装配式装修项目报修率明显低于实施传统装修项目，每千套每月报修次数下降了 82.9%左右。装配式建筑虽然前期成本有所增加，但从它的全生命周期的可持续性来考量，从建筑产品的品质、可靠稳定的质量、便捷的维护、较少的维修需求来考量，采用装配式技术是基于建筑全生命期成本考量的最优化的选择。

二、推进实施装配式建筑管理的几方面探索

全产业链整合的探索。推动装配式建筑是生产方式的彻底变革，必须摆脱建筑业现有的分段割裂的生产方式，组建产业链完整的产业化集团，可有效避免目前设计、生产、施工、安装、装修、装饰、运维等阶段分别由不同的企业主体完成的生产方式，克服效率低下、推诿扯皮、重复纳税等问题。北京保障房中心在推动装配式技术实施的同时，也同时进行产业链整合的探索：牵头与北京市政路桥控股集团、北京市建筑设计研究院有限公司、北京城乡建设集团、北京首都开发控股（集团）有限公司共同出资 2.6 亿元，组建了北京市住宅产业化集团股份有限公司。目前已取得施工总承包一级资质和建筑行业（建筑工程）设计甲级等资质证书，基本具备了建筑行业供给侧全产业链整合的实施能力。

标准化产品需求，实现产品跨项目迭代升级的技术创新探索。实施装配式建筑，标准化设计是基础。北京保障房中心形成了一套完整的公租房产品建设标准，包含标准化功能模块及其组成的户型、楼型库，对应的预制构件库，装修与管线集成的装配式装修技术体系及其构造图库。标准化的核心目的是适应工业化大规模生产，从而提高品质、降低成本。但也会因此带来建筑产品同质化、建筑产品更新换代升级能力受限等方面的问题，标准化与多样化是矛盾的，这在我们的项目中有很多成功的处理措施：

同户型同楼型的多样性效果。通州台湖公租房项目，有 B、D 两个地块，共 5056 套公租房，项目设计共四种户型、两种楼型（2T6 及 2T7）。但是，两个地块间所呈现的外观效果是完全不同的。通过阳台板、空调板、预制构件色彩以及装饰线脚的变化实现多样性与标准化的统一。

同规格尺寸户型模块的多样性效果。百子湾公租房项目，4000 套公租房共四种户型，该项目由马岩松先生设计，实现建筑师非常有创意的山水意象设计概念，但项目设计同样执行的是北京保障房中心标准化管控，采用与台湖公租房项目统一规格尺寸的户型模块，但是楼型与台湖公租房项目完全不同，它的平面为三叉型，而立面上又多次退层，富于变化。通过标准化管控既控制了外墙板的规格种类，模板可多次周转使用，实现不同项目间模板通用性，大大节约成本，又实现每个项目独具的特色。

预制构件表面处理的多样性效果。在前期，北京保障房中心项目采用的是常规清水混凝土饰面，从台湖公租房、百子湾公租房开始，在工艺上进行了提升，采用防止混凝土变色保持自然肌理纹路的防水底漆以及超耐候性能的面漆和具有自洁功能的纳米面漆。同时在通州副中心项目，已经成功实施了预制构件瓷板反打以及硅胶膜反打工艺。我们还在继续探索其他的饰面工艺，既要做好，还要做精。

抓施工关键环节，实现产品质量控制的制度探索。套筒灌浆是装配式混凝土结构体系施工环节重中之重，按现行体制，一般由总承包方安排劳务分包方去做，工人技术水平难有保证；建筑构件也由总承包方向其他企业采购，导致关键环节缺乏互相监督，质量很难保证。在我们的项目上，要求套筒灌浆工序由构件生产企业组织专业人选按照工厂生产工序进行施工。这样做，一是确保了灌浆料和套筒的匹配性，二是构件厂专业灌浆队伍与总承包单位的相对独立，既可以起到一定的制约作用，也可以有效避免偷工减料、压缩合理工序时间等问题，从而保证套筒灌浆这一关键工序的施工质量。

以运维平台建设为抓手，从需求侧推动 BIM 应用。北京保障房中心在焦化厂超低能耗项目和通州副中心项目上正在试点建设 BIM 运维管理平台。计划打造可实现对人（租户）的服务、对物（房屋）的管理以及对建筑物使用期间的能耗监测的信息化及智能化平台。BIM 运维管理平台的建设，是北京保障房中心从运维需求出发，打通设计、构件及部品生产、施工的全过程、各环节间 BIM 的有效衔接。

加强建造过程管理，推动建筑业供给侧改革。推动装配式建筑，要做到充分发挥其优势，不仅仅只关注建成一个装配式的房子，要把装配式建造的理念深入贯彻到建造过程中的各环节。我们的项目施工现场，办公区、木工加工棚、水泵房、围墙及道路等临时设施，都采用工厂化预制的、可循环周转使用的集成式产品。为实现这个效果，也是费了一番周折，开始总承包方是不主动的，既有市场上产品供应问题，也有成本的问题，但我们必须推进这个工作，在产业化施工方案评审中装配式临设是做我们项目必需的审核项。现在看来，实施效果非常好。拿预制混凝土路面来说，总承包方算了一下账，用 30cm 厚的现浇混凝土道路，综合单价约 200 元；采用预制混凝土块道路，综合单价约 380 元，基本重复利用两次，就可摊销成本。这是仅从成本来说，对比现浇道路，预制混凝土路面品质、精细化程度高，重复利用率高，省工、省时、省力、耗材少、污染少，无需二次破除，带来的是非常可观的综合社会效应。作为开发企业，定位合适的装配式建筑的实现目标，在达到高速、高质量地建设住宅产品的同时，也培养带动出一批领跑企业，逐步向社会普及装配式技术，推动供给侧的改革。

三、展望与思考

通过北京保障房中心的多年实践，我们体会到装配式建筑的确有利于节约资源能源、减少施工污染、提升劳动生产效率和质量安全水平，有利于促进建筑业与信息化工业化深度融合、培育新产业新动能、推动化解过剩产能，是推进供给侧结构性改革和新型城镇化发展的重要举措。

稳妥推进装配式建筑的实施和发展，既需要向前看探讨方向，也需要及时回头看总结经验教训。所以就有了《装配式混凝土建筑设计管理手册》《装配式混凝土剪力墙结构施工指南》《图解装配式装修设计与施工》三本书的出版。我们希望通过积极探索、研发和采用新的装配式建筑解决方案，为推动装配式建筑持续健康发展贡献力量。

北京市保障性住房建设投资中心党委书记、总经理　金　焱

2018 年 10 月

前　言

　　装配式就是像造汽车一样的造房子，装配式建筑是建筑集成化、工厂化、装配化的一种新型的建筑方式。

　　装配式结构是由构件生产厂家加工生产建筑构件，到现场通过组装而形成的建筑。单个构件厂加工服务范围在 200km。

　　从"一带一路"的大趋势来讲，"一带一路"沿线国家将来的交通将连接在一起，尤其是中国的高铁作为世界连通的主力，正在以前所未有的速度发展。设想，如果亚洲、欧洲、非洲的高铁连接在一起，中国成熟的装配式技术能够走出去，将形成一个以高铁为依托，400km 范围内一个成熟的建筑市场。

　　从"十二五"开始，基于绿色发展的需要，为提高质量、提高效益、减少人工、减少消耗，国家多次提出发展装配式建筑的政策要求。2016 年 2 月 6 日，国务院发布《关于进一步加强城市规划建设管理工作的若干意见》，要求"大力推广装配式建筑，减少建筑垃圾和扬尘污染，缩短建造工期，提升工程质量"。2016 年 9 月 27 日国务院又发布《关于大力发展装配式建筑的指导意见》（国办发〔2016〕71 号），进一步明确了装配式建筑的发展目标和八项重点工作任务，划分了装配式建筑的重点推进区域、积极推进区域和鼓励推进区域。2017 年 3 月 23 日，住房和城乡建设部印发《"十三五"装配式建筑行动方案》（建科〔2017〕77 号），明确了"十三五"期间装配式建筑发展目标。《北京市人民政府办公厅关于加快发展装配式建筑的实施意见》（京政办发〔2017〕8 号）、《关于加强装配式混凝土建筑工程设计施工质量全过程管控的通知》（京建法〔2018〕6 号），相关文件明确了北京市装配式建筑发展总体要求、重点任务、工作措施等方面的要求，为建筑产业转型升级指明了方向、提出了要求。同时，各地也相继出台关于装配式建筑方面的推动政策，并将装配式建筑实施情况纳入相关任务指标内。

　　"装配式建筑必将是当前仍至今后建筑业必展的方向"已成为业内共识。建筑企业间也因此展开新一轮的竞争。

　　2012 年，北京城乡建设集团与北京市保障性住房建设投资中心、北京建筑设计研究院有限公司、北京市燕通建筑构件有限公司等相关单位在昌平南口开展了"北京市装配式公租房试验楼"项目课题研究，形成了《装配式剪力墙施工工艺标准》（企标），随后陆续承接了一大批装配式结构工程，拉开了装配式结构施工的序幕。

　　2014 年至今，北京城乡建设集团先后承接台湖公租房工程、焦化厂公租房工程、通州副中心职工周转房工程等大型装配式建筑住宅小区的建设任务。

　　"科技引领未来，创新驱动发展"。在装配式建筑实施施工过程中，工程技术人员不断积极探索装配式建筑创新之路，形成了与装配式建筑施工相关的地方标准、工法、及相关国家专利。装配式建筑相关科技创新及成果的应用与转化，有效地推动并促进了企业装配式建筑在施工安全、质量、进度与效益等综合管控能力的提升，形成了装配式建筑的施工品牌。

在良好的政策环境下，装配式建筑相关技术体系日臻成熟，建设项目规模日益扩大。本书正式在这个背景下，通过对参与的大规模装配式混凝土工程建设时间进行总结提炼，同时借鉴行业前沿技术的探索实践完成的。

本书有六章，包括概述、施工准备、装配式临时设施、装配式剪力墙结构施工、质量验收、装配式剪力墙结构施工案例等。

本书在策划与编写过程中，得到了上级领导的亲切关怀与大力支持，相关工程技术人员积极参与其中，在此一并表示感谢！

限于经验、能力、时间等诸方面因素，本书难免存在不足之处，欢迎大家多提宝贵意见，我们将认真吸取，以便再版时修改和完善。另外，本书所涉及相关技术质量做法与要求与现行规范标准、文件规定不一致时，应按现行规范标准、文件规定执行。

编　者

2020 年 7 月

目　　录

第1章 概 述

1.1 装配式建筑的概念

在建筑产业不同的发展时期，国家政策上分别出现过建筑工业化、住宅产业化、建筑产业现代化、装配式建筑等相关概念，这里先简述一下相关概念，以便更全面地解读装配式建筑。

1. 建筑工业化

1995 年建设部发布的《建筑工业化发展纲要》里给出的定义为："建筑工业化是指建筑业从传统手工操作为主的小生产方式逐步向社会化大生产方式过渡，即以技术为先导，采用先进、适用的技术和装备，在建筑标准化的基础上，发展建筑构配件、制品和设备的生产，培育技术服务体系和市场的中介机构，使建筑业生产、经营活动逐步走上专业化、社会化道路。"

我国学者也对建筑工业化进行了讨论。李忠富提出："用大工业化规模生产的方式生产建筑产品"，认为建筑工业化的特征为"住宅构配件生产工厂化、现场施工机械化、组织管理科学化"。

工业化强调的是技术手段，内容包含建筑物、构筑物主体结构的工业化方式建造。目的是通过现代工业生产方式，部分或全部替代建筑业中分散、低效率手工作业的建造方式。强调通过发展建筑业和建材业的工业化水平来提高建筑工业化水平。目前行业里有一个比较准确的概念来解释建筑的工业化，就是"像造汽车一样造房子"。

2. 住宅产业化

联合国经济委员会的定义产业化的概念为："① 生产的连续；② 生产物的标准化；③ 生产过程各阶段的集成化；④ 工程高度组织化；⑤ 尽可能用机械化作业代替人的手工劳动；⑥ 生产与组织一体化的研究和开发。"

在国内，住宅产业化源于 20 世纪 90 年代，一般性的理解是整合设计、生产、施工、运维等全产业链的生产模式。2012 年以后，住房和城乡建设部提出了发展新型住宅产业化道路：采用标准化设计、工厂化生产、装配化施工、一体化装修和信息化管理为主要特征的生产方式，并在设计、生产、施工、开发等环节形成完整的、有机的产业链，实现房屋建造全过程的工业化、集约化和社会化，从而提高建筑工程质量和效益，实现节能减排与资源节约。

住宅产业化强调生产方式和管理方式，重点是成品住宅建设全过程的标准化、工业化、集成化生产、信息化管理。内容涵盖住宅建筑主体结构工业化建造方式，同时还包含设计标准化、装修系统（暖通、电气、给水排水）成套化集成化、物业管理社会化等，涉及建筑相关的建材、五金、轻工、厨卫设备、家具等行业，强调实现全产业链的整合。

3. 建筑产业现代化

建筑产业现代化于 2013 年真正落实到政策层面，2014 年《住房和城乡建设部关于推进建筑业发展和改革的若干意见》（建市〔2016〕92 号）明确提出推动建筑产业现代化。建筑产业现代化是指在建造过程中采用标准化设计、工厂化生产、装配化施工、一体化装修和信息化管理为主要特征的工业化生产方式，形成完整的产业链。建筑产业现代化涵盖了建筑工业化、住宅产业化的内涵和外延。

4. 装配式建筑

国务院办公厅《关于大力发展装配式建筑的指导意见》（国办发〔2016〕71 号）将装配式建筑定义为："用预制部品部件在工地装配而成的建筑"。这一定义在《装配式建筑评价标准》（GB/T 51129—2017）中进行了沿用，并在其条文说明中进一步解释为："装配式建筑是一个系统工程，是将预制部品部件通过系统集成的方法在工地装配，实现建筑主体结构构件预制，非承重围护墙和内隔墙非砌筑并全装修的建筑。装配式建筑包括装配式混凝土建筑、装配式钢结构建筑、装配式木结构建筑及装配式混合结构建筑等。"

《装配式混凝土建筑技术标准》（GB/T 51231—2016）、《装配式钢结构建筑技术标准》（GB/T 51232—2016）和《装配式木结构建筑技术标准》（GB/T 51233—2016）中，装配式建筑是定义为"结构系统、外围护系统、内装系统、设备与管线系统的主要部分采用预制部品部件集成的建筑"。国家标准在条文说明中进一步解释："装配式建筑是一个系统工程，是将预制部品部件通过模数协调、模块组合、接口连接、节点构造和施工工法等用装配式集成的方法，在工地高效、可靠装配并做到建筑围护、主体结构、机电装修一体化的建筑。"

从目前来看，虽然表述有所不同，但在其定义里均体现了装配式建筑的内涵特征，即标准化设计、工厂化生产、装配化施工、一体化装修、信息化管理、智能化应用，强调的是系统性，不仅仅只是结构的装配化，还关系着系统的集成和全装修。

总体来看，装配式建筑是实现建筑产业现代化的一种形式。

1.2 装配式建筑国外的发展情况

装配式建筑的核心是构件预制和现场组装。这种概念在东西方的建筑史中很早都有体现。如对欧洲建筑发展影响非常大的古希腊建筑，采用梁柱体系的结构，其柱子即为预制，并形成固定的柱式，即多立克柱式、爱奥尼柱式、科林斯柱式、塔司干柱式和混合柱式。在中国，应用最为广泛的建筑体系为木构架建筑，其柱、梁、斗拱等结构构件形成一套完备的标准化和模数化的形制，构件定型化达到很高的水平，在现场通过榫卯构造相连，组合形成完整的受力和传力体系。这种木结构一个特点是维护结构与支撑结构相分离。

受工业革命的影响和第二次世界大战的影响，居民住房需求的矛盾日益突出，建筑的工业化预制装配在西方和日本等国家首先发展起来。在我国，装配式建筑在政策推动下，随着经济及技术的发展，目前逐渐成为一种趋势。

1.2.1 欧洲装配式混凝土建筑发展情况

欧洲是预制装配式建筑的发源地,在 19 世纪中期,工业革命由轻工业发展至重工业,尤其随着钢铁工业的迅速发展,为建筑业新技术及新形式奠定了基础。第二次世界大战后,由于劳动力资源短缺,欧洲进一步研究探索建筑工业化模式。以德国和瑞典为例分析其装配式建筑发展情况。

1. 德国

德国从 19 世纪 20 年代开始发展建筑产业现代化,至今已有一百余年的发展历史。以装配式建筑为代表的建筑产业现代化发展,经历了由追求低成本、快速建设、极简建筑美学的预制混凝土大板阶段,到目前寻求项目的个性化、经济性、功能性和生态保护的综合平衡理性发展阶段,因地制宜地发展建筑产业现代化。

德国今天的公共建筑、商业建筑和集合住宅项目大都因地制宜,根据项目特点,选择现浇与预制构件混合建造体系或钢混结构体系建设实施,并不追求高比例装配率,而是通过策划、设计、施工各个环节的精细化优化过程,寻求项目的个性化、经济性、功能性和生态环保性能的综合平衡。从规划和城市空间塑造方面,借鉴传统城市空间布局与建筑设计,打破单调的大板建筑风格。随着工业化进程的不断发展,BIM 技术的广泛应用,建筑工业化水平不断提升,各种建筑技术、建筑工器具的精细化不断发展进步,建筑上采用工厂预制、现场安装的建筑部品越来越多,占比越来越大。德国是世界上建筑能耗降低幅度最快的国家,近几年更是提出发展零能耗的被动式建筑。从大幅度的节能到被动式建筑,德国都采取了装配式建筑来实施,装配式建筑与节能标准相互之间充分融合。

德国在装配式混凝土结构方面主要发展的双面叠合剪力墙结构体系,由叠合墙板、叠合楼板、叠合梁以及叠合阳台等构件,辅以必要的现浇混凝土形成剪力墙结构,如图 1-1 所示。

叠合板体系
叠合挡板
预制混凝土层
桁架钢筋
现浇混凝土
叠合楼板

图 1-1 双面叠合剪力墙结构体系

这种结构的优点是上下层剪力墙现浇连接,内外墙板与内芯整体受力;预制构件尺寸大，装配速度快，接缝少；三明治结构（外页板、保温板及内页板结构）实现超低能耗；预制部分代替部分模板，可全自动化生产。

2. 瑞典

瑞典是世界上住宅工业化最成功的国家之一，其重要特点是住宅产业的高度现代化，这也为节能技术的普及和节能目标的实现奠定了良好的产业基础。瑞典从 20 世纪 40 年代就着手公寓式住宅的模数协调的研究，从 20 世纪 50 年代开始推行建筑工业化政策，发展大型混凝土预制板的工业化体系，大力发展以通用部件为基础的通用体系。瑞典建筑工业化特点是在完善的标准体系基础上发展通用部件，模数协调形成"瑞典工业标准"（SIS），实现了部品尺寸、对接尺寸的标准化与系列化。

瑞典在装配式混凝土结构方面主要发展大型混凝土预制板体系：预制三明治墙板、大型预制空心楼板、叠合楼板、预制阳台等。其重要的特点是干体系的连接构造，干体系就是螺母螺帽的结合，接头部分大都不用现浇混凝土。其缺点是抗震性能较差，主要用于非地震区，如图 1-2 为装配式预制板构件。

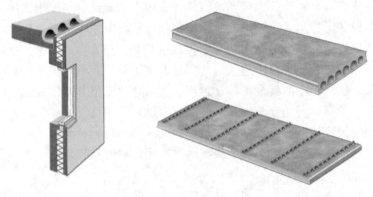

图 1-2 预制板配件

1.2.2 北美地区装配式混凝土建筑发展情况

北美地区主要以美国和加拿大为主，由于预制/预应力混凝土协会（PCI）长期研究与推广预制建筑，预制混凝土的相关标准规范也很完善，所以其装配式混凝土建筑应用非常普遍。

美国的装配式建筑起源于 20 世纪 30 年代，当时它是汽车拖车式的，用于野营的汽车房屋，主要是为选择迁徙、移动生活方式的人提供一个住所。1976 年，美国国会通过了国家装配式建筑建造和安全法案，同年开始由美国联邦政府住房和城市发展部（简称HUD）负责出台一系列严格的行业规范标准，有些标准一直沿用到今天。随着政策标准的出台及新技术的发展，美国的装配式建筑建设快速发展。据美国装配式建筑协会统计，2001 年，美国的装配式建筑已经达到了 1000 万套，占美国住宅总量的 7%，为 2200 万的美国人解决了居住问题。美国的住宅用构件和部品的标准化、系列化、专业化、商品化、社会化程度很高，几乎达到 100%。这不仅反映在主体结构构件的通用化上，而且特别反映在各类制品和设备的社会化生产和商品化供应上。除工厂生产的活动房屋和成套供应的木框架结构的预制构配件外，其他混凝土构件和制品、轻质板材、室内外装修以及设备等产品十分丰富，品种达几万种，用户可以通过产品目录，从市场上自由买到所需的产品。这些构件的特点是结构性能好、用途多、有很大通用性，也易于机械化生产。美国发展装饰装修材料的特点是基本上消除了现场湿作业，同时具有较为配套的施工机具。

现在美国预制业用得最多的是剪力墙—梁柱结构系统（见图 1-3）。基本上水平力（风力和地震力）完全由剪力墙来承受，梁柱只承受垂直力，而梁柱的接头在梁端不承受弯矩，简化了梁柱结点。经过 60 年实际工程的证明，这是一个安全且有效的结构体系。

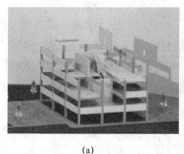  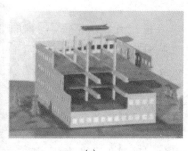

(a)　　　　　　　　　　(b)　　　　　　　　　　(c)

图 1-3　剪力墙—梁柱结构系统
（a）内剪力墙—梁柱结构；（b）框架—梁板柱结构；（c）外剪力墙—梁柱结构

1.2.3　日本装配式混凝土建筑发展情况

日本的住宅产业化是从 20 世纪的 50 年代开始发展起来的，它的背景是大量的住房需求，发展的原动力是政府的方针政策，实施的骨干力量是住宅公团（即现在的都市再生机构）。政府在经济政策方面相继建立了"住宅体系生产技术开发补助金制度"及"住宅生产工业化促进补贴制度"等。在技术政策推进上主要包括三个方面：一是大力推动住宅标准化工作，二是建立优良住宅部品（BL）认定制度，三是建立住宅性能认定制度。一系列的经济政策及技术政策有力地保证和推动了住宅产业的发展。而住宅公团以工业化为方针，通过组织产业化基础技术开发，向企业订购工厂生产的住宅部品，向建筑商发包以预制组装结构为主的标准型住宅建设工程，由此达到高速高质量地建设公共住宅的目的，同时也培养出一批领跑企业，逐步向全社会普及建筑工业化技术。日本的建筑工业化除了主体结构工业化之外，借助于其在内装部品方面发达成熟的产品体系，形成了主体工业化与内装工业化相协调发展的完善体系。

日本的主体结构工业化以预制装配式混凝土 PC 结构为主，同时在多层住宅中大量采用钢结构集成住宅和木结构住宅。PC 结构住宅经历了从 WPC（预制混凝土墙板结构）到 RPC（预制混凝土框架结构）、WRPC（预制混凝土框架-墙板结构）、HRPC（预制混凝土-钢混合结构）的发展过程。

目前大量采用 PC 框架体系（RPC），其主要构件包括预制柱、预制梁、叠合楼板、预制阳台及楼梯等。通过后浇混凝土连接梁、板、柱以形成整体，柱下口通过套筒灌浆连接。这种体系建立在日本隔震、减震等制震技术及高强度钢筋和混凝土应用技术上，优点是建筑平面布置灵活，能获得较大空间，易于改造；结构受力、传力明确，计算理论比较成熟；梁、柱、板构件易于标准化、定型化，便于采用装配整体式结构，以缩短施工工期。同时，日本的住宅一般为精装修交房，且大量采用 SI 内装工业化体系，使用集成化内装部品，因此框架结构自身的梁、柱对建筑户型影响较小。

1.3　装配式建筑国内的发展情况

20 世纪五六十年代，国内面临大规模建设需求，为提高劳动效率，1956 年国务院《关于加强和发展建筑工业的决定》中提出："实行工厂化、机械化施工，逐步完成对建筑工业的技术改造，逐步完成向建筑工业化的过渡"，形成了一系列装配式混凝土建筑体系，较为典型的建筑体系有装配式单层工业厂房建筑体系、装配式多层框架建筑体系、装配式大板建筑体系等。

20 世纪 70 年代末至 90 年代，同样面临大规模建设需求，为提高劳动效率，国家相继出台《建筑工业化发展纲要》等政策文件，使得装配式混凝土建筑得到广泛应用。用装配式大板、框架轻板、大型砌块、大模板现浇 4 种体系代替砖混结构建造住宅，推动了我国住宅工业化施工建设的科技进步。其中装配式大板建筑在当时推广比较好，它是由预制的大型内外墙板和楼板、屋面板、楼梯等预制构件组合而成的建筑，地上部分全部为预制构件，通过装配式节点（连接钢板或钢筋焊接、螺栓连接等）连接而成，但由于住宅带动房地产业高速发展，人们对住宅设计要求多样化和个性化，但此时我国的装配式混凝土建筑设计和施工技术研发水平还跟不上社会需求及建筑技术发展的变化。同时，建筑材料的整体质量和设计水平不足也逐渐凸显，曾经在全国推行的"大板建筑"也因使用功能差、开裂渗漏严重、维护困难、结构抗震安全性能差等缺点而没有得到继续发展。到 20 世纪 90 年代中期，装配式混凝土建筑已逐渐被全现浇混凝土建筑体系取代。

从"十二五"开始，基于绿色发展的要求，为提高质量、提高效益，减少人工、减少消耗，国家多次提出要发展装配式建筑。2016 年 2 月 6 日，《中共中央国务院关于进一步加强城市规划建设管理工作的若干意见》要求"大力推广装配式建筑，减少建筑垃圾和扬尘污染，缩短建造工期，提升工程质量。鼓励建筑企业装配式施工，现场装配。建设国家级装配式建筑生产基地。加大政策支持力度，力争用 10 年左右时间，使装配式建筑占新建建筑的比例达到 30%"。

2016 年 9 月 27 日，国务院正式发布《关于大力发展装配式建筑的指导意见》，进一步明确了装配式建筑的发展目标和八项重点工作任务，划分了装配式建筑的重点推进区域、积极推进区域和鼓励推进区域。

2017 年 3 月 23 日，住房和城乡建设部印发了《十三五装配式建筑行动方案》，进一步明确了"十三五"期间装配式建筑发展目标：到 2020 年，全国装配式建筑占新建建筑的比例达到 15% 以上，其中重点推进地区达到 20% 以上，积极推进地区达到 15% 以上，鼓励推进地区达到 10% 以上。培育 50 个以上装配式建筑示范城市，200 个以上装配式建筑产业基地，500 个以上装配式建筑示范工程，建设 30 个以上装配式建筑科技创新基地。

2016 以来，各地区纷纷出台了大力发展装配式建筑的相关政策，见表 1-1。

表 1-1　　　　　　　　　　各地区已发展装配式建筑的相关政策

城市	政策文件	主　要　内　容
北京	1.《北京市人民政府办公厅关于加快发展装配式建筑的实施意见》（京政办发〔2017〕8 号） 2.《北京市发展装配式建筑 2017 年工作计划》	4 类建筑全部采用装配式建筑：① 新纳入本市保障性住房建设计划的项目和新立项政府投资的新建建筑；② 对以招拍挂方式取得城六区和通州区地上建筑规模 5 万 m²（含）以上国有土地使用权的商品房开发项目应采用装配式建筑；③ 在其他区取得地上建筑规模 10 万 m²（含）以上国有土地使用权的商品房开发项目应采用装配式建筑；④ 新建工业建筑应采用装配式建筑
上海	《关于促进本市建筑业持续健康发展的实施意见》（沪府办〔2017〕57 号）	符合条件的新建建筑全部采用装配式技术，装配式建筑单体预制率达到 40%以上或装配率达到 60%以上。加大全装修住宅推进力度，外环线以内新建商品住宅（三层以下的底层住宅除外）实施全装修面积比例达到 100%；除奉贤、金山外，其他区达到 50%。奉贤、金山实施全装修面积比例为 30%，到 2020 年达到 50%；保障性住房中，公租房 100%实施全装修
深圳	《深圳市装配式建筑发展专项规划（2018—2020）》（深建字〔2018〕27 号）	到 2020 年，全市装配式建筑占新建建筑面积的比例达到 30%以上，其中政府投资工程装配式建筑面积占比达到 50%以上；到 2025 年，全市装配式建筑占新建建筑面积的比例达到 50%以上，装配式建筑成为深圳主要建设模式之一。到 2035 年，全市装配式建筑占新建建筑面积的比例力争达到 70%以上，建成国际水准、领跑全国的装配式建筑示范城市

在国家政策指导，行业相关技术标准发布指引下，促进装配式建筑在全国范围内得到大力推广和应用，各地都有很好的成功案例。开发企业和生产制造企业热情高涨，积极投入。由于经济、技术以及居民接受度等各方面原因，目前装配式建筑发展较快的是装配混凝土建筑。按照国家抗震和高层建筑规范相关要求，高层建筑以剪力墙和框架-剪力墙结构为主，框架结构的使用高度和层间位移角控制较严，这样，适宜于建造层数较多、对大空间要求不高的高层建筑（如住宅）就以发展装配整体式混凝土剪力墙结构为主。如北京市以北京市保障性住房建设投资中心为代表，在自建的公共租赁性住房中采用装配整体式混凝土剪力墙结构加装配式装修的体系。

从技术角度讲，框架结构受力明确，构件易于标准化、定型化，也利于采用 SI 分离技术，最适合作为工业化结构体系，应积极进行研究。

第2章 施 工 准 备

2.1 施工现场的布设原则

（1）装配式根据其结构特点，竖向构件（包括墙体、挂板等）、水平构件（叠合板、阳台板、空调板、踏步板等）都需要大量的存放场地，通常单层构件的堆放场地为单层建筑面积的1.5～2.5倍。根据以上特点，在进行场区布设时，要充分考虑到装配式构件的存放场地。

（2）装配式结构构件受到整体建筑美观性的影响，通常单块墙板较大，用作建筑的自然分缝，造成了单块重量较大，一般在3～7t左右。而建筑通常采用塔吊作为垂直运输工具，塔吊一般都是在靠近塔身部位的吊重较大。根据这个特点，重型构件及加工区一般都是在塔吊覆盖范围内，较重的构件需要靠近塔身一侧。

（3）装配式构件在运输过程中通常需要用拖车进行运输。在建设场区环场道路时，要考虑转弯半径及构件吊装时的汽车吊占位问题。

（4）当施工场地不能满足构件堆放要求时，要尽量考虑通过其他办法解决构件的存放场地。

（5）构件堆放场地不能距离单体建筑太近，因为要充分考虑单体建筑在施工时，要设置6m的水平兜网的距离。

（6）装配式建筑堆放场地一定要具有足够的强度和刚度。单平方米受力要根据实际构件重量情况确认。

（7）在构件场地确认后，应在构件堆放场地画出吊重范围线。

装配式结构应根据以上原则，确定场区整体的布置。

2.2 垂直运输工具的选择

装配式建筑的户型大小、外形的多样性及拆分后构件的尺寸大小，决定构件的堆放场地大小及垂直运输工具吊重的选择。提高垂直运输工具的效率，合理地安排构件的堆放位置，是提高装配式结构施工速度最直接的方法。同时，采用相应的插放及码放工具，能够有效地节约施工场地。

例如15层的吊装高度，单块构件安装的速度由以下时间组成：起吊10min＋安装5min＋下钩5min，合计20min。由此可见单块构件越大，总构件块数越少，装配式建筑单层安装速度越快。

　　但装配式构件的单块重量决定了塔吊的选型，起重量越大，单月塔吊的租赁费用越高。80 系列塔吊比 70 系列塔吊单月增加成本 30%以上，但 40m 端头吊重只增加 2t。因此，如何根据实际情况，综合考虑构件单块重量，合理选用塔吊，是降低装配式建筑综合成本的一项重要措施。经过多个装配式建筑的施工经验来看，综合成本最合理的为 70 系列塔吊。

　　目前商品房项目或保障性住房建设项目多为群体项目。群体装配式建筑施工中，群塔作业存在分层管理的问题。一般群体建筑塔吊分为三层：高塔、次高塔及低塔。而装配式建筑受到竖向构件或踏步板构件的影响，分层高度比全现浇结构的高差要大 5m 左右，这样无形中增加了群塔施工的难度。因此，群体项目施工指导措施如下：

　　（1）装配式结构全部采用平头塔吊，增加高低塔之间的错塔空间。

　　（2）根据施工进度计划，合理安排群塔方案，减少附着道数，降低塔吊使用的综合成本。

　　（3）装配式结构的塔吊应采用 2 倍率钢丝绳，增加构件的单块吊装速度。

第3章 装配式临时设施

3.1 装配式临时设施综合优势分析

（1）一个标准箱式房尺寸为 3m×2.4m×6m，标准箱式房可以在纵向和横向无限连接，连接后室内没有柱子。

（2）除了横向和纵向连接，箱式房还可以重叠放置三层高度，并在其上设置楼顶平台。

（3）趋势：建筑的模块化、集成化是大势所趋，环保节能、快捷高效的集成式房屋是未来建筑的发展方向。

（4）安全：集成式房屋构建灵活，用标准模块的空间拼装组合，整体结构均采用轻钢结构为骨架，安全性极高。

（5）快捷：所有产品及构件均由工厂预制，标准化生产，运输方便，现场组装快捷，不需要二次装修。

（6）舒适：墙面板采用玻璃丝棉保温板，连接之处无冷桥，屋顶和地面均实现保温降噪功能。

（7）创意：可以横向无限连接，纵向自由叠放，形成错落有致的建筑。

（8）环保：拆装方便，可整体移动，使用寿命长。

3.2 集成式办公区

3.2.1 集装箱基础施工

预制混凝土小块基础：混凝土块料铺面是由高强水泥混凝土预制块铺砌而成。这种预制高强混凝土小块用于集装箱码头铺面，块体的平面尺寸为 100mm×200mm，常用厚度有 60mm、80mm 和 100mm（见图 3-1）。用高强混凝土（35 天强度约为 35MPa）制成，由工厂的专门机械进行生产，人工进行铺砌。铺砌之前，在块体下面先铺一层 50~65mm 厚的砂垫层。块体之间有 2~3mm 的间隙用砂粒填充，以防止单个块体移动。长方形块体一定要铺砌成人字形。为了使块体具有较好的咬合作用，常做成特殊形状的块体，这种块体可以顺砌，其长轴与车行方向一般约成 90°，或铺成人字形。铺好块体后，用平板振动器加以振动，使其平整并使砂粒进入块体之间的缝隙，使块体咬合而成一整体。

图 3-1　集装箱基础

3.2.2　集装箱组成尺寸设计

本办公区分为三层，结构形式为模块化房屋，由 132 个集成式箱体组成，单个集装箱尺寸为长 6.055m，宽 2.99m，高 2.79m，箱内净高为 2.51m。

整个箱体由屋面保温、屋面顶板、顶角件、顶框主梁、阴角线、顶框次梁、角柱、UPVC 雨水管、PVC 踢脚线，防水膜、底角件、水泥纤维板、底框次梁、墙板、PVC 地板、底框主梁、保温层、封底板组成，如图 3-2 所示。

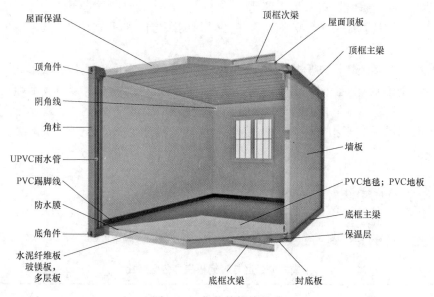

图 3-2　集装箱箱体组成

3.2.3　集装箱功能设施安装

（1）集装箱房是由自身具有防火、绝热性的岩棉和矿渣棉的彩钢板加工制作。

（2）根据现场尺寸，此区域东西共可以布置 132 个集装箱，拟按三层布置。楼梯设置在集装箱北侧面东西两侧，沿着楼梯北侧边安装彩钢板围挡，并在中间位置设置出入口大门，大门采用不锈钢焊接，并安装门禁系统；在围挡外侧及集装箱的北立面及西立面布置标识及相关的宣传标语牌。

（3）消防、安防系统布置：在集装箱的一层和二层布置消防器材箱，每层布置 2 处，在出入口大门内东侧布置 1 处消防器材展示台，并写好相关的宣传标语，在一层集装箱的东西两侧楼梯位置各布置 1 处监控头。

（4）电气系统布置：总电源由本工程的配电房内接出，线路通过管廊负一层内预留的南北贯通的洞口内通过，接至集装箱东侧边的二级配电箱内，在每层集装箱东侧均安装一台分配电箱。室内按照明和插座两路线路进行供电，每个集装箱内考虑布置 1 个空调插座，1 个冬天取暖器的插座和 4 个普通电脑电源插座，每个集装箱内安装 2 个方形 LED 吸顶灯，拟在外走道顶安装 3 个圆形 LED 吸顶灯。

（5）给水排水系统：在办公室区域内考虑布置一处洗手池，设置在一层西侧第二间门口附近，水源由本工程的供水管网中接出，管路通过管廊负一层预留的南北贯通的洞口内通过，从洗手池的排水排出。

3.2.4 集装箱运输及吊装

（1）吊装原理：集装箱顶部有 4 个长方形凹槽，集装箱吊具下有 4 个长方形钩头，钩头和凹槽方向一致时，钩头伸进凹槽，转 90°后，钩头方向垂直于凹槽，钩头不能从凹槽中脱出，吊具就能吊走集装箱，再转 90°，钩头方向和凹槽方向一致，脱出钩头，一次吊装过程结束。

（2）组装：集装箱活动房均为独立单间，组装成三层多间的集体办公形式。将一间活动房吊装叠在另一间上面，上下两间叠装在一起通过角上的 4 个钢缀板用螺栓固定。

（3）吊装运输：单间的集装箱在工厂加工成品通过运输车辆到本工程施工现场后，采用 25t 汽车吊吊装至指定位置；吊装时采用 4 根钢丝绳在角上的 4 个角缀板用螺栓固定。

3.2.5 集装箱成本统计及分析数据

（1）办公区。集成式办公区与轻钢板房办公区对比见表 3-1。

表 3-1　　　　　　　　　　集成式办公区与轻钢板房办公区对比

序号	子目编码	子目名称	子目特征描述	计量单位	工程量	金额/元	
						综合单价	合价
	一、轻钢板房						
1	010103001001	回填方		m³	286	40.24	11 508.64
2	010501002001	带形基础		m³	55.32	373.57	20 665.89
3	010501001001	垫层		m³	74.76	360.57	26 956.21

续表

序号	子目编码	子目名称	子目特征描述	计量单位	工程量	综合单价	合价
4	010515001001	现浇构件钢筋		t	3.414	5203.22	17 763.79
5	011702001002	基础		m²	276.59	39.81	11 011.05
6	011102003001	块料楼地面		m²	676.6	74.37	50 318.74
7	011104002001	竹、木（复合）地板		m²	1353.2	51.36	69 500.35
8	011302001001	吊顶顶棚		m²	2029.8	13.01	26 407.7
9	CB001	彩钢板房	内侧走廊	m²	2300	315	724 500
10	030404034001	照明开关	1. 名称：单联单控开关 2. 规格：10A 3. 安装方式：暗装	个	9	17.98	161.82
11	030404034002	照明开关	1. 名称：单联双控开关 2. 规格：10A 3. 安装方式：暗装	个	46	25.1	1154.6
12	030404035001	插座	1. 名称：单相二、三极安全型插座 2. 规格：10A 3. 安装方式：暗装	个	125	23.63	2953.75
13	030411006001	接线盒	1. 名称：灯头盒 2. 材质：塑料 3. 规格：86H 4. 安装形式：暗装	个	168	9.12	1532.16
14	030411006002	接线盒	1. 名称：接线盒 2. 材质：塑料 3. 规格：86H 4. 安装形式：暗装	个	180	11.19	2014.2
15	030412001001	普通灯具	1. 名称：吸顶灯 2. 规格：13W 3. 安装形式：吸顶安装	套	11	99.03	1089.33
16	030412004002	装饰灯	1. 名称：单向疏散指示灯 2. 规格：8W 3. 安装形式：吊链安装	套	14	215.02	3010.28
17	030412004004	装饰灯	1. 名称：安全出口指示灯 2. 规格：8W 3. 安装形式：壁装	套	3	217.7	653.1
18	030412005001	荧光灯	1. 名称：单管荧光灯（带蓄电池） 2. 规格：36W 3. 安装形式：吊链安装	套	124	147.79	18 325.96
19	030411004002	配线		m	2170	3.34	7247.8
20	030411002001	线槽		m	454.5	12.22	5553.99

续表

序号	子目编码	子目名称	子目特征描述	计量单位	工程量	综合单价	合价
						金额/元	
21	030411001001	配管		m	1400	14.91	20 874
22	030412005002	荧光灯镶嵌双管		套	8	439.18	3513.44
23	030412005003	荧光灯		套	8	315.65	2525.2
24	030406001001	排风扇		台	6	229.33	1375.98
	小计						1 030 617.98
	单方						448.09
	二、集成式房屋						
1	010501002001	带形基础		m³	55.32	373.57	20 665.89
2	010515001001	现浇构件钢筋		t	3.414	5203.22	17 763.79
3	011702001002	基础		m²	276.59	39.81	11 011.05
4	集成式办公区	内置走廊模块房		m²	2300	1183	2 720 900
	小计						2 770 340.73
	单方						1204.50

注：根据《中华人民共和国企业所得税法》，房屋、建筑物最低折旧年限为 20 年，因集成式房屋为办公生活用房，依据上述对比，周转使用 2～3 个工地即可有盈利，综合考虑，建议折旧年限为 10 年。

（2）生活区。集成式生活区与轻钢板房生活区对比见表 3-2。

表 3-2　　　　集成式生活区与轻钢板房生活区对比（按一栋对比）

序号	子目编码	子目名称	子目特征描述	计量单位	工程量	综合单价	合价
						金额/元	
	一、轻钢板房						
1	010103001001	回填方		m³	59.23	40.24	2383.50
2	010501002001	带形基础		m³	10.53	373.57	3932.94
3	010501001001	垫层		m³	14.81	360.57	5339.32
4	010515001001	现浇构件钢筋		t	0.733	5203.16	3812.88
5	011702001002	基础		m²	52.66	39.81	2096.24
6	011302001002	吊顶顶棚		m²	476.96	29.96	14 289.72
7	CB001	彩钢板房	外侧走道	m²	606.59	260	157 712.36
8	011102003001	块料楼地面		m²	79.50	78.54	6243.77
9	011104003001	金属复合地板		m²	317.99	16.05	5103.77
10	011101001001	水泥砂浆楼地面		m²	79.50	18.64	1481.84
11	030404034001	照明开关	1. 名称：单联单控开关 2. 规格：10A 3. 安装方式：暗装	个	20.00	17.98	359.60

序号	子目编码	子目名称	子目特征描述	计量单位	工程量	综合单价	合价
						金额/元	
12	030404035001	插座	1. 名称：单相二、三极安全型插座 2. 规格：10A 3. 安装方式：暗装	个	6.00	43.27	259.62
13	030411006001	接线盒	1. 名称：灯头盒 2. 材质：塑料 3. 规格：86H 4. 安装形式：暗装	个	6.00	9.12	54.72
14	030411006002	接线盒	1. 名称：接线盒 2. 材质：塑料 3. 规格：86H 4. 安装形式：暗装	个	6.00	11.19	67.14
15	030412001001	普通灯具	1. 名称：吸顶灯 2. 规格：13W 3. 安装形式：吸顶安装	套	20.00	99.03	1980.60
16	030411004002	配线		m	288.00	3.34	961.92
17	030411002001	线槽		m	30.90	48.88	1510.39
18	030404035002	插座		个	3.00	35.83	107.49
19	030411004003	配线		m	92.00	4.47	411.24
20	030411004004	配线		m	104.00	5.98	621.92
21	030412005002	荧光灯	1. 名称：单管荧光灯（带蓄电池） 2. 规格：36W 3. 安装形式：吊链安装	套	9.00	147.79	1330.11
	小计						210 061.09
	单方						346.30
	二、集成式生活区						
1	010501002001	带形基础		m³	10.53	373.57	3932.94
2	010515001001	现浇构件钢筋		t	0.733	5203.16	3812.88
3	011702001002	基础		m²	52.66	39.81	2096.24
4		集成式生活区		m²	606.59	800	485 268.80
	小计						495 110.86
	单方						816.23

注：根据《企业所得税法》，房屋、建筑物最低折旧年限为 20 年，因集成式房屋为生活区用房，依据上述对比，周转使用 2 个以上工地即可有盈利，综合考虑，建议折旧年限为 6 年。

3.2.6　集装箱保护及日常维护措施

1. 防护措施

（1）防砸措施：使用 1m 高 48mm×3.5mm 钢管焊接在集装箱的 6 根立柱上，在 1m

高钢管最底端向上 150mm 和最顶端向下 200mm 搭设立平管，使用斜拉杆与两侧立柱下端的立平管相连。防砸棚共两层，上层防砸，下层防雨：防砸层使用 50mm 厚木板进行满铺，并使用 14 号钢丝捆绑好；防雨层使用彩钢板进行满铺，使用自攻螺栓进行固定。

（2）防风加固措施：使用 10 号钢丝绳从集装箱顶部防砸棚钢管处进行拉结地面上的焊接预埋铁板，铁板上焊接 HRB400ϕ14 钢筋环，钢丝绳与钢筋环进行连接。所有连接点均使用 3 个钢丝绳扣扣牢，在钢丝绳下部位置连接 12 号花篮螺杆，将钢丝绳张拉紧固。

2. 维护措施

（1）组织相关人员对临时建筑的施工情况进行定期检查、维护，并应建立相应的使用台账记录。对检查过程中发现的问题和安全隐患，应及时采取处理措施。

（2）在周转使用规定年限内的活动房重新组装前，应对主要构件进行检查、维护，达到质量要求的方可使用。

（3）集装箱房配件的维护应符合下列规定：承重架焊缝不得开焊，锈蚀严重的焊缝应进行除锈补焊；构配件的活动链接部位维修后应涂抹防锈油保护；当构配件和板材产生弯曲变形时，应及时修复或更换；当门窗及配件出现断裂、损坏时，应及时修复或更换。

3.2.7 集装箱拆除重复利用率

（1）临时建筑的拆除应遵循"谁安装、谁拆除"的原则；当出现可能危及临时建筑整体稳定的不安全情况时，应遵循"先加固、再拆除"的原则。

（2）拆除施工前，施工单位应编制拆除施工方案、安全操作规程及采取相关的防尘降噪、堆放、清除废弃物等措施，并应按规定程序进行审批。对作业人员进行技术交底。

（3）拆除施工前，应做好拆除范围内的断水、断电、断燃气等工作。拆除过程中，现场用电不得使用被拆临时建筑中的配电箱。

（4）拆除施工应符合环保要求，拆下的建筑材料和建筑垃圾应及时清理。楼面、操作平台不得集中堆放建筑材料和建筑垃圾。建筑垃圾宜按规定清运，不得在施工现场焚烧。

（5）拆除施工区域周围应设置围栏、挂警示牌，并派专人监护，严禁无关人员逗留。当遇到 5 级以上大风、大雾和雨雪等恶劣天气时不得进行临时建筑的拆除作业。

（6）拆除高度在 2m 以上的临时建筑时，作业人员应在专门搭设的脚手架或稳固的结构部位上操作，严禁作业人员站在待拆构件上作业。

（7）拆除结束后，场地及时清理干净。

3.2.8 配套图纸

以北京市通州区台湖某项目集成临建图纸为例（见图 3-3）。

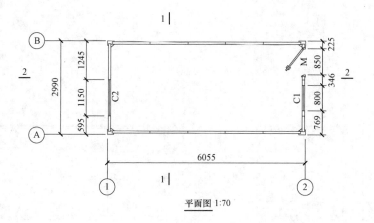

平面图 1:70

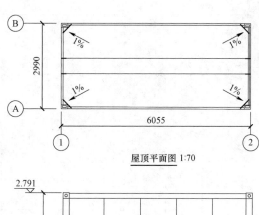

屋顶平面图 1:70

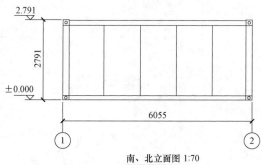

南、北立面图 1:70

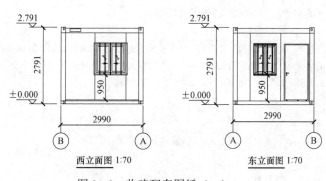

西立面图 1:70　　　东立面图 1:70

图 3-3　临建配套图纸（一）

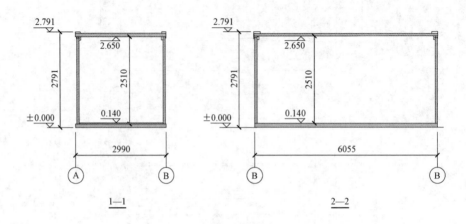

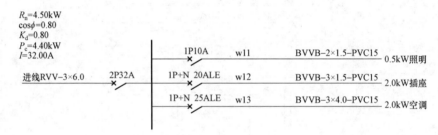

配电系统图 1:50

设计说明

1. 设计依据：

《民用建筑电气设计规范》（JGJ 16—2008），《低压配电设计规范》（GB 50054—2011）。

2. 设计内容：

2.1 所有线路采用单股铜芯导线，依照图纸注明布置照明、插座等，并穿 PVC 线管。

2.2 配电箱距地吊顶暗装，具体位置详见标准箱布线图。

3. 使用说明：

3.1 用电时严格按照产品使用说明，并提供所使用的家用电器或其他用电设备的用电负荷需求。

3.2 箱式房中的所有电气线路不得随意改动；空调线为单独线路，严禁私自乱接其他设备。

3.3 在使用箱房期间，如果长时间离开时，应将室内电源切断。

图 3-3 临建配套图纸（二）

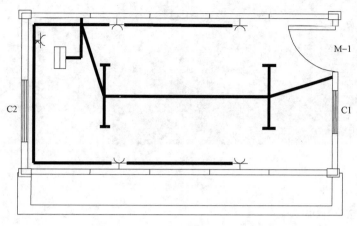

功能箱 1:50

注：
1. 配电箱为标准配电箱；
2. 墙面开孔依据墙板加工图纸、线路敷设及电器安装依据《功能箱配电安装规范》；
3. 空调插座距地 1.9m 安装，普通插座距地 0.3m 安装，开关面板距地 1.3m 安装。

图 3-3　临建配套图纸（三）

3.3　集成式厨房

3.3.1　集成式厨房的使用尺寸及标配人数

集成式厨房一体化，按储藏间、操作间和食堂三部分组装而成。储藏间集装箱尺寸长为 6.4m，宽为 3.2m；储藏间内燃气室尺寸为 1.2m×2.8m；室内墙体符合防火要求，墙体设百叶窗 0.5m×0.5m，高度距地 0.3m。操作间集装箱尺寸长为 9m，宽为 3.2m，室内内置有 2 个排风扇、大炉灶、调料台、厨具柜、案板、洗菜池、蒸箱、冰箱等。室内抽油烟净化器留空 $d=0.4m$，空调留空 $d=0.65m$。食堂集装箱尺寸为长 9m，宽 3.2m，食堂内设开水间尺寸为 1.9m×2.8m。

操作间标配人数 3 人；食堂标配人数 50 人。

3.3.2　集成式厨房功能性构建与箱体连接

楼梯箱与办公室箱体连接为螺栓连接（见图 3-4），卫生间箱体则相反，下面需要做骨架，骨架连接方式为焊接。

图 3-4　楼梯箱与办公室箱体的螺栓连接

3.3.3　水、电路敷设

1. 水路敷设

（1）给水系统，采用 PP-R 给水管，热熔连接；进户管管径为 De32，分别接至各用水点，预留 DN15 内丝接头。

（2）排水系统，分为两部分：洗涤池、洗手池、开水器、灶台、拖布池等排水点为 U-PVC 排水管，黏结，明装；厨房间为明沟排水；合流制排出，接至室外隔油池。排出管管径为 De160、各排水点管径为 De50。

（3）管道保温，采用 30mmB1 级橡塑保温管，附加电热带，外缠白色无光阻燃塑料布。

（4）阀门部件：出地面高度统一为 $h=0.25\mathrm{m}$。

2. 电路敷设

（1）供电系统：380V 低压配电系统采用 TN-S 配电系统。

（2）灯具、插座及开关选择及安装：

1）采用 LED18W 型灯具，厨房间采用防潮防水型灯具。

2）普通插座均为 250V、10A，单相两孔+三孔安全型插座。厨房间插座采用防水型，为特殊标注安装距地 0.3m。

3）照明开关均为 250V、10A，开关底边距地 1.3m，距门框 0.15m。

4）开关、插座和照明灯具靠近可燃物时，应采取隔热、散热等防火保护措施。

（3）燃气厨房设置燃气探测器。

（4）照明回路导线为 WDZC-BY-3×2.5mm² 穿 SC20 导管暗敷；插座回路导线为 WDZC-BY-3×2.5mm² 穿 SC20 导管暗敷。

（5）除特殊注明外，配电箱和控制箱为明装箱体高度 0.6m 及以下，底边距地 1.5m；0.6～0.8m 高（含 0.8m），底边距地 1.2m；0.8～1.0m 高（含 1.0m）；底边距地 1.0m；1.0～1.2m 高（含 1.2m），底边距地 0.8m；1.2m 以上为落地安装。

（6）太阳能热水系统中所使用的电器设备应有剩余电流保护接地和断电等安全措施。

（7）配电箱金属外壳、线缆保护导管、接线盒及终端盒可靠接地。

（8）接地形式采用 TN-S 系统。电源在引入处做重复接地。其工作零线和保护地线在接地点后要严格分开；凡正常不带电而当绝缘破坏有可能呈现电压的一切电气设备金属外壳均应可靠接地。防雷接地、等电位连接及电气设备保护接地等共用统一的接地装置。

3.3.4　集装箱排污措施

集装箱式房屋底部排水系统包括底盘、排污管、排水管、冷热水管。所述的底盘内部上下两侧分别安装有排污管和排水管，排污管通过支管和多通道接头与排水管连通，排水管下方铺放有冷热进水管；底盘左端开有排污口，排污管一端置于排污口内与其固定。所述的排水管依次设有洗手池下水口，排水管上安装有地漏。采用排污管和排水管预埋在底盘内部，合理利用箱体底部空间，使排水系统与底盘成为一体化。

3.3.5　人性化设置

（1）倾斜的插座：食堂内置倾斜的电源插座，无论是什么样的电源适配器插头，两侧都可以使用，每个插头间距 20mm，采用了 30°设计，可以使用电源适配器的插头都向一个方向，不会重叠，不会因宽度问题而造成旁边插孔被挡住。

（2）开水间内设垃圾桶：由于开水间内置了水池，可用来洗碗、刷杯子，但是会有一些垃圾，为了整洁、方便设置垃圾桶。

（3）开水间内设洗手池、吹手机：为了方便员工在饭前洗手，开水间内置洗手池，吹手机也方便把手吹干。

3.3.6　图纸

1. 集成式厨房平面图（见图 3-5）

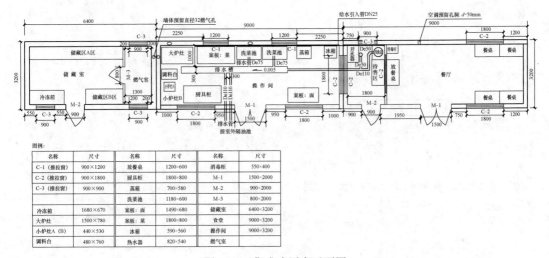

图 3-5　集成式厨房平面图

2. 集成式厨房给排水及系统图（见图 3−6、图 3−7）

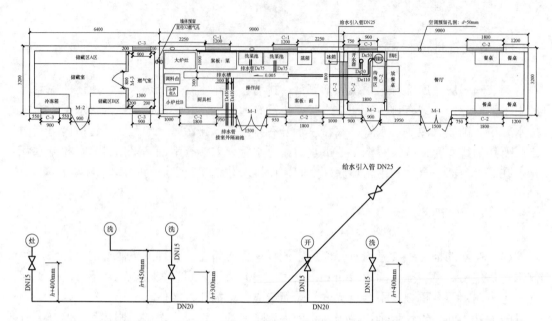

注：管道采用内衬塑热镀锌钢管；管道主要敷设于架空层内；阀门安装高度统一为 $h+0.25$m；管道固定依据实际位置安装。

图 3−6　厨房给水系统原理图

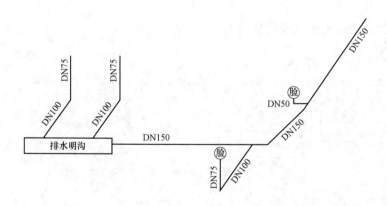

注：管道采用 UPVC 排水管；管道主要敷设于架空层内；排水口出地面高度统一为 $h+0.25$m；管道固定依据实际位置安装。

图 3−7　厨房排水系统原理图

3. 集成式厨房电气及线路图（见图3-8）

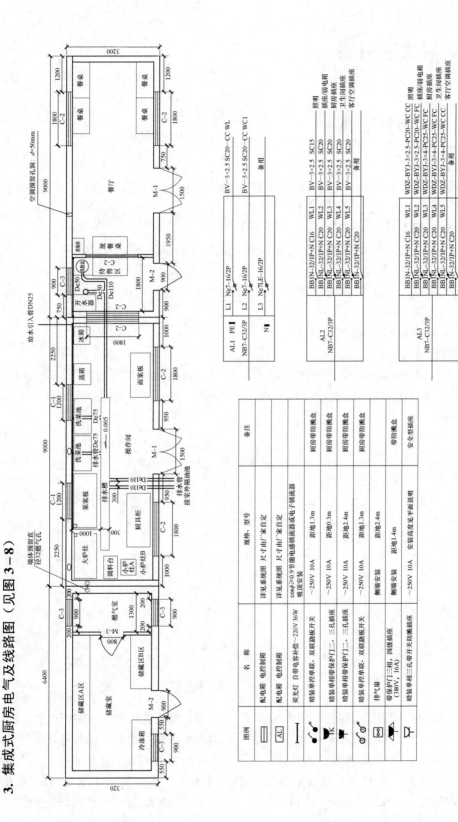

图3-8　集成式厨房电气及线路图

3.4 集成式淋浴间

3.4.1 集成式淋浴间介绍

1. 设计目的

为满足生活区工人洗浴使用、降低安装成本及突出人性化使用功能，根据建设工程实际情况，特制订集成式淋浴间。

2. 设计依据

《建筑给水排水及采暖工程施工质量验收规范》（GB 50242—2002）；

《卫生设备安装图集》（09S304）；

《管道和设备保温、防结露及电伴热》（03S401）。

3. 设计方案

（1）淋浴间规格：3m×6m×3m。

（2）淋浴器及设备组成：

男女淋浴间由四个集成式淋浴间组成。其中，男淋浴间共三间，每间淋浴器 14 个，女淋浴间一间，淋浴器 3 个，共计 45 个淋浴器，每个淋浴器配套安装刷卡器。详见图 3-9。

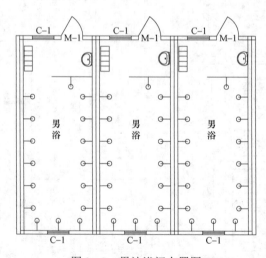

图 3-9　男沐浴间布置图

每间男淋浴间使用 2 台容积 300L 全自动太阳热水器提供热水，同时可以供给 14～18 人使用；女淋浴间使用一台 150L 全自动太阳能热水器提供热水，同时可以供给 3～5 人使用。冬季，室外温度较低、紫外线照射强度不足时，可利用热水器自带电加热棒辅助加热，满足使用。每台储水罐容积 300L，加热管 36 根，每支管含水量 2.55L，电加热功率 1.8kW，外形尺寸 1620mm×2945mm×1880mm。不同热水器经济效益比较见表 3-3。

装置类别项目	太阳能热水器 （以四季沐歌产品为准）	电热水器 60L ［电价：0.56 元/（kW·h）］	燃气热水器 （燃气价格：2.10 元/m³）
假定日产热水量/（L/℃） 按春、秋季 10℃的基础水温	160L/45℃热水	160L/45℃热水	160L/45℃热水
使用人数/（人均 40L/次）	4 人	4 人	4 人
每年所用天数/d	365	365	365
初始设备投资/元	4000.00	2000.00（2 台）	1600.00
设备使用寿命/年	15	7.5	7.5
人均日使用热水量	50L	50L	50L
日产 45～50℃热水/L	冬季产 200L/45℃热水 夏季产 200L/60℃热水	冬季产 200L/45℃热水 夏季产 200L/45℃热水	冬季产 200L/45℃热水 夏季产 200L/45℃热水
每年所需燃料动力费/元	280（辅助电加热）	1398	1260
15 年所需燃料动力费/元	4200	20 835	18 900
15 年设备总投资/元	4000	4000	3200
15 年总费用/元	8200	24 835	22 100

表 3-3　不同类型热水器经济效益比较

3.4.2　施工工艺

1. 管道安装

（1）热熔工具接通电源（220V），等到工作温度指示灯亮（绿灯）后，方能开始操作。

（2）管材切割前，必须正确丈量和计算好所需长度，用记号笔在管表面画出切割线和热熔连接深度线，连接深度应符合规范的要求。

（3）切割管材，必须使端面垂直于管轴线。管材切割应使用管子剪或管道切割机。（注：用钢锯锯断管材的方法，不宜使用，若使用时，应清除锯口的毛刺）

（4）管材与管件的连接端面和熔接面必须清洁、干燥、无油污。

（5）熔接弯头或三通时，按图纸设计要求，注意管线的走向，在管件和管材的直线方向上，用辅助标志标出位置。

（6）加热：管材、管件应同时无旋转地将管端导入加热套内，插入到所标记的连接深度，加热时间应符合要求。

（7）达到规定的加热时间后，将管材与管件从加热头和加热套上同时取出，迅速无旋转且直线均匀地插入到所标深度，使连接周围形成均匀的凸缘。

（8）在规定的加工时间内，刚熔接好的接头允许立即校正，但不得旋转。

（9）在规定的冷却时间内，应扶好管材管件，使它不受扭、受弯和受拉。

2. 淋浴器安装

冷、热水管口用试管找平整→量出短节尺寸→装在管口上→淋浴器铜进水口抹铅油，缠生料带→螺母拧紧→固定在墙上→上部铜管安装在三通口→木螺钉固定在墙上。

（1）安装淋浴器时，首先应测量尺寸，确定安装淋浴器最佳的位置。尽量应安装在浴室左右墙壁的当中，上下垂直的方向应以水龙头的位置为准。

（2）依据具体高度，在墙壁上画出淋浴器需要安装的位置、高度等。先确定下面的固定位置，再定位上面一个固定点的位置，并用铅笔进行认准。

（3）依据刚才做好的位置记号，在墙面上打孔洞。

（4）依据说明书上的指示，把配件里圆形底盖用螺钉拧紧在墙上。

（5）将淋浴器杆安装到墙壁上时，要从上面开始安装。先把上面的固定点稳住之后，再固定下面的位置，以防止淋浴器杆倒伏的情况发生。

（6）在确定上面固定点的螺钉全部拧入之后，再进行细致的调整。左右调动，确保左右旋转的方向，同时使淋浴器对正中心，然后再拧紧螺钉。

（7）将淋浴器的软管套上拧紧，安装手持淋浴器。此时应注意软管不能打结或扭曲。

3. 太阳能系统安装

（1）集热器安装。

1）现场插管的集热器，插管前应将联箱真空管孔四周粘有的聚氨酯或其他脏物清除干净，联箱和尾座按产品设计的方式与支架牢固固定；插管时，应蘸水润滑，以利插入，插入深度一致。

2）模块式集热器安装时，将集热器摆放在支架上后，应与支架采用螺栓卡子固定，以防脱落（见图3-10）。

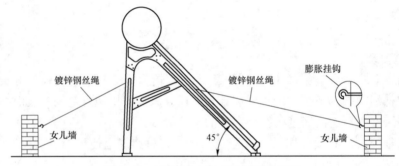

图 3-10　平置式支架安装固定示意图

（2）管路。

1）不锈钢材料吊运，不能与其他金属直接接触，应加垫木板或橡胶板等非金属材料。

2）管子切割时不允许用普通砂轮片切割，应采用不锈钢专用砂轮片或等离子切割。

3）系统管道应顺水抬头安装，坡度不小于2‰。

4）本项目管材选用热镀锌钢管，管道采用镀锌管件连接。

5）管道与管道支架的固定，应在保温前进行，并做防热桥处理。如果需要在保温材料上固定时，应使用硬质保温材料。

6）阀门应安装在容易操作的地方，阀门等易损件应安装法兰或活接头连接，便于维修与更换。

7）开口系统，管路最高点应安装排气管/阀，局部最高点应安装排气阀；闭口系统，应安装设计要求的膨胀罐。

8）在系统管道的最低处应安装泄水阀。

（3）泵、阀、温控探头等的安装。

1）泵必须按厂家要求安装，并做好接地保护，泵安装在室外时，应设置防雨罩，室外安装水泵应设置带有通风活门的保温箱，并在保温箱内设置自限温电伴热带。泵的进出水管均安装减振器。

2）电磁阀应安装在便于安装和更换的水平管道上，电磁阀进水口安装前先装过滤器。

3）水泵和电磁阀的前后管线上，都应设有截止阀门，以利拆修。

4）温控器的探头，应安装在集热器组热水出口处，并尽量采用盲管形式，以利检查维修。外部应保温。

（4）电控部分安装。

1）电控箱应安装在通风、干燥和便于操作的地方。

2）导线应分类加穿护套管，并固定牢靠，尽量做到横平竖直，且与建筑物相协调。

图 3–11 为电控部分原理图。

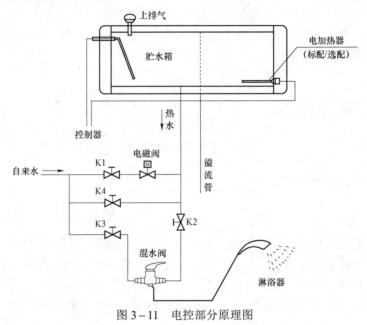

图 3–11　电控部分原理图

（5）检漏、冲洗。

1）管道水压试验对水温和水质有一定的要求，其水温不得小于 5℃；水中的氯离子含量不得大于 25ppm（1ppm = 10^{-6}）。

2）系统连接完毕，应缓慢充水，同时检查水箱、集热器、管路是否有漏水现象，充满水 30 分钟后无漏水为合格。

3）检漏合格后，放水冲洗管路及水箱内脏物。

（6）保温。管路检漏合格后，应做保温处理。采用伴热带防冻的，应先将伴热带紧贴在管道下部，再做保温处理，保温厚度符合设计要求。

3.4.3　拆除及存放

集成式淋浴间的太阳能系统拆除前应先泄水断电。集成式淋浴间设备及用具拆除按以下要求操作：

（1）拆除淋浴器及刷卡器，将刷卡器统一装箱附好清单，并将五金件妥善保存。

（2）拆除电控部分并装箱附好清单。

（3）拆除太阳能集热器及水泵前应先泄水，拆除后应在地面上垫好挤塑板后再码放。

（4）管道拆除后应按规格分类码放好。

（5）五金件拆除后分类码放。

集成式淋浴间拆除前应由各专业主管人员对操作工进行安全技术交底，并落实到每位操作人员。

拆除的淋浴器、太阳能系统、五金件等应分类存放，贵重和容易丢失的配件应装箱储存，并分类附好数量清单。运输到指定存放场所后同样做好防护处理。

拆除集成式淋浴间应按安装时的顺序反向进线操作。拆卸下的连接螺栓、连接件和配件等装箱后附清单塑封后粘贴在箱体明显位置；拆卸的墙板叠放时中间应垫上泡沫板，装车时凡墙板与车辆、墙板与墙板等存在直接或间接触的部位均应采用泡沫板做隔离保护。

3.5 集成式卫生间

3.5.1 集成式卫生间介绍

1. 设计目的

本项目涉及建筑施工现场卫生间新型制作工艺，以满足方便、快捷安装，并符合规范规定的要求。随着我国现代化、城市化步伐加快，以及新技术、新材料的不断出现，国内建筑材料领域正面临前所未有的变革，以钢结构为基础的集成式房屋作为新型建筑材料和结构形式，以质量轻、安装方便、环保等优势，得到了越来越多建筑公司的青睐，应用日渐广泛。

2. 设计依据

《建筑给水排水及采暖工程施工质量验收规范》（GB 50242—2002）；

《卫生设备安装图集》（09S304）。

3. 设计方案

（1）卫生间规格：

为满足使用要求，集成式卫生间尺寸设计为9000mm（长）×3200mm（宽）×2820mm（高），室内净高度不低于2520mm。

（2）材料配置要求：

结构形式：钢结构框架。

1）角柱：150mm×150mm×6mm 钢矩管（蓝色磁漆）；

2）底梁：[14b 国标槽钢；

3）底板：80mm×40mm×2.5mm；钢矩管间距 400mm；

4）外墙板：1200mm×2560mm×1.0mm 压型钢板（白色磁漆）；

5）顶板：1200mm×8950mm×1.0mm 压型钢板（白色磁漆）；

6）顶梁：100mm×50mm×4mm 钢矩管。

（3）内装饰：

1）地面：地面基层铺一层水泥板（防水板），板缝及表面进行处理找平，设置防水层（防水层上卷高度不低于 300mm），地面铺设 300mm×300m 防滑地砖。

2）墙、顶面：墙面内墙采用 75%节能岩棉复合板，顶部保温使用 A 级防火岩棉保温材料，墙面及顶面装饰面采用铝塑板。

3）门：M1 门采用中档标准对开钢质门，M2 门采用净化板门，M3 门材质同卫生间隔断材料。

4）窗：C1、C2 窗材质使用断桥铝或塑钢推拉窗，C1 窗安装高度距室内地面 1.1m，C2 窗安装高度距室内地面 1.4m，所有窗户均配磨砂玻璃及纱窗，窗户外侧设置防火网及防御措施，外门窗设置防雨措施。具体做法见图 3-12 和图 3-13。

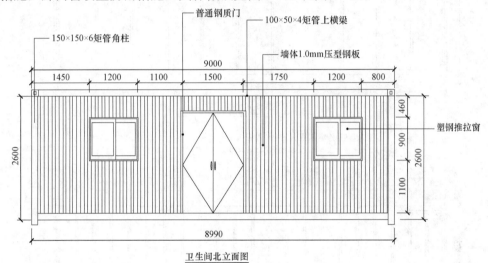

卫生间北立面图

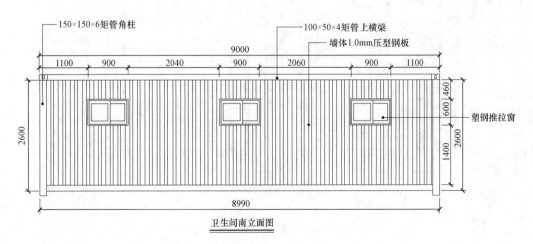

卫生间南立面图

图 3-12 集成式卫生间立面图

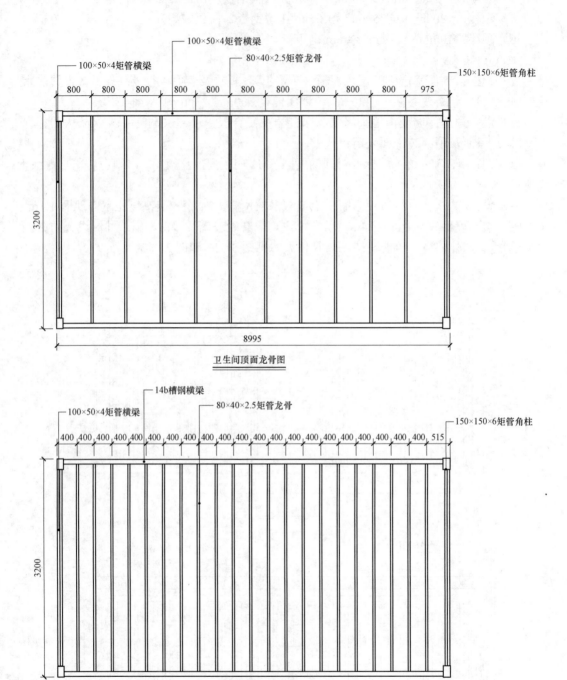

卫生间顶面龙骨图

卫生间底板龙骨图

图 3-13　集成式顶面和底面龙骨图

3.5.2　洁具配备

洁具配备数量见表 3-4。

表 3-4　　　　　　　　　　　洁 具 配 备 数 量

男卫生间					
洁具	蹲便	小便斗	洗脸盆	拖布池	淋浴间	热水器
数量	4	3	1	1	2	1

女卫生间					
洁具	蹲便	洗衣机	洗脸盆	拖布池	淋浴间	热水器
数量	4	1	3	1	2	1

3.5.3　洁具的安装

1. 施工准备

（1）集成式卫生间室内装修基本完成。

（2）洁具核验规格、型号和质量符合要求方可使用；洁具要有出厂产品质量合格证，要求合格证应具备产品名称、型号、规格、国家质量标准、标准代号、出厂日期、生产厂家、名称及地点、出厂产品检验证明或代号，高级洁具应有安装使用说明书，所有洁具必须使用节水型产品。

（3）洁具的检验。

1）外观检查：外观应周正，瓷质细腻，程度和色泽一致，表面光滑，边色边缘平滑，无裂纹和斑点无损伤。

2）丈量检查：用盒尺实测主要尺寸，长、宽、高、下水口直径应在洁具设备的允许公差值内。

3）敲击检查：用木棍轻轻敲击，声音实而清脆未受损伤，重点轻敲盆边排水口处。

4）通球检查：对圆形孔洞可做通球试验，检验用球直径应为孔洞直径的 0.8 倍。

（4）洁具配件分为铸铁、铜镀铬和塑料制品。

1）外观检查：配件应完整，内外表面光滑，浇口及溢边应修除平整，丝扣无断丝，乱丝无溢边。

2）塑料下水口及返水弯等不得使用再生塑料制品，应保证其圆度、硬度符合要求，不得造成渗漏、脱落等质量问题，必要时应检查，并附有法定单位的产品监督检验证明。检查方法为对配件进行试装连接，检查下水口返水弯等丝扣连接是否能保证圆度和丝扣外的硬度。

（5）其他材料。所有与洁具配套使用的螺栓、螺母和垫片一律采用镀锌件。镀锌钢管、扁钢、圆钢、八字阀门、陶瓷阀芯水嘴、镀锌管件、橡胶板、铅皮、铜丝、油灰、石棉绳、铅油、麻、生料带、白水泥、白灰膏、白塑料护套等。

（6）洁具在检验和搬运过程中，要小心轻放防止磕碰，检验完的产品应重新进行包装，分类，分型号规格单独码放，不合格产品应及时退货；经检验的新产品，应有相应的新产品标识，如露天码放应选好地点，应防止上部有重物砸下，周围应有围护。

2. 安装工具

（1）工具：热熔机、套丝板、管钳、克丝钳、活扳手、手锯、布剪子、手锤、螺钉旋具、胶枪、自制死扳手、叉扳手、錾子、圆锉等。

（2）其他：水平尺、划规、线坠、盒尺、毛刷、小线、石笔、红蓝铅笔。

3. 工艺流程

安装准备——洁具及配件检验——洁具配件预装——定位画线及甩口处理——洁具稳装——洁具外观检查——通水维修——洁具与支架、墙、地缝隙处理——通水试验。

4. 操作工艺

（1）质量通病。

1）排水管道甩口不准。造成洁具安装位置不准和配件安装出现问题的主要原因是：洁具品种繁多，造型各异，价格悬殊，所以安装中心须在订货的基础上，参照产品样品或实物，确定安装尺寸。另外一种解决办法，在设计交底时提出确定洁具安装尺寸，确定排水支管距墙尺寸和洁具的甩口位置。

2）洁具安装不平整、不牢固。主要原因有支架安装不牢固，支架和连接件不配套，支托架加工尺寸有误差，洁具变形不规整，洁具稳装后产生的缝隙未处理，安装时的定位控制线、水平控制线出现问题，对稳装后的器具未进行校正而导致不平整。

3）洁具上、下水连接处漏水。洁具塑料配件的圆度和硬度不够而造成丝扣处渗漏，冲洗管上、下接口密封性差导致渗漏，洁具下水口变形造成使用中渗漏。

4）地漏集水效果不好，积水地漏安装不平整。安装好的地漏箅子应低于该处地面5mm，并且应处于地面坡度的最低处。标高水平线出现问题，安装地漏时与作地面时的水平线出现误差。

（2）脸盆的安装。首先清理下水甩口周边卫生，检查甩口封堵情况，将堵头去掉，用手电检查甩口管内是否有异物，必要时进行通水检查是否通畅。同时自检支架安装位置，如果没有问题将脸盆放在支架上测量脸盆的安装高度和水平距离，如有误差可以进行微调整，以符合质量标准。接着将支架的弯勾勾紧脸盆，使脸盆背面与墙紧贴。如果脸盆与支架接触不紧密，可用铅皮垫一下，重新检查脸盆的水平度和标高使其调整到符合质量标准为止。接下来可以安装返水弯。塑料返水弯可以在丝扣上抹少量油灰，缠上细麻丝，或用少量油灰缠上生料带，拧紧返水弯，返水弯与排水管甩口处应用油麻密封膏填塞封完备，要求排水管甩口应高出地面 5～10mm，使用油麻、密封膏封闭。注意如果密封膏太厚，在干硬的过程中会因其收缩出现裂纹，排水塑料管插入排水管甩口内不能低于 30mm，并且排水塑料管端部加热用木模将管口扩成喇叭口。稳装后的脸盆再进行给水连接管的安装，在给水支管上安装八字门用短管或连接软管与冷热水嘴连接，接通水源后或用临时水进行脸盆的通水（满水）试验，试验内容为检查脸盆满水后的溢水情况，要求通畅，脸盆的下水配件接口处有无渗漏，给水管道接口有无渗漏，排水是否通畅，经自检、互检和专检合格后由专人给脸盆墙面缝隙等处封玻璃胶（也可以使用白水泥），同时将洗脸盆及周围卫生清理干净。

（3）柱盆安装。柱盆的安装方法基本与脸盆安装相同，支架为陶瓷支柱，脸盆一般采用镀锌膨胀螺栓固定，安装时将支柱立在排水甩口中心处，将盆放在支柱上，并找平找正，将脸盆的固定孔眼直接画到墙上，后边靠近墙上，然后将脸盆和立柱放到安全地点，用调速电锤钻孔，注意应先将膨胀螺栓固定在墙上，再预装脸盆配件，安装好水嘴、下水口、返水弯，然后将脸盆立柱放到排水甩口中心，把脸盆返水弯插到下水甩口内，同时脸盆的固定孔眼对准膨胀螺栓，螺栓杆穿入固定孔眼以后，垫好橡胶垫与镀锌垫片，用镀锌螺母拧紧至松紧适度。用水平尺测量脸盆的水平度，如有偏差可进行微量调节，合格后进行通水试验检查，细部处理返水弯插入排水口处，如有护口盘应在排水口密封后，将护盘内加油灰，然后压紧在排水口处。最后对支柱与脸盆、支柱与地面、脸盆与墙面的缝隙用玻璃胶或白水泥勾缝抹光。

（4）地漏安装。

1）地漏安装应平正，无渗漏，地漏应安装在地面最低处，其箅子顶面应低于设置处地面 5mm。防腐宜采用沥青漆二道。

2）地漏水封深度不得小于 50mm，扣碗安装位置正确，铁箅子做防腐处理，并开启灵活。

（5）高水箱、蹲便器安装。高水箱配件安装基本同低水箱配件安装，多一套拉线支架安装，水箱有两个上水孔，当一侧的拉线支架安装以后，另一侧的上水孔封闭，蹲便器排水口油灰密封后四周应用白灰膏填实，在蹲便器的进水口应用胶皮碗套正套实，冲洗管一定要水平套正，最好用镀锌成品喉箍紧固，如果用 14 号铜丝绑，分别绑 2～3 道，铜丝拧扣要错位 90°，在进水口处应填干砂以利维修。高水箱塑料冲洗管距地 1m 处应设单管卡固定牢固。

（6）立式小便器安装。将甩口周围清理干净，检查甩口位置间距是否一致，符合要求后按照甩口找出中心线，在甩口周围抹好油灰，在立式小便器下铺垫水泥白灰膏的混合物（比例 1:5），下水口安装好后将立式小便器稳装找平，找正，立式小便器与墙面、地面缝隙嵌入白水泥浆抹平抹光。

5. 成品保护

（1）安装后的洁具固定螺栓、螺母，应表面抹黄油处理，待验收及交工前再处理干净。

（2）铜及镀铬零件等安装时应使用扳手或自制专用工具紧固，如果使用管钳，应在零件表面用布进行保护。

（3）安装完的洁具应加重保护。冬季室内不通暖时，所有洁具的存水弯、背水箱、坐便内积水等都应放净以防冻裂。

（4）所有洁具的橡胶堵头、拉链、地漏箅子、喷头、手轮、转心门的扳把等应在使用前安装。

3.5.4 拆除及存放

1. 设施拆除

（1）集成式卫生间拆除前应泄水断电。

（2）洁具拆除前，应先拆除间隔挡板。

（3）拆除洁具。

1）拆除立式小便斗，并取出感应器电池。

2）拆除洗脸盆，脸盆、盆柱、水龙头应分离，分类码放。

3）拆除淋浴间及热水器，淋浴器花洒应摘除，将热水器中的热水泄尽。

4）拆除蹲便器及其水箱，拆除前应先泄水。

5）拆除拖布池。

（4）拆除的洁具及配件轻拿轻放，并分类妥善保存，并做种类及数量清单，不得损坏洁具。

（5）洁具配套的五金件应分类存放，不得随意放置。

（6）集成式卫生间拆除前应由各专业主管人员对水暖工进行安全技术交底，并落实到每位操作人员。

（7）拆除集成式卫生间时应按安装时的顺序反向进线操作。拆卸下的连接螺栓、连接件和配件等装箱塑封后将清单粘贴在箱体明显位置；拆卸的墙板叠放时中间应垫上泡沫板，装车时凡墙板与车辆、墙板与墙板等存在直接或间接接触的部位均应采用泡沫板做隔离保护。

2. 材料设施存放

材料运输到指定存放场所后同样需要做好防护处理。在库房内叠放时不应超高，避免受压损坏，如不能避免，则需采取搭设分层防护架子，分层叠放。避免洁具被磕、碰、砸、摔而导致损坏，同时应配备好相关消防器材。

3.6 集成式闸机系统

3.6.1 劳务实名制硬件组成

1. 通行授权方式优劣分析

不同类型的通行授权方式如图 3-14 所示，其优劣势分析见表 3-5。

IC卡　　　　　人脸识别　　　　　RFID　　　　　二维码

图 3-14　不同类型的通行授权方式

表 3-5　　　　　　　　　不同类型的通行授权方式优劣势对比

授权类型	优势	劣势
IC 卡	成本低廉 通用性好	人卡无法物理绑定 卡携带问题
人脸识别	真正解决通行授权保障	对环境要求较高 设备成本高 通行效率随人数增加急剧下降
RFID	无障碍通行 对通行无干扰 无源模式成本可控	对通行没有限制能力 会有一定漏读情况
二维码	可扩展性强 成本低 携带方便	人员绑定问题 损坏补充问题

2. 闸机类型优劣分析

不同闸机类型如图 3-15 所示，其优劣势分析见表 3-6。

三辊闸　　　　　　　翼闸　　　　　　　摆闸

半高转闸　　　　全高转闸（单）　　　全高转闸（双）

图 3-15　不同闸机类型

表 3-6 不同闸机类型的优劣势分析

闸机类型	优势	劣势
三辊闸	成本低 环境适应性较强 能够到达基本通行控制要求	外观美观度一般 通道宽度限制 设备需要人工辅助通行 无法携带工具通行 工人易损坏
翼闸	通行速度快 通道宽度适中 通行限制少 美观度较好 紧急情况可以缩回扇翼形成快速疏散通道	控制方式复杂，成本较高 产品设计要求高，对生产要求较高 需要有遮挡设施
摆闸	美观度较好 闸机中可设置通道最宽 可通行大件物品	控制复杂，成本较高 大通道对材料要求高 尾随通行有较大几率破坏摆扇和机芯
半高转闸	通行控制能力较强 环境适应性较高	通行速度一般 成本较高 美观度一般 通道宽度限制 无法携带较大物品通行
全高转闸	唯一可无人值守闸机 环境适应能力高 可控制一人一通行	成本高 通行效率一般 通道宽度限制 无法携带较大物品通行 对紧急疏散有影响

3. 其他硬件设备

其他硬件设备如图 3-16 所示。

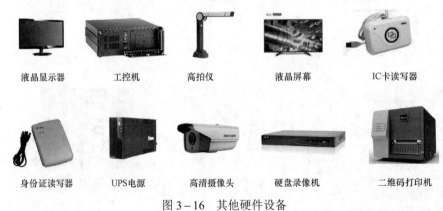

液晶显示器	工控机	高拍仪	液晶屏幕	IC卡读写器
身份证读写器	UPS电源	高清摄像头	硬盘录像机	二维码打印机

图 3-16 其他硬件设备

硬件设备技术参数见表 3-7，现场按实际需求选择所需硬件和数量。

表 3－7　　　　　　　　　　　劳务产品硬件设备技术参数

序号	图例	物料名称	产地	品牌	规格/型号	性能参数	主要功能	单位	应用说明	数量	备注
	主材										
1		翼闸（单机芯）	深圳	和至	（长×宽×高）1200×280×980	工作电源：AC220V×（1±10%），50×（1±10%）Hz。输入接口：12V 电平信号或脉宽>100ms 的 12V 脉冲信号，驱动电流>10mA。通信接口：韦根接口、TCP/IP。驱动电机：DC24V 电机。通行方向：单向或双向通行。IP 防护等级：42。相对湿度：≤90%，不凝露。开、关闸时间：1s。上电系统启动时间：3s。每通道通行人数：40 人/分钟。正常使用寿命：400 万次。机箱材质：国产标准 304 不锈钢，厚度：国标 1.2～1.5mm。净通道宽尺寸：通道宽 550～600mm	进出场管理	台	1. 通道两端需要分别配置单芯闸机一台；2. 单通道又两台单芯翼闸组成（组合效果见备注）	2	
2		翼闸（双机芯）	深圳	和至	（长×宽×高）1200×280×980		进出场管理	台	1. 超过一个通道时，每增加一个通道，需要增加一台双芯翼闸。2. 双芯翼闸放置在通道中央，与单芯翼闸共同构成完整通道（组合效果见备注）	3	
3		半高闸（单通道）	深圳	和至	（长×宽×高）1269×1600×1500	工作电源：AC220V×（1±10%），50×（1±10%）Hz。通行方向：单向或双向通行。IP 防护等级：42。相对湿度：≤90%，不凝露。开、关闸时间：1s。上电系统启动时间：1s。每通道通行人数：30 人/min。正常使用寿命：400 万次。机箱材质：国产标准 304 不锈钢。净通道宽尺寸：标准通道宽 600mm	进出场管理	台		0	可定制
4		半高闸（双通道）	深圳	和至	（长×宽×高）1960×1600×1500		进出场管理	台		0	可定制
5		全高闸（单通道）	深圳	和至	（长×宽×高）1630×1500×2310		进出场管理	台		0	可定制
6		全高闸（双通道）	深圳	和至	（长×宽×高）2400×1500×2310		进出场管理	台		0	可定制

3.6.2　综合部署方案

1. 系统部署方案

系统部署方案如图 3－17 所示。

（1）软件部署在阿里云，公司、项目终端通过网络获取数据。

（2）项目部硬件控制台通过互联网与软件传输数据。

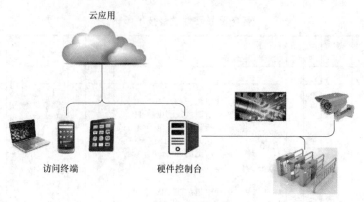

图 3-17　系统部署方案

（3）现场硬件通过局域网与硬件控制台连接，数据自动上传下载。

2. 现场通道部署方案

（1）施工生产区围挡封闭，将生活区与施工区分开，设置进入施工区专用工人通道。

（2）现场按部署方案进行建设通道，预留硬件安装位和走线管槽。

（3）项目网络带宽不低于 2M，通过网线连接不能超过 100m。

以 3 通道为例，部署方案如图 3-18 所示。

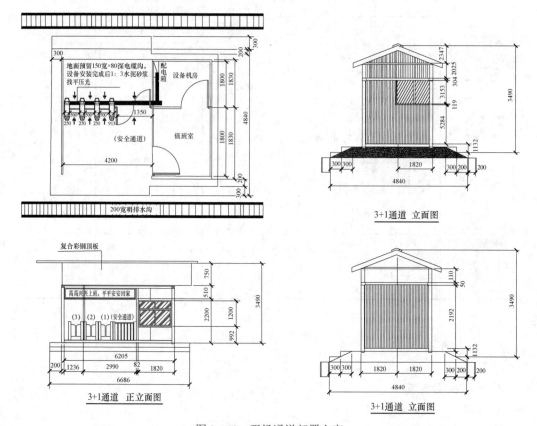

图 3-18　现场通道部署方案

3. 现场网络部署方案

（1）各门区需要连接网络到项目主交换机上外网。

（2）门区距离项目部在 100m 以内，采用网线连接。

（3）门区距离项目部超过 100m，优先采用光纤连接，其次采用无线网桥连接。

现场网络部署方案如图 3-19 所示。

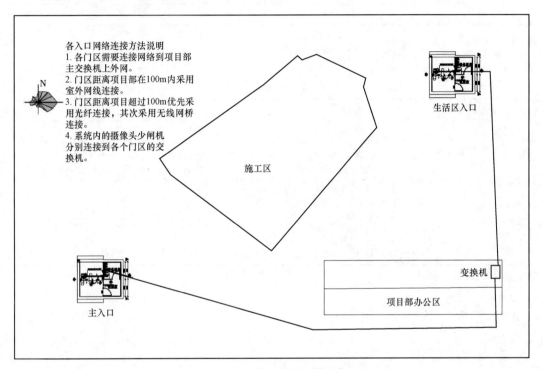

图 3-19 现场网络部署方案

3.6.3 标准化作业方舱

1. 作业方舱组成（见表 3-8）

表 3-8 作 业 方 舱 组 成

设备名称	设备型号	单位	数量	说明
集装箱	1. 标准 20GP 箱体，集成保安室+通道 2. 1.4mm 首钢产瓦楞特型钢板 3. 6mm 花纹防滑钢板（地面） 4. [16 槽钢钢制框架 5. 钢制保安室防盗门 6. 推拉塑钢含防盗网窗户 2 扇 7. 钢制通道卷帘门 4 樘 8. 防雨 4 套 9. 不锈钢便捷通道 10. 保安室 50mm 岩棉保温+PVC 吊顶 11. LED 节能照明设备 12. 电源控制箱（正泰空气开关） 13. 标准防锈漆、底漆、面漆（定制不含）	套	1	必选

续表

设备名称	设备型号	单位	数量	说明
环境设备	格力 1P 冷暖空调	台	1	可选
办公设备	钢制文件柜	组	1	可选
	钢制办公桌（环保密度板台面）	个	1	可选
定制喷涂	根据甲方要求定制外观颜色及 LOGO、文字等	项	1	可选

2. 作业方舱优劣势分析（见表 3-9）

表 3-9　　　　　　　　　　　作业方舱优劣势分析

方案类型	优　势	劣　势
DIY 组装	对门区场地要求低； 适用于通道已经建成情况； 门区部署有企业统一要求； 硬件及配套需分别采购安装	美观性差； 部分硬件安装位置不佳，难以发挥硬件效果； 场地与硬件互相制约，影响进度； 通道及门卫室一次性投入，不能周转
作业方舱	尺寸统一，整齐美观； 内部集成门卫室、标准配备硬件； 吊装、通电通网，即可使用； 颜色和企业 CI 标识可订制； 整体可周转多个项目，成本可分摊； 大型项目可配置 1 拖多模式	需提前预留标准尺寸，场地平整； 硬件位置提前固定，到场后不能调整； 运费高

3.6.4　现场不同环境的部署案例

1. 标准施工门区

现场施工区独立可封闭，设置唯一工人通道，效果最佳；设置快速通行小门，用于小推车和领导来宾使用（见图 3-20）。

图 3-20　标准门区

2. 施工区多个大门

现场情况复杂，施工区需要设置多个工人通道，选择 1 个门区做监控室，局域网连接 2 个或多个门区，共同管理进出（见图 3-21）。工人通行自由，考勤及影像资料均完整保存，适用于用工量较多的项目。

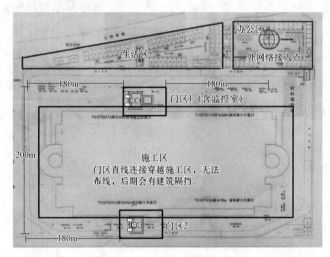

图 3-21　施工区门区布置

3. 多个独立施工区

项目有多个地块，需独立管理，或控制工人进出权限，进 A 区的工人不能进入 B 区，管理人员可进出所有区域。分别按标准方案部署 2 个独立施工区域，做集成统一管理，分区进行工人卡授权（建议工人卡用颜色区分 2 个区域的权限），严格管理通行权限（见图 3-22）。

4. 多种功能区域管理

项目划分有施工区、办公区、生活区等多个区域，需对不同功能的区域做不同程度管理，如控制工人不能进入办公区，生活只统计人数不考勤，后勤人员不能进入施工区等。参照"7.3 多个独立施工区"方案，在每个区域建通道，设置门禁设备，按不同人员和区域授权，实现多种管理（见图 3-23）。

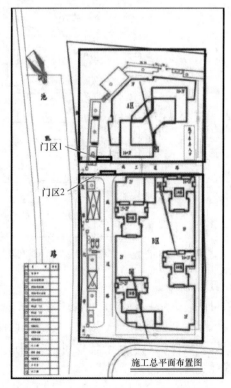

图 3-22　多个独立施工图平面布置图

图 3-23　多种功能区门禁设置

5. 不同功能区域嵌套

项目施工区内设有生活区，或类似的大门套小门情况，需要分别管理，将不同功能区域围挡封闭，组成局域网。也可控制每个区域的通行权限，不同区域统计不同数据，如进入生活区停止统计考勤（见图 3-24）。

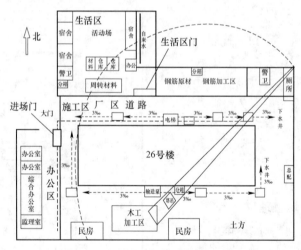

图 3-24　不同功能区域嵌套布置图

6. 工地一卡通应用

项目除各区域门禁要求外，还需要在食堂、小卖部安装消费机，在开水房、澡堂安装水控机等，工人使用同一张 IC 卡实现工地内部一卡通。在劳务实名制系统基础上，增加消费机、水控机系统和硬件设备，分别进行管理，共用一张 IC 卡进行发卡、充值、退卡管理（见图 3-25）。

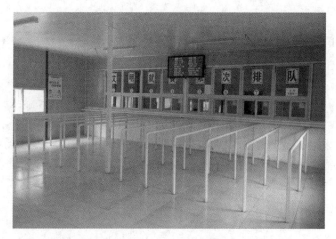

图 3-25 工地一卡通应用

3.7 集成式门卫系统

3.7.1 集成式门卫产品设计组成

（1）作用：为了规范管理，营造良好的办公环境，维护稳定的治安秩序，利于开展各项工作，防止治安事件的发生。在建施工中，供门卫警戒人员使用。

（2）集成式门卫系统的主要优点是美观规范，轻便灵活，占地少，便于移动。

（3）门卫室标准规格：3m×3.7m×2.7m，正面设置小窗，面对闸机方向设置一门一窗，另外两面均安装透明玻璃以便保安人员对周围进行监督观察。

（4）门卫室墙板采用集成式集装箱，门窗采用铝合金门窗。

（5）集成式门卫构成：门卫室、闸机、电控门、监控显示器及其他配套设施（见图 3-26）。

图 3-26 集成式门卫构成

3.7.2　集成式门卫的功能性构建

（1）集成式门卫根据各使用单位自身需求设置门卫数量及布局，要求能够满足使用单位的安全需求。可在门卫室内设置监控设施及广播设施，全面、实时监控使用单位各个方位具体情况。可及时发现突发状况保证单位人身和财产安全。

（2）电路敷设：集成式房屋内部包含暗装接线管，可根据工作现场需要进行电路改设，电路的改设需要满足电线的安全使用要求，不可胡乱搭接以免造成安全隐患。

3.7.3　人性化设施

（1）在门卫室内设置 USB 充电口，方便保安日常生活的同时，满足来访客人的需求。

（2）在门卫室内设置电控门及闸机开关，方便保安的工作，也便于对系列配套设施的控制。

（3）在门卫室内设置报警装置，可以在单位发生安全问题时及时快速地与警方取得联系。

（4）在门卫室内配备安全防护工具、电棍、防护盾牌等。

（5）门卫室设置为四面玻璃形式，方便门卫全面观察公司内部情况，及时发现并解决问题。

（6）室内安装可调节亮度 LED 照明灯，节能环保。

3.7.4　附图

办公区门卫室强弱电布置如图 3-27～图 3-29 所示。

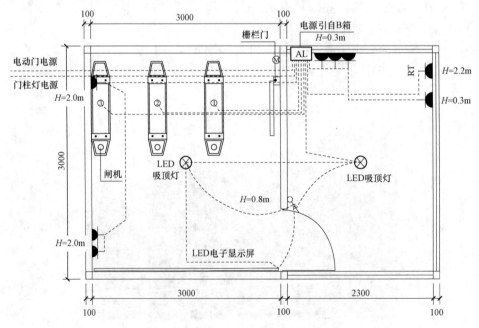

图 3-27　办公区门卫室强电布置图

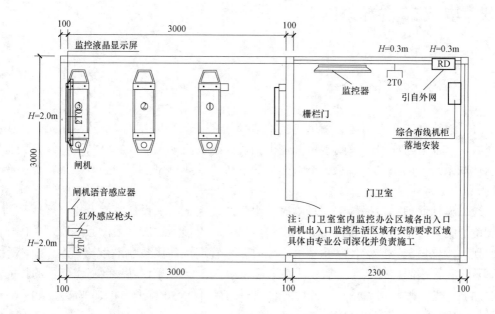

图 3-28　办公区门卫室弱电布置图

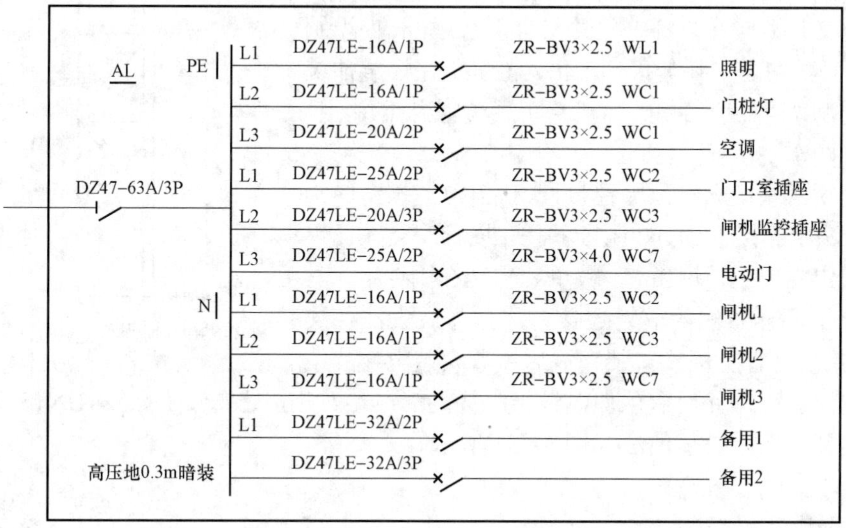

图 3-29　门卫室配电箱系统图

3.8 集成式喷淋系统

3.8.1 集成式喷淋系统介绍

（1）设计目的：为满足北京市建筑工地绿色文明施工要求，降低环境污染，减少扬尘现象，以及节约材料、节约水资源，根据目前建筑施工现场的实际情况，结合施工经验制订本系统，以降尘、节水、节材为目的，树立企业形象，展现企业风采，促进企业发展。

（2）设计原理：根据施工现场临时用水系统及施工组织设计方案及施工现场平面布置图确定临时给水管线分布及走向。在集成式围墙上预制加工好喷淋系统管道的固定支架，现场围墙安装完成后，从预埋好的临时用水管道接口接装喷淋系统管道，喷淋系统横管敷设在围墙固定托架上，管道上安装喷淋喷头，定时开启以达到喷水降尘的目的。

（3）主要材料组成：DN50 热镀锌钢管及阀部件、DN50 管卡、DN15 喷头、L40×40×4 角钢、DN50 法兰片及配套螺栓、DN50 橡塑保温管壳、白色保温缠带、电伴热线等。

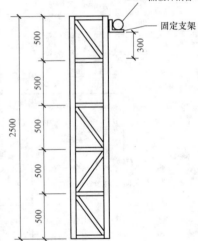

图 3-30 喷淋管道敷设安装剖面图

3.8.2 加工工艺

（1）预制围墙钢构立柱时，考虑喷淋系统不与电气专业有交叉，故应在立柱上第二横杆上 300mm 处焊制喷淋管道固定托架，托架采用 L40×40×4，在焊装前应开管卡孔洞，预制围墙安装完成后再安装喷淋系统。具体做法如图 3-30 所示。

（2）喷淋系统立管延墙柱敷设，接至前期预留的给水接口（法兰连接）并安装阻断阀门，横管安装在已焊制好的固定支架上，每 3m 一根单独安装在围墙上，与其他围墙上同样做法的横管连接，连接方式为法兰连接；喷淋系统立管及横管安装完成后接着安装电伴热线及橡塑保温管壳，并用白色保温缠带绑扎；墙柱左右 1m 处安装 DN50×DN15 三通，三通甩口安装喷头。具体做法如图 3-31 所示。

3.8.3 设施及设备拆除

（1）此项工作应由水暖工完成，喷淋系统拆除前应与电气专业确认无交叉作业，且拆除前应有专业工长根据现场实际情况对工人进行安全技术交底并严格执行。

（2）拆除前应先对喷淋系统进行泄水工作，泄水完成后先拆除立管及横管的橡塑材料及电伴热，然后拆除喷头，最后拆除法兰及管道。拆卸中注意橡塑、喷头、管道及阀部件的保护措施，尽量不损坏橡塑、喷头、管道及阀部件。拆卸完成后分类存放至库房并按规格做好清单台账。

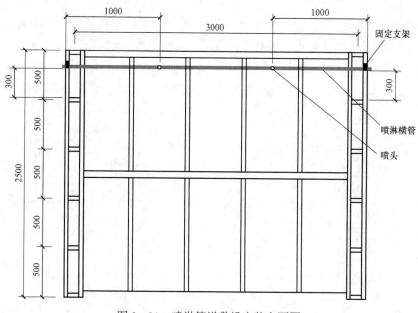

图3-31　喷淋管道敷设安装立面图

3.9　集成式电缆排布系统

3.9.1　集成式电缆排布系统介绍

（1）设计目的：为满足安全文明、绿色施工及节约资源的要求，根据目前建筑市场施工现场实际情况，结合施工经验制订本系统，以安全、快捷、节能为目的，树立企业形象，展现企业风采，促进企业发展。

（2）设计原理：根据施工现场临时用电接驳点及施工组织设计方案及施工现场平面布置图确定电源电缆的分布及走向。在集成式围墙上预制加工好电缆线槽支架的固定架，现场围墙安装完成后，现场临时用电电缆在围墙上敷设的线槽内敷设，避免暗敷设（埋地）电缆被开挖损坏而浪费材料以及避免造成意外触电事故而造成人身伤害或伤亡事故。

（3）主要材料组成：SC150焊接钢管；40×4热镀锌扁钢；200×200电缆金属有孔桥架；10mm厚钢板；L40×40×4角钢；BV25mm^{2}黄绿双色线；BVR4mm^{2}铜芯软线；M8、M10机制镀锌螺栓等。

3.9.2 工艺做法

1. 加工制作

（1）预制围墙钢构立柱时，考虑电缆金属线槽需做保护接地的要求，在钢构立柱上方第二横杆处预留$\phi 8$ 线槽接地连接螺栓孔。底部上方 300mm 处预留 $2\times\phi 8$ 螺栓孔，做重复接地连接螺栓孔。开孔严禁使用电气焊热加工开孔，或开长孔。具体做法如图 3-32 所示。

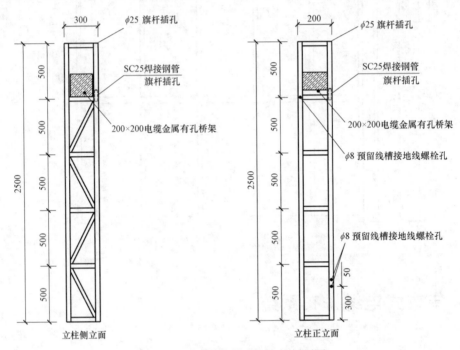

图 3-32 电缆线槽穿钢立柱剖面图

（2）附着电缆线槽支（托）架安装架的制作。采用 L40×40×4 角钢与钢构板中间部位的竖向角钢可靠焊接连接，连接处角钢边角对应平齐，保证焊接质量，连接可靠。焊接后清除药皮，焊接部位涂刷防锈漆，面漆应同钢构板一致（电缆线槽有竖向做法时，增加 1000mm 处做法），具体做法如图 3-33 所示。

2. 附着电缆桥架安装

（1）加工定制。根据施工现场平面布置图明确临时用电电缆沿围挡走向，由此明确电缆桥架所需的数量，每段桥架长度按围墙长度（L=3000mm）提前加工定制；因电缆桥架接头处于围挡立柱中心位置受围挡立柱尺寸影响，电缆桥架连接片必须特殊定制，只有这样在连接桥架时不受影响。电缆桥架两侧设百叶形通风孔，其颜色同围挡颜色一致。有防火要求时，需涂刷防火涂料。根据施工现场实际情况计算防火线槽长度，在生产方完成此项工作，其颜色同钢构围墙统一。

（2）材料进场验收。根据合约内容及技术要求对进场的材料进行验收。验收由项目电气工长及电气质检员完成，按《建筑电气工程施工质量验收规范》（GB 50303—2015）为验收依据。

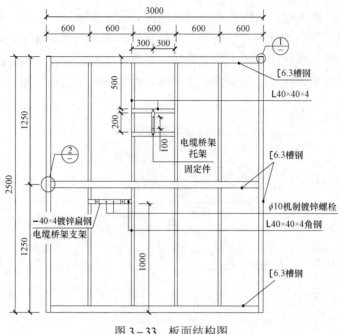

图 3－33　板面结构图

（3）线槽支托架制作。电缆线槽支架采用－40×4 热镀锌扁钢、电缆线槽托架采用 L40×40×4 角钢，现场均由专业电工加工制作。具体做法及规格尺寸如图 3－34 所示。

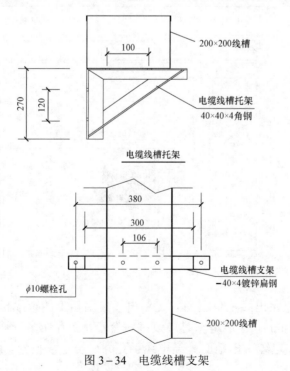

图 3－34　电缆线槽支架

（4）围挡安装完成后即可进行电缆桥架支托架安装，将预制加工好的电缆支托架与围挡上的固定点采用 M8 机制镀锌螺栓连接并拧紧，平弹垫齐全。

（5）将电缆桥架两端分别搭设在围挡两侧的立柱水平横担上（40×40×4 角钢），使用不小于 M8 机制镀锌螺栓将电缆桥架与立柱横担和桥架托架连接固定，两端分别处于钢构立柱中心位置。螺栓选用平头或半圆头形，露出的螺栓部分应在桥架的外部，避免划伤电缆使金属线槽意外带电而造成意外触电伤害事故。线槽安装如图 3-35 所示。

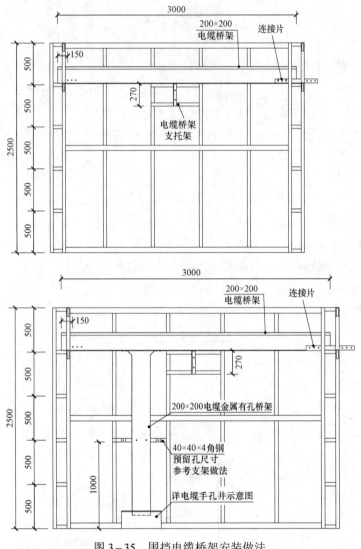

图 3-35　围挡电缆桥架安装做法

（6）由低压配电室出线柜引出的各支路电缆沿围挡上的电缆桥架敷设，其电缆埋设深度应不小于 700mm，穿越道路时应设过路套管，如存在多变性应考虑增加一条或数条备用过路套管。电缆引出地面处经电缆手孔井引至电缆桥架。具体做法如图 3-36 所示。

（7）电力电缆手孔井做法（手孔井除与围挡衔接面，其他三面均涂刷红白漆警示标志）如图 3-37 所示。

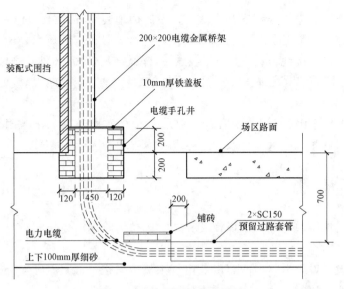

图 3-36 电缆桥架敷设做法

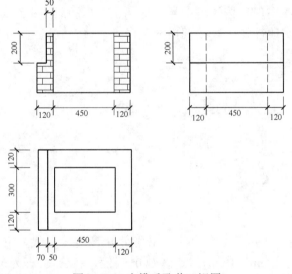

图 3-37 电缆手孔井三视图

（8）电缆手孔井钢质盖板做法如图 3-38 所示。

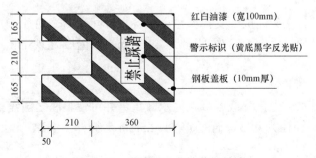

图 3-38 电缆手孔井铁盖板做法

（9）接地连接。电缆线槽安装完成后，及时做地线跨界连接。线槽与线槽接头处采用不小于 BVR4mm² 铜芯软线进行压接跨接，连接处必须牢固可靠。电缆从线槽起始端做好可靠接地连接，接地材料采用 40×4 热镀锌扁钢，一端与钢构柱可靠机制镀锌螺栓压接，另一端与接地装置可靠焊接连接，焊接倍数符合规范要求，焊接处做好防腐处理。接地电阻应不大于 4Ω。

（10）电缆线路绝缘测试。所有线缆敷设完成后使用 ZC–7 型电阻绝缘摇表进行线缆绝缘测试，做好测试记录。一般低压电缆绝缘电阻需大于 10MΩ。

3.9.3　设施及设备拆除

（1）此项工作应由专业电工操作和完成。围挡拆除前，先拉闸断电、悬挂警示牌并设专人看护。

（2）临电设备设施拆除前应有专业电气工长根据相关方案做好安全技术交底工作，操作电工必须严格按照安全技术交底执行。

（3）先行拆除围挡上的电缆及桥架，各种配件分类集中存放在工具或配件设备箱内并做好标识。电缆整理后按规格型号做好标记，拆卸后的电缆、电缆线槽、支架或托架、接地线、机制镀锌螺栓等按规格分类清点，储存到制定专用库房，做好清单记录台账。

3.10　集成式上人马道

3.10.1　主要材料组成

1. 立杆、基座

立杆是整个系统的主要受力构件，采用外套管连接形式，立杆上的圆盘间距为 500mm；立杆长度有 0.5m、1.0m、1.5m、2.0m 四种规格，立杆为 ϕ48.2mm，管壁厚为 3.2mm（壁厚±0.15mm），材质为 Q345B。基座是安装立杆的基础，先在底座上安装基座再安装立杆，基座长度为 350mm 为不带套筒的立杆。

2. 横杆

横杆用于连接各主架而成一支撑架组，使各主杆间受力平均分布并相互支持，不易产生弯曲变形。横杆材质为 Q235，管径为 48.2mm，管壁厚为 2.5mm。横杆尺寸分别有 0.9m、1.2m、1.8m。

3. 斜杆

斜杆用于承受水平力，分散各脚架之承载重，并可使整座之圆盘架不扭曲变形。斜杆材质为 Q235，管径为 ϕ33，管壁厚为 2.5mm。斜杆主要之尺寸有 0.9m×1.5m、1.2m×1.5m、1.8m×1.5m。

4. 调整底座

主要用于各主杆调整水平高低。牙管设立冲压点，用以防止螺母松脱并保持牙管与平主杆或标准基座连接。牙管规格管径分 ϕ38.2，牙管长为 600mm，牙管厚为 5.0mm（±0.5mm），材质为 22 号钢，螺母材质为 FCD450。

5. 钢踏板

主要用于平台踏板。采用 Q235 材质。踏板规格为 1200mm×250mm。

6. 爬梯斜梁

斜梁分为左、右斜梁为一组，为爬梯的承载构件。

3.10.2 工艺做法

1. 工艺流程

（1）地基处理：根据现场上人马道实际占地位置将基础进行硬化，采用 C20 混凝土，厚度 20cm。

（2）基础放样：依照支撑架配置图纸上尺寸标注，正确放样并使用墨斗弹线。

（3）检查放样点是否正确。

（4）备料人员依搭架需求数量，分配材料并送至每个搭架区域。

（5）依脚手架施工图纸将调整底座正确摆放。

（6）依脚手架施工图纸搭设脚手架（高处作业人员需佩戴安全帽、安全带）。

（7）搭架高程控制检测及架高调整。

（8）检查各构件连结点及固定插销是否牢固。

（9）各种长短脚手架材料检查是否变形或不当搭接。

（10）架设安全网并检查是否足够安全。

2. 施工方法

（1）架体搭设。作业前，首先对作业工人进行技术和安全交底。施工机具准备齐全，具备作业条件。然后按照施工工艺流程进行脚手架搭设，搭设过程中如有构配件、杆件有质量问题，坚决不予使用。

（2）安装方法。盘扣支架安装：

1）根据图纸位置进行排底，摆放底座位置，安装基座，安装水平横杆，进行架体超平，保证水平杆水平，抄平后用锤子砸紧节点销板。

2）安装楼梯立杆、水平杆，水平杆步距 1.5m；休息平台处设置护身栏杆，高度为 500mm+1000mm。爬梯栏杆扶手示意图如图 3-39 所示。

3）安装一步立杆后，安装爬梯斜梁及踏板，并在爬梯两侧采用 1800mm×1500mm 斜杆设置两道扶手，逐层进行拉结，逐层搭设。

4）采用膨胀螺栓在墙体上进行拉结。膨胀螺栓采用 4ϕ18 膨胀螺栓，锚固深度大于 9cm；采用 6mm 厚钢板，尺寸为 15cm×15cm，钢板上焊接 10cm×10cm 耳板，耳板上打 ϕ20 螺栓孔。埋件加工图如图 3-40 所示。

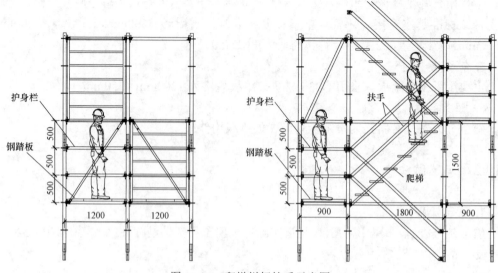

图 3-39 爬梯栏杆扶手示意图

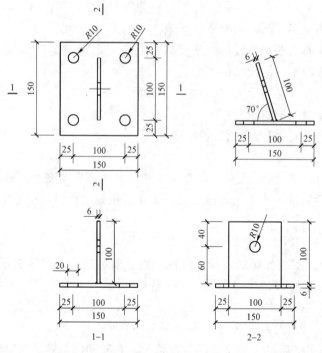

图 3-40 埋件加工图

5）爬梯采用 φ48×3mm 普通钢管进行拉结，与结构拉结处在钢管端焊接 100mm×100mm×6mm 钢板，在钢板另一端焊接 10cm×10cm 耳板，耳板上打 φ20 螺栓孔，采用 φ18 螺栓与预埋件进行连接。钢管连接端加工图如图 3-41 所示，组装图如图 3-42 所示。

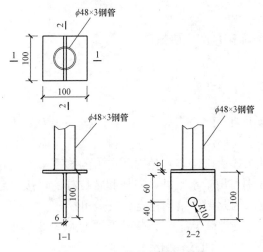

图 3-41　钢管连接端加工图

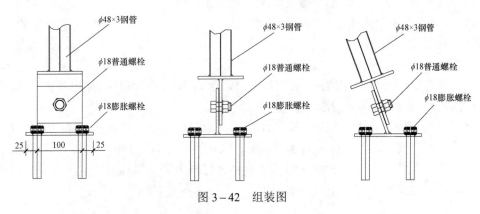

图 3-42　组装图

6）工作爬梯与主体进行拉结，采用 $\phi 48 \times 3$ mm 普通钢管、扣件进行拉结，拉结步距为 2 步即 3m 一道。

7）爬梯外侧挂设钢网；

8）安装第二层立杆，立杆套筒向下，插入有效深度即可（落地式架体不采用销钉）。

3. 架体拆除

（1）脚手架经单位工程负责人检查验证并确认不再需要时方可拆除。

（2）脚手架拆除前应清除架上的材料、工具和杂物。

（3）拆除脚手架时，应设置警戒区和警戒标志，并由专人负责警戒。

（4）脚手架的拆除应在统一指挥下，按后装先拆、先装后拆的顺序进行拆除。

（5）脚手架的拆除应从一端向另一端、自上而下逐层进行。

（6）同一层的构配件和加固件应按先上后下、先外后里的顺序进行。

（7）在拆除过程中，脚手架的自由悬臂高度不得超过两步，当必须超过两步时，应加临时拉结。

（8）作业人员必须站在临时搭设的脚手板上进行拆卸作业，并按规定使用安全防护用品。

（9）拆下的立杆、水平杆、斜拉杆等及其他配件应传送至地面，经验收分类堆存，最后打包待运。

（10）拆除时，严禁抛掷，防止碰撞。

3.10.3 功能性介绍

与传统的扣件式脚手架、碗扣式脚手架和门式脚手架为载体搭设形成的上人马道相比，盘扣支撑架具有以下优势：

（1）技术先进：盘扣式的连接方式是国际主流的脚手架连接方式，每个节点都可以有 8 个方向的连接，分别可用于水平杆、斜杆和定位杆的连接。连接之后使得每个架体的单元都近似于格构柱，因此架体结构稳定、安全可靠。

（2）原材料升级：主要材料全部采用 Q345B 型低碳合金钢钢管，强度高于传统脚手架的普碳钢管（国标 Q235）的 1.5～2 倍。

（3）热镀锌工艺：主要部件均采用内、外热镀锌防腐工艺处理，既提高了产品的使用寿命（不会因为钢管内壁的锈蚀而降低承载能力），又为产品安全提供了进一步的保证，同时又做到美观、漂亮。

（4）用量少、重量轻、节约使用：一般情况下，立杆的间距为 1.5m、1.8m、2.4m、3.0m。横杆的步距为 1.5m 或 2m，最大步距可以达到 3m。所以相同支撑面积下的用量会比传统的碗扣式支撑架减少 2/3，重量会减少 1/2。

（5）组装快捷、使用方便、可周转次数高：由于用量少、重量轻，操作人员可以更加方便地进行组装，功效可以提高 3 倍以上。每人每天可搭设 150～300m³ 的架体。综合费用（搭拆人工费、往返运输费、材料租赁费、材料丢失、损耗费、维护费等）都会相应地节省，一般情况下可以节省 30% 以上。

3.10.4 配套图

配套图纸如图 3-43～图 3-46 所示。

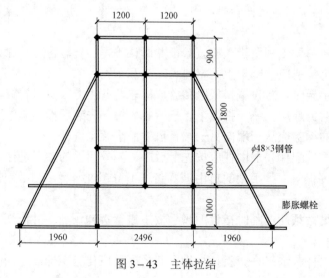

图 3-43　主体拉结

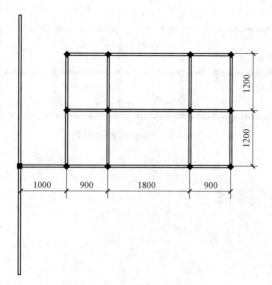

图 3-44 爬梯底层平面图

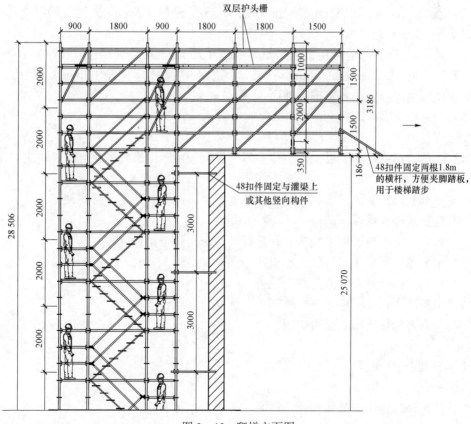

图 3-45 爬梯立面图

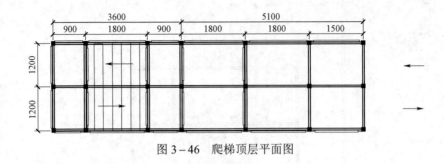

图 3-46　爬梯顶层平面图

3.11　七板一图架体

3.11.1　产品设计说明

1. 主要材料组成

（1）立杆。立柱使用 76mm 不锈钢管，壁厚 2mm，上有不锈钢连体球扣帽。

（2）方框。方框使用 25mm×38mm 不锈钢方管，壁厚 1.2mm，外包不锈钢镜面不锈钢板，壁厚 1.2mm。

（3）圆管。不锈钢圆管采用直径 38mm，壁厚 1.2mm，不锈钢装饰花直径约为 100mm。

（4）后背板。后背板选用 20mm×20mm 不锈钢方管焊框，壁厚 1.2mm，在使用 1.2m 镀锌板，使用螺丝固定在方管框上外面。

（5）钢化玻璃面板。50mm 厚的钢化玻璃。

2. 工艺流程

（1）地基处理：根据七板一图架体实际摆放位置将地面进行硬化处理，浇筑 C15 混凝土，厚度约 20cm。

（2）基础放样：依照现场临设规划图纸进行正确放样并使用墨斗弹线。

（3）检查放样点是否正确。

（4）备料人员依搭设需求数量，分配材料并送至每个搭设区域。

（5）根据图纸要求在立杆的根部进行钻孔，深度约 15cm。

（6）在地面钻孔处安装法兰盆做地脚。

（7）根据法兰盆地脚位置将架体逐一进行安装。

（8）检查各构件连结点是否牢固。

3.11.2　七板一图优点

与传统的现场标识牌架体相比，成品七板一图架体具有以下优点：

（1）整体造型美观：采用不锈钢管为原材，具有防锈防雨等功能优势，整体造型美观。

（2）组装便捷、拆卸方便：由于体积小，重量轻，操作人员可以更加方便地进行组装。以法兰盆为地脚的连接体系，拆除时更加便捷省工。

（3）可周转次数高：正常使用前提下，一次性投入可重复使用约 10 年左右。

3.11.3　配套图

现场"七板一图"如图 3-47 所示。

图 3-47　现场"七板一图"

3.12　集成式水平兜网

3.12.1　集成式水平兜网附着件的用材

根据施工总进度计划安排，材料应及时进场，并按照相应规范的规定和施工组织设计的要求对钢管、扣件、脚手板、密目网等进行检查验收，不合格产品不得使用。

（1）水平安全网的钢管主要为 6m 架管，规格 ϕ48.3mm×3.6mm，其质量符合现行国家标准《低压液体输送用焊接钢管》（GB/T 3091—2008）规定。

（2）安全网采用平网（阻燃型大眼网）和密目式安全网，必须符合《安全网》（GB 5725—2009）的规定，并进行抽样检测。绑扎用 8 号铅丝。

（3）钢丝绳选用 ϕ10 钢丝绳，断股、起毛、锈蚀严重的钢丝绳不得使用，钢丝绳扣紧绳卡不少于 3 个。

经检验合格的构配件应按品种、规格分类，堆放整齐、平稳，堆放场地不得有积水。

3.12.2 集成式水平兜网的做法

说明：墙面设置直径为 5cm 的通孔。

（1）无窗口的转角墙两面同此做法：第一排距地 200mm，第一个距墙边 300mm，第二个距墙边 1300mm；第二排距地 1400mm，第一个距墙边 300mm，第二个距墙边 1300mm。

（2）有窗口的转角墙靠无窗一侧同（1）做法留孔、靠有窗一侧距地 200mm，第一排距墙边 300mm，第二排距地 1400mm，距墙边 300mm。

（3）第一道双层网的宽度为 6m，水平铺设两层，每隔 4 层设一层单层水平网，宽度为 3m，里低外高，与水平面呈 15°夹角为宜。

集成式水平兜网附着件施工图如图 3-48 所示。

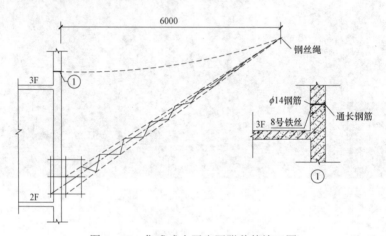

图 3-48 集成式水平兜网附着件施工图

3.13 展示平台模块

3.13.1 展示平台标准化模块的介绍

1. 首件工程样板制

首件工程样板制是指对各分项工程的首件工程重视和加强管理，按照项目的要求，施工前编制并审核施工组织设计，包括人员、安排机具设备并组合、进行材料检验、明确施工方法和施工工艺；施工中加强检查监督和指导，及时解决施工方法和工艺中存在的问题；完工后及时检验评定，总结经验，从而制订合理的施工组织方案和工艺标准，明确施工质量控制措施和监理要点，通过评定达到首件工程的样板作用。

2. 首件工程样板制的意义与目的

工程施工具有点多、线长、面广、露天作业、参建施工作业队伍众多、技术水平参差不齐、质量标准控制难度大的特点，为了保证各作业队质量控制水平稳定，实现各分项工程的控制目标，保证总目标的实现，就必须规范施工工艺，统一操作流程，培训施工队伍，加强各作业队之间的学习、交流，有针对性地制订各作业队施工控制措施和监理要点。确保各作业队技术水平稳定，质量控制水平均衡。

3. 首件工程管理机构及职责

应成立首件工程管理组，项目总工程师担任管理组组长，技术员、专业工长、质检员、安全员、预算员为组员，负责对成功的首件分项工程认可。

4. 首件工程的确定

（1）确定质量安全、环境控制总目标。项目执行机构要根据招标文件的质量要求和《施工合同》承包人的质量承诺，结合项目的具体特点，制订项目质量总目标。

工程项目的实施不但要有质量总目标控制，同时要满足安全生产的要求及《环境影响报告书》和《水土保持方案报告书》的基本要求。在施工中加强生态环境保护，坚持可持续发展，加强文明施工，提高环境保护意识。这也是我们创建样板工程的必然要求。坚持三最原则，即最小限度地破坏自然环境，最大限度地保护自然环境，最大限度地恢复自然环境。杜绝重大质量事故，避免一般质量事故，减少质量问题，消除质量通病等。

（2）分解总目标，制订各分项工程目标。

1）分项、分部、单位工程划分。承包人根据《建筑工程质量检验评定标准》的要求，结合项目具体特点对分项工程、分部工程和单位工程进行划分，监理进行审批后报备执行。

2）结合队伍的实际情况制订分项工程的控制目标。按照以分项工程质量确保分部工程质量、以分部工程质量确保单位工程质量、以单位工程质量确保项目工程质量的原则对总质量目标逐级进行分解。监理根据制订的质量目标，分解制订各合同段单位工程质量目标。监理制定单位工程质量目标，落实制订各分部工程质量目标。项目经理部根据工程监理组分部工程质量目标，细化分解制订各分项工程质量目标并上报监理审核。

（3）首件工程分类：首件工程分为现浇和产业化两个展示区，既要有质量保证措施，同时要满足安全生产及环境保护的要求。

（4）审批。

1）关键分项工程、主要分项工程在项目中的首件工程由执行办审批；

2）首件工程及项目一般分项工程首件由总监办主持审批；

3）作业队伍首件工程由各总监办审批。

5. 首件工程项目

（1）首件工程的申报。在施工过程中为能采用符合施工实际情况的合理的施工方法施工组织、工艺流程和符合技术规范及目标分解要求的工程标准控制数据，在任何一类分项工程正式开工前，必须先做首件工程。

施工单位应按照首件工程认可制中首件工程的划分原则确定每个分项工程的首件，对首件工程的每道工序制订详细的施工方案，编制施工作业指导书并进行层层技术交底。申报首件工程开工报告时，施工单位应提供完整的质量保证体系；确定自检体系和质量责任人；明确检测方法、检测频率以及重点、难点部位的控制措施。各总监办的监理工程师应按照权限据此制订相应的监理实施细则，并明确监理责任人。

专业监理工程师审批提交的施工方案、施工作业指导书、质量保证体系等。对于重大的、复杂的、采用新技术、新工艺的分项工程，应签署审批意见后上报总监理工程师批准。

（2）工艺评审。由总监办主持、各级从业单位参加审核项目经理部提交的首件工程施工方案，评审通过后，方可实施。

（3）工程实施。项目部应严格按照批准工艺评审的施工方案实施首件工程；监理人员必须对所有的首件工程进行全过程旁站，并详细做好相应记录。同时施工单位撰写首件工程施工总结（包括施工组织，人员配置，机具、机械类型，数量及组合方式，施工工艺操作方法，试验结果或结论，提出施工质量控制措施和办法等）。

（4）评价认可。首件工程完成后，由总监办组织检测、验收和评定。首件工程管理组派员参加首件工程验收，对施工组织（人员配置、机械设备配置与组合）、每道工序及工艺过程、试验数据、成品外观等总结分析，组织会议讨论、总结经验，确定首件工程成功与否，首件工程取得经验成功后批复大规模施工。若首件工程未达到预期目的，则分析原因，总结教训和不足，提出修改建议，制订方案重新进行试验工程施工，直至成功。

（5）首件工程实施程序图（见图3-49）。

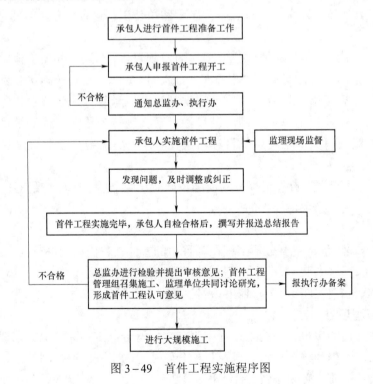

图3-49　首件工程实施程序图

（6）推广应用。对达到目标的首件工程，总监办主持召开该首件工程现场推广会。组织全线各项目部的主要管理、技术人员，监理单位的主要技术、管理人员，施工队的主要负责人员进行现场观摩、研讨和学习。同时结合该首件工程施工过程中存在的重点、难点问题及处理解决经验，详细介绍质量控制措施和监理要点，并以此首件工程作为同类分项工程的样板，统一标准，进行全线推广，以保证后续工程质量水平不低于首件工程的质量标准，从而实现整个工程的高标准和高质量。

3.13.2　展示平台标准化模块的图纸

展示平台标准化模块的图纸如图 3－50 所示。

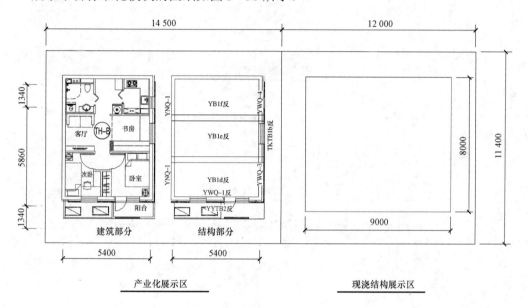

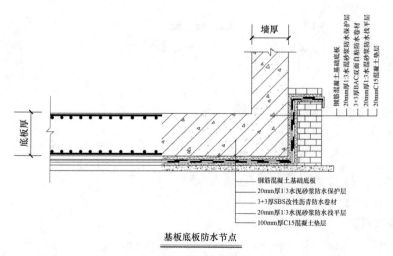

图 3－50　展示平台标准化模块图纸（一）

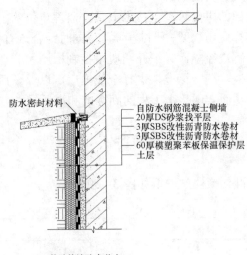

基础外墙防水节点

防水密封材料

自防水钢筋混凝土侧墙
20厚DS砂浆找平层
3厚SBS改性沥青防水卷材
3厚SBS改性沥青防水卷材
60厚模塑聚苯板保温保护层
土层

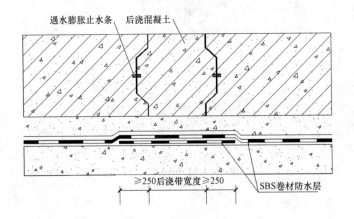

遇水膨胀止水条　后浇混凝土

≥250后浇带宽度≥250

SBS卷材防水层

底板后浇带防水节点

图3-50　展示平台标准化模块图纸（二）

3.14　集成式木工加工棚

3.14.1　主要材料组成

1. 钢结构框架

（1）角柱：150mm×150mm×6mm 钢矩管（蓝色磁漆）；

（2）底梁：[14b 国际槽钢；

（3）底板：100mm×50mm×2.5mm 钢矩管，间距 400mm；

（4）外墙板：1200mm×2560mm×1.0mm 压型钢板（白色烤漆）；

（5）顶板：1200mm×2560mm×1.0mm 压型钢板（白色烤漆）；

（6）顶梁：100mm×50mm×4mm 钢矩管。

2. 内装饰

（1）地面：铺一层水泥板（防水板），地面铺设 600mm×600mm 防滑地砖；

（2）墙面：墙面内墙采用 75mm 岩棉复合板，墙面装饰面采用铝塑板；

（3）门：普通钢质门；

（4）窗：塑钢推拉窗，窗下口距地面 1.1m，窗外侧设有活动防盗网；

（5）顶面：顶部保温使用 A 级防火岩棉保温材料，面层装饰面采用 PVC 板。

3.14.2　设备

集装箱一台、圆台锯一台、报警器一台。

3.14.3　电控门

本木工棚采用双门双向双开电控门系统，结合施工现场一卡通管理，木工棚负责人利用现场一卡通便可以实现打开或关闭木工棚的功能，符合新型建筑工地智能化、标准化的管理理念。

3.14.4　工艺做法

1. 加工制作

箱式房外形尺寸为 8000mm×3200mm×2820mm，其中钢结构框架中的角柱、底梁、底板、外墙板、顶板、顶梁等均为成品，角柱、底梁、顶梁用螺栓连接。墙体的施工顺序：最外侧为［14b 槽钢底梁→75mm 复合岩棉墙板→1.0mm 厚压型钢板→0.5mm 厚钢板→75mm 厚岩棉→0.5mm 钢板，依次按顺序安装拼接完毕即可。

2. 集成式木工加工棚基础施工、运输及吊装

（1）基础施工。基础为 200mm 厚 C30 混凝土基础。

（2）运输工具。采用小型货柜集装箱车、配合一台 25t 的汽车吊运输。

（3）吊装。

1）集成式木工加工棚吊装施工。板面安装过程中采用汽车、轮胎式起重机吊装木工棚，悬停静止后，人工推动加工棚至基础外边缘向内 500mm 处缓缓落下，位置矫正完成后，吊车松钢丝绳，摘除吊钩。

2）起重机工作的场地必须进行清理，保证地面平坦坚实。遇到地表面不坚实的位置应采取措施处理，垫板或者回填级配砂石增加地表承载力。作业前应全部伸出支腿，调整机体使回转支撑面的倾斜度在无载荷时不大于 1/100（水准居中）。支腿的定位销必须插上，作业过程中不得扳动支腿操纵阀。调整支腿必须在无载荷时进行。起重作业前，应根据所吊重物的重量和起升高度，并按起重性能曲线，调整起重臂长度和仰角，测算吊索长度和重物本身高度，预留起吊空间。起吊重物达到额定重量50%以上时，使用低档位操作。

3）根据天气状况开展吊装作业，4级风以上的天气停止吊装作业。

4）吊装作业过程中，听从统一指挥。吊臂与运行轨迹下禁止站人。机械运行过程中设置警戒区，拉警戒线提示，设专人在警戒区外看护，无关人禁止进入作业区域。

5）汽车起重机启动、行走、吊装准备、吊装过程中，除汽车起重机司机、吊车工以外的安装人员必须远离吊装机械。

3.14.5 功能性介绍

本木工棚能正常满足建筑面积为5万~8万 m² 的施工现场木工模板加工的需求，正常使用状态下2名人工加工2天能满足建筑面积约400m²的墙体和顶板模板加工的量能。在正常对箱体和电气线路维护的情况下大约能使用8~10年，若以平均2~3年为一个工地建筑周期考虑，大约能周转使用3~4次，相比于传统木工棚具有较高的经济效益。同时本木工棚还具有以下优点：

（1）告别了传统木工棚现场组装繁琐、拆卸复杂、资源浪费的缺点，现场移动灵活方便，周转次数高，使用寿命长。

（2）箱体上方搭设的钢结构防砸系统和箱体共同组成的防砸体系相比于传统护头棚更加安全可靠。

（3）箱体四周封闭式的设计有效地减少木料加工过程中产生的扬尘、噪声污染。

（4）电动机具发生损坏或工人操作时受到机械伤害后立马一键报警，负责人手机能立刻接收到报警求救信号并立刻采取相应措施进行补救。

（5）集成式木工棚相比于传统木工棚防火性能显著提高。

3.14.6 配套图

集成式木工加工棚图纸如图3–51所示，成品如图3–52所示。

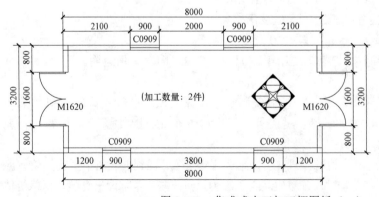

图3–51　集成式木工加工棚图纸（一）

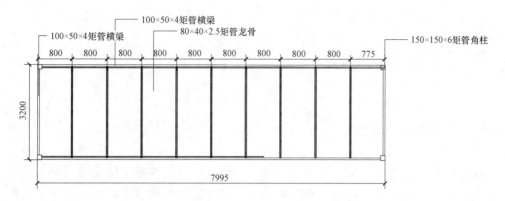

木工房顶面龙骨图

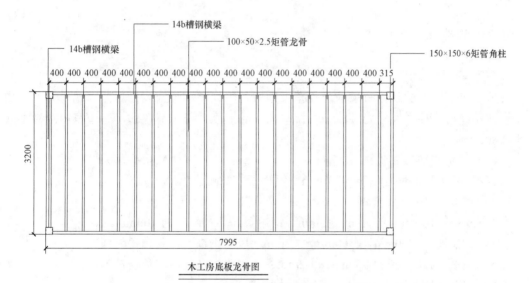

木工房底板龙骨图

图 3-51　集成式木工加工棚图纸（二）

图 3-52　集成式木工加工棚成品

3.15 集成式水泵房

3.15.1 集成式水泵房设计说明

为保证消防安全，提高水泵房使用效率，同时针对不同施工现场的消防要求，整体式消防水泵房，采用特殊加工的集装箱，内部配备相应的设备，此新型技术目前应用于通州区台湖公租房项目一标段施工项目中，它的特点是方便、快捷、安全和易于周转。

3.15.2 构造及工艺做法

1. 主要材料构成

依据国家颁布的现行有关消防规范及地方相关规定、装饰装修规范等现行标准，加工制作箱式房，外形尺寸为 11.0m（长）×3.0m（宽）×3.1m（高），其中室内净高不低于 2.8m。

（1）钢结构框架主要材料配置：

1）角柱：150mm×150mm×6mm 钢矩管（外喷蓝色磁漆）。

2）底梁：[14 国标槽钢。

3）底板：100mm×50mm×2.5mm 钢矩管，其中间距为 400mm。

4）外墙板：1200mm×2560mm×1.2mm 压型钢板（外喷白色烤漆）。

5）顶板：1200mm×9950mm×1.2mm 压型钢板（外喷白色烤漆）。

6）顶梁：100mm×50mm×2.5mm 钢矩管。

（2）内装饰。

1）地面：满铺 6mm 钢板，局部为 10mm。

2）墙体、顶板：墙面内墙采用 75mm 岩棉复合板，顶部保温层使用 A 级防火岩棉保温材料，墙面及顶面装饰采用铝塑板。

3）门：采用铝板双开门。

4）窗：使用塑钢推拉窗；外窗安装高度距室内地面 1.1m，内窗安装高度距室内地面 1m，配普通玻璃及纱窗；窗外侧设置活动防盗网，外门、窗设置防雨措施。

依照《建设工程施工现场消防安全技术规范》（GB 50720—2011）的规定，施工现场应设置稳定、可靠的水源，并应满足施工现场的消防用水的需要。为此，我们通过计算，并结合本项目消防用水实际情况，设计了整体式消防水泵房，其外形尺寸为 11.0m（长）×3.0m（宽）×3.1m（高），委托工厂进行加工制作。消防水泵房内部消防、给水设备，由施工人员按照国家现行施工标准，以正式工程的标准进行安装施工。整体消防水泵房结构加工图如图 3-53 所示，实物图如图 3-54 所示。

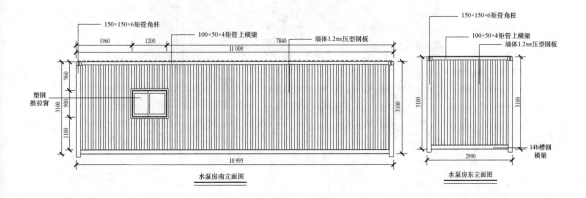

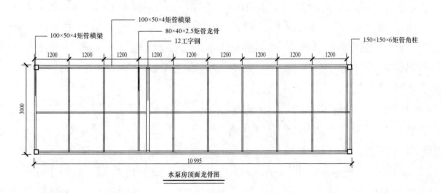

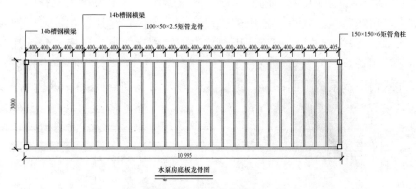

图 3-53　整体消防水泵房结构加工图

图 3-54　整体消防水泵房实物图

2. 设备安装

（1）加压水泵安装。水泵安装前应先检查水泵和电机的完整情况，制作 H=150mm 高的基础，根据水泵的尺寸，预留好四个孔洞，将泵安放在基础上垫高 30mm 找正，穿好地脚螺栓，地脚螺栓露出基础部分应垂直，设备底座套入地脚螺栓应有调整余量，每个地脚螺栓均不得有卡住现象，紧好地脚螺栓螺母。

（2）减振安装。

1）水泵进出口管段应加软接头隔振，并避免噪声通过管道传递；加压泵稳装时要加减振垫，既可减振也可降低噪声。消防水泵吸水管上阀门采用蝶阀，出水管上应安装止回阀和压力表。

2）消防水泵吸水管上应采用偏心大小头，上部保持平直，防止倒坡产生气囊。

（3）水泵配管。安装应在水泵定位找平找正、稳固后进行。水泵设备不得承受管道的重量。安装顺序为逆止阀，阀门依次与水泵紧牢，与水泵相接配管的一片法兰与阀门法兰紧牢，用线坠找正找直，量出配管尺寸，先点焊在这片法兰上，再把法兰松开取下焊接，冷却后再与阀门连接，最后再焊接与配管相接的另一管段。配管法兰应与水泵、阀门的法兰相符，阀门安装手轮方向应便于操作，标高一致，配管排列整齐。

整体式消防水泵房平面图及管道安装图等如图 3-55～图 3-58 所示。

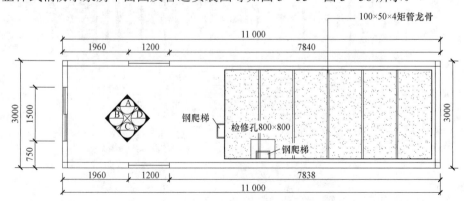

图 3-55　整体式消防水泵房平面图

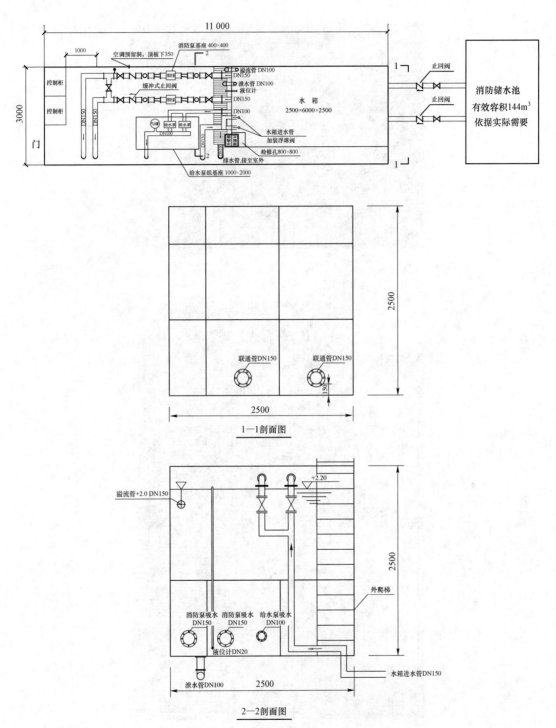

图 3－56　整体式消防水泵房管道安装图

泵房内部设备连接

泵房内变频控制柜

图 3-57　泵房内部相关设备图

图3-58 整体式消防泵房实物

3. 整体式消防水泵房设备表（见表3-10）

表3-10   整体式消防水泵房设备表

序号	名称	规格	数量/套	备注	名称	型号	性能参数
1	变频供水设备	$Q=30\text{m}^3/\text{h}$ $H=130\text{m}$ $N=18.5\text{kW}$	1套（2台）	2台每组，含不锈钢进出口管路	加压水泵	KQDQ65-32×11/2	参数：$Q=30\text{m}^3/\text{h}$, $H=130\text{m}$, $N=18.5\text{kW}$
			1套		气压罐	SQL600×1.6	立式
			1套	主要元器件为施耐德或西门子	控制柜	18.5kW	变频交替控制，主要元器件为施耐德、西门子、ABB品牌
2	消防泵	$Q=20\text{L/s}$; $H=126\text{m}$; $N=45\text{kW}$	2台	2台	加压水泵	XBD12.6/20-100DX-G	参数：$Q=25\text{m}^3/\text{h}$, $H=55\text{m}$, $N=45\text{kW}$
			1台		变频柜	45kW	1控2，主要元器件为国产品牌

3.15.3 临时用水供应量及设备参数计算

1. 总用水量计算

本工程（通州区台湖公租房项目）临时用水由工程施工用水、消防用水和生活用水组成。主要有消火栓、混凝土养护及现场环卫等，施工工地总用水量为Q。

（1）q_1工程用水量计算、q_2机械用水量计算。

现场所需混凝土为商品混凝土，故不考虑q_1、q_2用水量。

（2）工地生活用水量计算q_3。

$$q_3=(P_1×N_3×K_4)/(t×8×3600)$$

式中　P_1——施工工地高峰昼夜人数（人）；

N_3 ——施工工地生活用水定额（L/人），见表 3-11；

K_4 ——施工工地生活用水不均衡系数，见表 3-12；

t ——每天工作班数（班）。

取 P_1=2000 人、N_3=40L/人、K_4=1.5、t=2

$$q_3=(P_1 \times N_3 \times K_4)/(t \times 8 \times 3600)$$
$$=(2000 \times 40 \times 1.5)/(2 \times 8 \times 3600) \approx 1.44 \text{L/s}$$

表 3-11   生活用水量（N_3、N_4）定额

用水名称	耗水量（L/人）
施工现场生活用水	20~60
生活区全部生活用水	80~120

表 3-12   生活用水不均衡系数

系数	用水名称	系数
K_4	施工现场生活用水	1.30~1.50
K_5	生活区生活用水	2.00~2.50

（3）生活区生活用水量计算。

$$q_4=(P_2 \times N_4 \times K_5)/(24 \times 3600)$$

式中　P_2 ——生活区居住人数（人）；

N_4 ——生活区昼夜全部生活用水定额（L/人），见表 3-11；

K_5 ——生活区生活用水不均衡系数，见表 3-12。

取 P_2=2000 人、N_4=100L/人、K_5=2.5。

$$q_4=(P_2 \times N_4 \times K_5)/(24 \times 3600)$$
$$=(2000 \times 100 \times 2.5)/(24 \times 3600) \approx 5.78 \text{L/s}$$

（4）消防用水量计算。

消防用水量 q_5，可根据消防范围及发生次数计算，q_5 可取 20L/s。

（5）施工工地总用水量计算。

当（$q_1+q_2+q_3+q_4$）≤q_5 时，则

$$Q=q_5+(q_1+q_2+q_3+q_4)/2=23.61 \text{L/s}$$

2. 供水干管管径计算

$$d = \sqrt{\frac{4Q}{1000\pi v}} = \sqrt{\frac{4 \times 23.61}{1000 \times 3.14 \times 2}} \approx 0.123 \text{m} = 123 \text{mm}$$

式中　d ——供水管直径（m）；

Q ——施工工地总用水量（L/s）；

v ——管网中水流速度（m/s），取 2m/s。

经计算和消防规定，DN150 的供水管可满足消防用水的需要。

3. 水泵扬程计算

水泵扬程计算公式：

$$H=H_1+H_2+H_3$$

式中　H ——水泵扬程（m）；

　　　H_1 ——水泵吸水管到最不利点高差（m）；

　　　H_2 ——管道水头损失（m），按 H_1 的 10% 计算；

　　　H_3 ——最不利点出水水压（m）。

施工用水加压水泵扬程计算：

$H_1=80m$（最高单体：住宅楼檐高 80m）

$$H_2=80m×10\%=8m$$

H_3：水枪的充实长度不少于 10m 计，则消火栓处的水压 H_3 约为 20m 水柱

$$H=H_1+H_2+H_3=（80+8+20）m=108m$$

根据以上计算，施工用水加压泵可采用 XBD12.6/20–100 型消防泵 2 台，流量=20L/s，扬程 H=126m。

4. 水箱容积的确定

临时室外消防用水量取值为 20L/s，故用水量为 $Q_{外}$=3600m³×1×20/1000=72（m³）

临时室内消防用水量取值为 15L/s，故用水量为 $Q_{内}$=3600m³×1×15/1000=54（m³）

1h 室内、室外用水总量 $Q_{外}$+$Q_{内}$=72m³+54m³=126m³，因此需设置消防水箱，水箱容积取 33m³；另外 93m³ 缺口用水取自水泵房东侧消防贮水池。

3.16　集成式施工现场临时配电室

3.16.1　集成式施工现场临时配电室介绍

1. 设计目的

本实用新型涉及的是建筑施工现场临时配电室新型制作工艺，以满足方便、快捷安装，并符合规范规定的要求。

2. 设计依据

《施工现场临时用电安全技术规范》（JGJ 46—2005）；

《建设工程施工现场安全防护、场容卫生及消防保卫标准》（DB11/945—2012）；

安全生产管理标准化手册（2010 年版，北京版）。

3. 设计方案

（1）配电室规格。为满足规范要求及美观，集成式配电室尺寸设计为 6500mm（长）×3800mm（宽）×3600mm（高）。

（2）主要材料。角柱：150mm×150mm×6mm 钢矩管；底梁：[14b 国标槽钢；底板：100mm×50mm×2.5mm；钢矩管，间距 400mm；外墙板：1200mm×2560mm×1.2mm 压型钢板（白色烤漆）；顶板：1200mm×6150mm×1.2mm 压型钢板（白色磁漆）；顶梁：100mm×50mm×4mm 钢矩管；地面：配电室与值班室地面基层铺一层 5mm 焊接钢板，

钢板上方敷设 10mm 黑色绝缘胶皮；墙、顶面：墙面内墙采用 75mm 岩棉复合板，顶部保温使用 A 级防火岩棉保温材料，墙面及顶面装饰面采用铝塑板；门：采用对开钢制门；窗：使用塑钢推拉窗，外窗安装高度距室内地面 1.1m，内窗安装高度距室内地面 1m，窗配普通玻璃及纱窗；窗外侧设置活动防盗网，外门窗设置防雨措施。具体做法如图 3-59 所示。

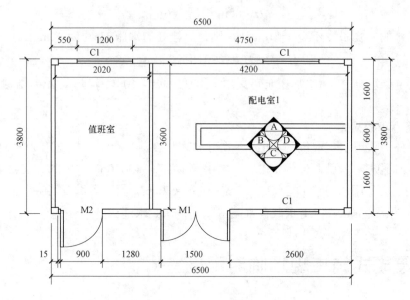

配电室1平面图

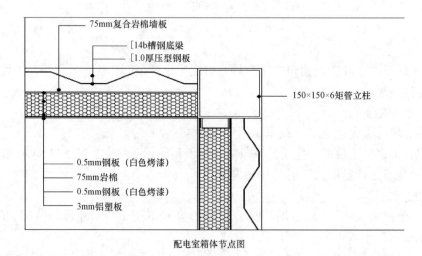

配电室箱体节点图

图 3-59　配电室做法（一）

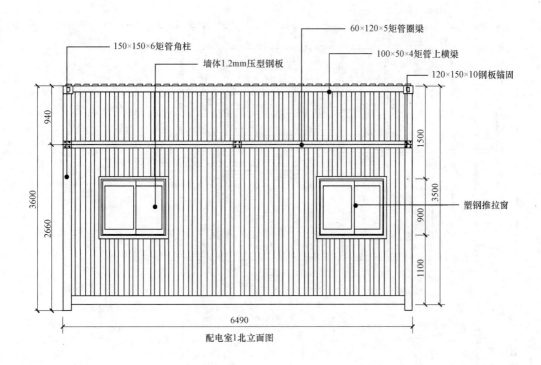

配电室1北立面图

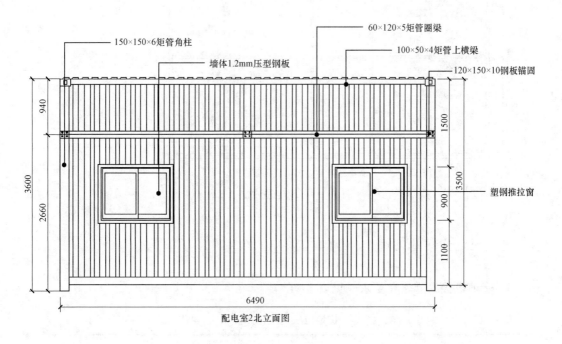

配电室2北立面图

图 3-59　配电室做法（二）

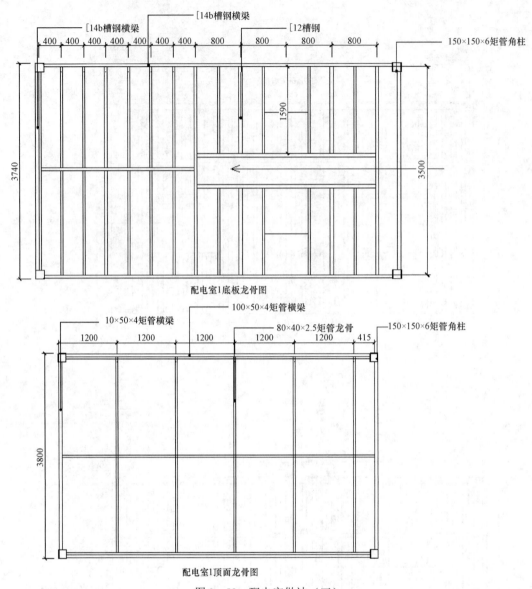

图 3-59 配电室做法（三）

3.16.2 配电室接地系统

1. 接地电极的规格和要求（见表 3-13）

表 3-13 接地电极的规格和要求

装置类别	电极形式		电阻值
	极型电极	管型电极	
中心接地装置	面积≥0.7m² 厚度≥2.5mm	钢管直径 30～35mm 级数 4～5 长度 1.5m	≤4

续表

装置类别	电极形式		
	极型电极	管型电极	电阻值
分支接地装置	面积≥0.2m² 厚度≥2.5mm	钢管直径 30～35mm 级数　1 长度　1.5m	≤10

2. 接地极示意图（见图 3-60）

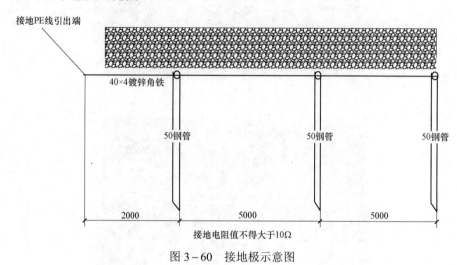

图 3-60　接地极示意图

3.16.3　总配电室设置

（1）配电室应靠近电源，并设置在灰尘少、潮气少，无腐蚀介质及道路畅通的地方；配电室应能自然通风，并应采取防止雨雪侵入和动物进入的措施。

（2）配电柜侧面的维护通道宽度不小于 1.5m；配电室顶棚与地面的距离不低于 3m。

配电室的建筑物和构筑物的耐火等级不低于 3 级，室内配置砂箱和可用于扑灭电气火灾的灭火器（不少于 4 具）；配电室的照明应设置正常照明和事故照明两种；配电室的门向外开，并配锁。

（3）配电室内应挂设值班制度、值班表、停送电规程及配电室管理制度。

（4）配电室总进线电源采用 TN-S 系统供电。

（5）本工程配电室采用集成式板房配电室，主要材质为 16 号钢方管、压花钢板、保温采用岩棉。

实物照片如图 3-61 和图 3-62 所示。

3.16.4　电力分配布置

（1）配电室位置的选择应靠近市政电源接驳点。

图 3－61　成品效果图

图 3－62　后立面

（2）结构施工、机电安装阶段用电为最高峰的用电负荷，根据施工组织设计及总平面布置图，对施工生产阶段投入机械设备表及根据现场所提供的箱式变压器进行设备负荷分配。

（3）常用设备负荷参照表见表 3－14。

表 3－14　　　　　　　　　　　常用设备负荷参照表

序号	机械或设备名称	型号规格	数量	额定功率/kW	小计/kW
1	塔吊	QTZ7030	6	62	366.8
2	人货电梯	SC200/200BZ	5	90/66	378
3	输送泵		4	110	440
4	钢筋切断机	GJ－40－1	4	5.5	22
5	钢筋对焊机	UN－100	2	100	200
6	钢筋弯曲机	GW－40	4	3	12
7	钢筋调直机	GT4/8	4	5.5	22
8	钢筋直螺纹加工机械		4	5.5	22
9	锚索张拉机		4	5	20
10	交流电焊机	BX－500	4	25	100
11	交流电焊机	BX3－300	4	15	60

序号	机械或设备名称	型号规格	数量	额定功率/kW	小计/kW
12	电渣压力焊机		4	30	120
13	空压机		4	22	88
14	圆盘锯	$\phi300$	4	2.2	8.8
15	手电刨		4	1.5	6
16	手电锯		4	1.25	5
17	平板振动器		12	3.5	42
18	插入式振动器	$\phi50$	12	2.5	30
19	插入式振动棒器	$\phi30$	12	2.2	26.4
20	污水泵			5	5
21	办公生活区用电			50	50
22	施工区照明			30	30
23	民工生活区用电			200	200

（4）变压器选择。

1）有功负荷的计算式为：$P_c = (K_1 K_a \Sigma P_1 + K_2 K_b \Sigma P_2 + K_3 K_c \Sigma P_3)$。计算相关取值详见表 3—15。

表 3—15　　　　　　　　计 算 相 关 取 值

序号	用电负荷分类	设备有功 P/kW	需用系数 K_i	同时系数 K_j	功率因素角的正切值 $\tan\phi$
1	电动机设备	1694	0.8	0.6	0.62
2	电焊机设备	280	0.8	0.6	1.02
3	照明	280	0.8	0.8	0.75

$P_c = 0.8 \times 0.6 \times 1694\text{kW} + 0.8 \times 0.6 \times 280\text{kW} + 0.8 \times 0.8 \times 280\text{kW} = 1126.72\text{kW}$

式中各符号及取值如下：

① 上式中需用系数 K_a、K_b、K_c 查设计手册取定为：

$K_a = 0.6$，$K_b = 0.8$，$K_c = 0.8$。

② 上式中同时系数 K_1、K_2、K_3 查设计手册取定为：

$K_1 = 0.6$，$K_2 = 0.6$，$K_3 = 0.8$。

③ ΣP_1 电动机设备有功之和：

$(188 + 135.6 + 43.2 + 378 + 440 + 22 + 22 + 200 + 12 + 22 + 20 + 88 + 8.8 + 6 +$
$5 + 42 + 30 + 26.4 + 5)\text{kW} = 1694\text{kW}$

④ ΣP_2 电焊设备有功之和：$(100 + 60 + 120)\text{kW} = 280\text{kW}$

⑤ ΣP_3 照明有功之和：$(50 + 30 + 200)\text{kW} = 280\text{kW}$

2）计算无功负荷。

$Q_c = [\tan\phi \times (K_1 K_a \Sigma P_1) + \tan\phi \times (K_2 K_b \Sigma P_2) + \tan\phi \times (K_3 K_c \Sigma P_3)]$
$= 0.62 \times (0.8 \times 0.6 \times 1694)\text{kVA} + 1.02 \times (0.8 \times 0.6 \times 280)\text{kVA} + 0.75 \times (0.8 \times 0.8 \times 280)\text{kVA}$
$= 775.6\text{kVA}$

式中 $\tan\phi$ 为用电设备功率因素角的正切值，其余同上。

3）计算总功负荷

$$S_c = \sqrt{P_c^2 + Q_c^2} = 1367.9\text{kVA}$$

用电高峰期最大用电负荷为 1367.9kVA。根据以上计算所得数据，并考虑到现场施工高峰期用电量增加等因素，正确地选择变压器容量。

（5）低压配电柜系统图（见图 3-63～图 3-65）。

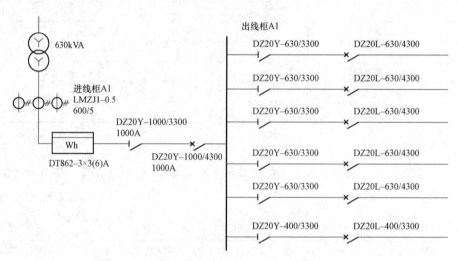

图 3-63 集成式配电室低压配电柜系统图（一）

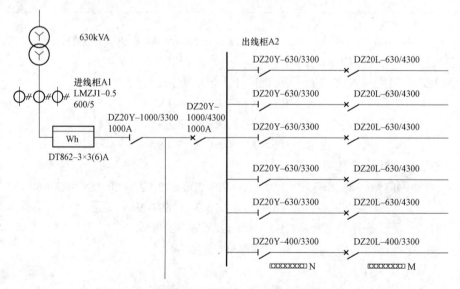

图 3-64 集成式配电室低压配电柜系统图（二）

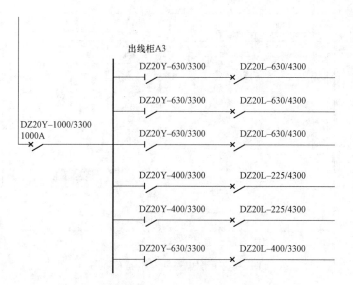

图 3 - 65　集成式配电室低压配电柜系统图（三）

（6）集成式配电室照明布置图（见图 3 - 66）。

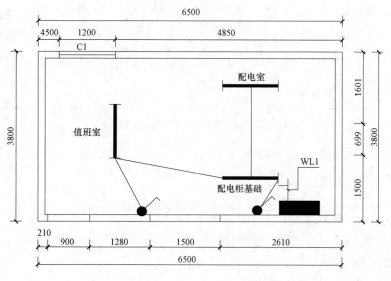

图 3 - 66　配电室照明平面布置图

（7）集成式配电室插座布置图（见图3-67）。

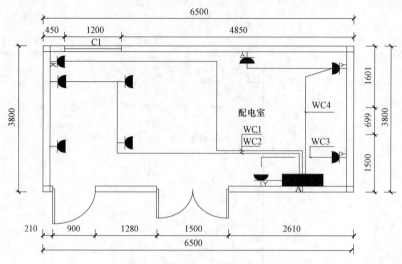

图3-67　配电室插座平面布置图

（8）集成式配电室照明配电箱系统图（见图3-68）。

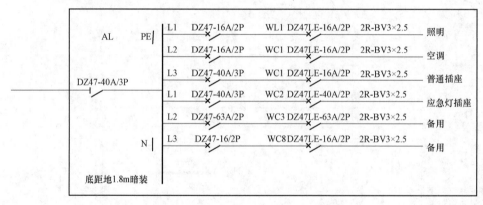

图3-68　集成式配电室照明配电箱系统图

3.16.5　管理制度

1. 建立安全技术档案

（1）临时用电施工方案的全部资料；

（2）安全技术交底资料；

（3）临时用电工程检查验收表；

（4）电气设备、电缆的绝缘电阻测试记录（一月一次）；

（5）各组接地电阻测试记录（一月一次）；

（6）漏电开关测试记录（一月一次）；

（7）电工日巡查记录。

2. 用电管理规范

（1）严格遵循三相五线制，"三级配电，逐级漏保"，做到"一机一闸一箱一保护"的安全用电管理制度。

（2）严格按照《施工现场临时用电安全技术规范》（JGJ 46—2005）要求进行用电维护。

（3）建立健全各项规章制度，进行安全技术交底，安全检测安全教育和培训等活动。

（4）健全漏电开关制度，每周检查漏电保护开关的性能状况，失效后立即更换，并有记录。

（5）漏电保护器的选择应符合《剩余电流动作保护器（RCD）的一般要求》（GB/T 6829—2017）的要求，开关箱内漏电保护器的漏电动作电流不大于 100MA，额定漏电动作时间小于 0.1s。

（6）配电箱进出线必须排列整齐、绑扎成束并卡牢，箱内标示清楚，分路回路图准确齐全，箱内引进引出的导线应留有适当余度，以便检修。

（7）在总配电箱电源侧做工作接地并引出保护接零，在分配电箱做重复接地，其余设备全部做保护接零，严禁保护接地与保护接零混用。

（8）按有关规定，在施工现场专用的中性点直接接地的电力线路中必须采用 TN-S 接零保护系统。

（9）配电间应起到通风的作用，并做好各项安全防护工作，提高防护意识。做到五防一通，即防水、防火、防雨、防漏、防动物，通风。

（10）电缆的埋设要有标示，在潮湿场所或埋地非电缆配线时必须穿管敷设，管口应密封。

（11）电气线路在修理时，必须关闭总电源，并挂上警告牌以示注意。

（12）照明设备的质量必须符合有关标准和现行规范的规定，不得使用无绝缘、老化或破损的器具、器材。

3. 用电监护制度

（1）带电设备附近工作时必须设专人监护。

（2）在狭窄及潮湿场所从事用电作业时必须设人监护。

（3）登高用电作业时必须设人监护。

（4）监护人应时刻注意工作人员的活动范围，使其正确使用工具，并与带电设备保持安全距离。发现违反电气安全规程的操作应及时纠正。

（5）监护人的安全知识及操作技术水平不得低于操作人。

（6）监护人在执行监护工作时，应根据被监护工作情况携带或使用基本安全用具或辅助安全用具，不得做其他工作。

4. 电气维修制度

（1）只准全部（操作范围内）停电作业，或部分停电作业，不准带电作业。维修工作要严格执行电气操作规程。

（2）不准私自维修不了解内部原理的设备及装置。不准私自维修厂家禁修的安全保护装置。不准私自超越指定范围进行维修作业。不准从事超越自身技术水平且无指导人员在场的电气维修作业。

（3）不准在本单位不能控制的线路及设备上作业。

（4）不准随意变更维修方案而使故障扩大。

（5）对一般低压电器、开关等，每半年检修一次。

5. 安全用电教育和培训制度

（1）教育必须包含用电知识的内容。

（2）未经专业培训、教育或经教育、培训不合格未领到操作证的电工及各类主要用电人员不准上岗作业。专业电工必须两年进行一次安全技术复试。不懂安全操作的用电人员不准使用电动器具。用电人员变更作业项目必须进行换岗用电安全教育。

（3）施工现场必须定期组织电工及用电人员进行工艺技能或操作技能训练，坚持干什么，学什么，练什么。采用新技术或使用新设备之前，必须对有关人员进行专业知识、技能及注意事项的培训。

（4）各施工现场至少每年进行一次吸取电气事故教训的教育，必须坚持每日上班前进行一次口头安全技术交底，班后总结。

（5）各施工现场必须根据不同岗位，每年对电工及各类用电人员进行一次安全操作规程的闭卷考试，并将试卷或成绩名册归档。考试不合格者应停止上岗作业。

（6）每年对电工及各类用电人员的教育与培训，累计时间不得低于 7 天。

6. 临时用电安全检测制度

（1）接地和防雷接地电阻值时，必须在每年的雨期前进行。

（2）复接地电阻值的测试，必须每季度至少进行一次。

（3）更换和大修设备或每移动一次设备，应测试一次电阻值。接地电阻测试前必须切断电源，断开设备接地端，操作时不得少于 2 人，严禁在雷雨天及降雨后测试。

（4）每年必须对漏电保护器进行一次主要参数的检测，不符合铭牌值范围时应送厂家修理。

（5）电气设备及线路，施工机械电动机的绝缘电阻值，每年至少检测 2 次。摇测绝缘电阻值，必须使用与被测设备、设施绝缘等级相适应的（按安全操作规程进行）绝缘摇表。

（6）检测绝缘电阻前必须切断电源，至少两人操作。禁止在雷雨天摇测大型设备和线路的绝缘电阻值。检测大型感性和容性设备前后，必须按规定方法放电。

7. 值班制度

（1）值班人员应熟悉本现场的电气设备和各路的负荷分配情况，具有随时处理电气事故的能力。

（2）值班人员要坚守岗位，注意观察电压、电流的变化，并做好值班记录。

（3）定期检查、清扫电气设备绝缘工具，保持配电室内的清洁。

（4）检修时必须拉闸断电、悬挂警示标志，并设专人监护。

（5）配电室内禁止堆放材料，电器灭火器材要定期检查，保持完好有效。

8. 临时用电工程拆除制度

（1）拆除临时用电工程必须定人员、定时间、定监护人、定方案。拆除前必须向作业人员进行交底。

（2）拉闸断电操作程序必须符合安全规程要求，即先拉负荷侧，后拉电源侧，先拉断路器，后拉刀闸等停电作业要求。

（3）使用基本安全用具、辅助安全用具、登高工具作业等，必须执行安全规程。操作时必须设监护人。

（4）拆除的顺序是：先拆负荷侧，后拆电源侧，先拆精密贵重电器，后拆一般电器。不准用一经合闸（或接通电源）就带电的导线端头。

（5）必须根据所拆设备情况，佩戴相应的劳动保护用品，采取相应技术措施。

（6）必须设专人做好点件工作，并将拆除情况资料整理归档。

9. 电气技术员岗位责任制

（1）对本项目部全体人员安全用电和保证临时用电工程符合国家标准负直接领导责任。

（2）配备满足施工需要的合格电工，提出项目用电的一般及特殊要求。

（3）负责提供给电工、电焊工及用电人员必需的基本安全用具及电气装置的检查工具。

（4）指定专人定期试验漏电保护装置，指定专人负责生活照明用电，指定专人监控用电设备。

（5）参与对电工及用电人员的教育、交底工作。

3.16.6　安全用电防火措施

1. 施工现场发生火灾的主要原因

（1）电气线路过负荷引起火灾。线路上的电气设备长时间过负荷使用，使用电流超过了导线的安全载流量。这时如果保护装置选择不合理，时间长了，线芯过热使绝缘层损坏燃烧，造成火灾。

（2）线路短路引起火灾。因导线安全距离不够，绝缘等级不够，老化、破损等或人为操作不慎等原因造成线路短路，强大的短路电流很快转换成热能，使导线严重发热，温度急剧升高，造成导线熔化，绝缘层燃烧，引起火灾。

（3）接触电阻过大引起火灾。导线接头连接不好，接线柱压接不实，开关触点接触不牢等造成接触电阻增大，随时间增长引起局部氧化，氧化后增大了接触电阻。电流流过电阻时会消耗电能产生热量，导致过热引起火灾。

（4）变压器、电动机等设备运行故障引起火灾。变压器长期过负荷运行或制造质量不良，造成线圈绝缘损坏，匝间短路，铁芯涡流加大引起过热，变压器绝缘油老化、击穿、发热等引起火灾或爆炸。

（5）电热设备、照灯具使用不当引起火灾。电炉等电热设备表面温度很高，如使用不当会引起火灾；大功率照明灯具等与易燃物距离过近引起火灾。

（6）电弧、电火花引起火灾，电焊机、点焊机使用时电气弧光、火花等会引燃周围物体，引起火灾。施工现场由于电气引发的火灾原因绝不止以上几点，还有许多，这就要求用电人员和现场管理人员认真执行操作规程，加强检查，这些是可以预防的。

2. 预防电气火灾的措施

（1）施工组织设计时要根据电气设备的用电量正确选择导线截面，从理论上杜绝线路过负荷使用，保护装置要认真选择，当线路上出现长期过负荷时，能在规定时间内动作保护线路。

（2）电气操作人员要认真执行规范，正确连接导线，接线柱要压牢、压实。各种开关触头要压接牢固。铜铝连接时要有过渡端子，多股导线要用端子或涮锡后再与设备安装，以防加大电阻引起火灾。

（3）配电室的耐火等级要大于三级，室内配置砂箱和干粉灭火器。严格执行变压器的运行检修制度，按季度每年进行四次停电清扫和检查。现场中的电动机严禁超载使用，电机周围无易燃物，发现问题及时解决，保证设备正常运转。

（4）配电室值班室内严禁使用电炉子、碘钨灯、电热取暖器等，灯与易燃物间距要大于 30cm 或做好隔离措施，室内不准使用功率超过 100W 的灯泡，严禁使用床头灯。

（5）配电室、值班室内严禁存放杂物及易燃物体，并派专人负责定期清扫。

（6）应建立防火检查制度，强化电气防火领导体制，建立电气防火队伍。

（7）一旦发生电气火灾时，迅速切断电源，以免事态扩大。

（8）切断电源时应戴绝缘手套，使用有绝缘柄的工具。

（9）扑灭电气火灾时要用绝缘性能好的灭火剂如干粉灭火机，二氧化碳灭火器，1211灭火器或干燥砂子。严禁使用导电灭火剂进行扑救。

3. 防触电安全注意事项要点

（1）触电事故的特点。

1）事故原因大多是由于缺乏安全用电知识或不遵守安全技术要求违章作业。

2）触电事故的发生有明显的季节性。

3）低压工频电源的触电事故较多。

4）触电的类型以及对人体的影响。

（2）触电的类型：两相触电、单相触电、"跨步电压"触电。

（3）电流对人体的影响（略）。

（4）触电时的现场急救。

1）迅速切断电源；发生触电事故时，切不可惊慌失措，束手无策，首先要马上切断电源，使病人脱离受电流损害的状态。

2）处理方法：① 口对口人工呼吸法；② 体外心脏挤压法。

3.16.7 拆除及存放

1. 设施拆除

（1）集成式配电室拆除前其上口进线必须断电并拆除完成。

（2）集成式配电室拆除前其出线柜所有引出支路电缆必须拆除完成。

（3）集成式配电室拆除前应由各专业主管人员对操作工进线安全技术交底，并落实到每位操作人员。

（4）先拆除配电室内照明灯具并妥善装箱保管好，装箱后附清单塑封后粘贴在箱体明显位置；拆除出线柜连接母线，装箱后附清单塑封后粘贴在箱体明显位置；移出进线柜和出线柜；所有设备吊设施拆除完成后吊装运输到指定存放场所。

（5）拆除配电室应按安装时的顺序反向进线操作。拆卸下的连接螺栓、连接件和配件等装箱后附清单塑封后粘贴在箱体明显位置；拆卸的墙板叠放时中间应垫上泡沫板，装车时凡墙板与车辆、墙板与墙板等存在直接或间接触的部位均应采用泡沫板做隔离保护。

2. 材料设施存放

运输到指定存放场所后同样做好防护处理。库房内存放时叠放不应超高，避免受压损坏，如不能避免，则需采取搭设分层防护架子，分层叠放。长期存放场所必须地势较高或采用其他物品或材料垫高，保持通风、干燥，避免受潮，有防雨措施，并配备好相关消防器材。

3.17　预制道路

3.17.1　道路试验段

道路试验段如图 3-69 所示。

图 3-69　道路试验段

3.17.2　吊点布置

每块预制板用预埋螺栓固定 4 个吊点，位于板块四角，距边缘 500mm。

3.17.3　基础做法施工

首先将预浇筑的路面进行填方压实，考虑现场的排水，地面平整应符合现场排水设计坡向要求。在压实路面上布置完毕临水临电后再铺设 300mm 厚的 3:7 灰土垫层。保证板底平整，利于二次拆除使用。

3.17.4　缝隙处理

板与板之间的缝隙先用聚乙烯棒填塞，然后用细砂灌满，最后用水泥砂浆封缝严密（见图 3-70）。

图 3-70　缝隙处理

3.17.5　吊装及相应的辅助工具选择

吊装采用吊车进行，并配套钢丝绳、吊索予以辅助。

3.17.6　吊装方法

起吊时，要尽可能减小在应力方向因自重产生的弯矩。利用吊车进行吊装，采用 4 个吊点，保证构件均匀受力，平稳吊装。起吊时要先试吊，先吊起距地 50cm 悬停，检查钢丝绳、吊索的受力情况，使板保持水平，然后吊至作业层上方。

就位时板要从上垂直向下安装，在作业层上空 200mm 处略作停顿，施工人员手扶板调整方向，将板的边线与安放位置线对准，放下时要停稳慢放，严禁快速猛放，以避免冲击力过大造成板面震折裂缝。5 级风以上时应停止吊装。

调整板位置时，要垫以小木块，不要直接使用撬棍，以避免损坏板边角，要保证搁置长度位置准确。

将预制板路面板依次铺好后，用螺栓固定，固定接口处放置少量土，然后用混凝土将螺栓孔位抹平至预制路面处；这样螺栓孔位既不会被来往车辆压损，又方便螺栓孔的二次拆除。

3.17.7 配套图纸

装配式路面节点图如图 3－71 所示。

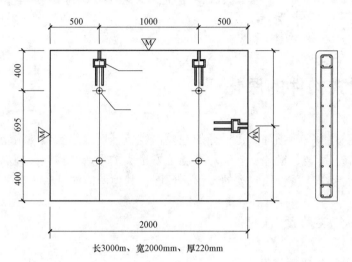

长3000m、宽2000mm、厚220mm

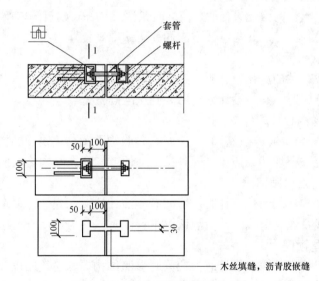

图 3－71 装配式路面节点图

第4章　装配式剪力墙结构施工

4.1　装配式构件的深化

预制构件各类预留、预埋深化设计的主要内容包括：工程实体使用功能类的预留、预埋；构件加工、吊装、运输、安装环节施工安全类的预留、预埋；施工中测量放线、提高质量、成品保护等质量控制类的预留、预埋；其他所需的预留、预埋。

4.1.1　使用功能类的预留、预埋

1. 水暖管、燃气管预留洞

在进行水平构件的深化设计时，应同时参照结构图、建筑图以及精装图，对水暖管、燃气管预留洞进行比对，并与设计方沟通并确认准确位置。

2. 照明电盒预埋

在进行水平构件的深化设计时，应同时参照结构图、建筑图以及精装图，对顶板上的照明点位进行比对，并与设计方沟通并确认准确位置。

3. 预制楼梯的栏杆埋件

在进行预制楼梯的深化设计时，应同时参照构件图与建筑图的楼梯栏杆做法详图，在楼梯栏杆部位预留埋件或插孔，同时保证埋件或插孔在结构施工期间可做安全防护。

4. 水暖管、燃气预留洞

在进行水平构件的深化设计时，应同时参照结构图、建筑图以及精装图，对预制墙板上的水暖管线及燃气管线的预留洞位置进行比对，并与设计方沟通并确认准确位置。

5. 强弱电盒预埋

在进行水平构件的深化设计时，应同时参照结构图、建筑图以及精装图，对预制墙板上的强电、弱电、开关等线盒位置进行比对，并与设计方沟通并确认准确位置。

4.1.2　施工安全类的预留、预埋

1. 墙体斜支撑的地脚螺栓

墙体的斜支撑是装配式结构的重要措施性工具，在叠合板上预留墙体斜支撑的地脚螺栓，既可有效避免在叠合层浇筑完成后打眼触碰钢筋以及损坏电管，又可避免由于叠合层混凝土未达到强度而造成的安全隐患。地脚螺栓的具体位置一般根据预制墙板的高度确定。在预制构件生产之前，需由构件厂完善支撑布置图，再由施工总承包单位组织

建设单位、监理单位以及构件厂进行专家论证，对预留位置进行验算，合格后，按照布置图的位置预留地脚螺栓。

此外，由于受到混凝土强度影响，需注意冬期施工时墙体斜支撑的地脚螺栓预留、预埋，如图 4-1 所示。

图 4-1　墙体斜支撑的地脚螺栓预留、预埋

2. 墙体斜支撑预埋螺栓

墙体斜支撑预埋螺栓用于将斜支撑固定在预制墙板上，并且与叠合板上的地脚螺栓形成稳定的三角支撑体系。预埋螺栓的位置与个数根据预制墙板的墙高、墙宽、墙身重量确定。墙体上部预埋点不宜低于墙体高度的三分之二，并且每块墙板竖向支撑的支撑点原则上不少于两处。

3. 附着式爬架预留孔洞

当装配式剪力墙结构超过一定高度时，宜考虑附着式爬架或施工升降平台。无论采用哪一种架体形式，都要在深化设计之初确定厂家，必须由爬架租赁单位或产权单位完成结构附着方案深化设计，再由总承包单位组织专家论证会，对预留孔洞进行结构验算，合格后，根据要求预留孔洞。

4. 吊装点的预留、预埋

（1）叠合板吊点的预埋。叠合板吊点的设置有两种形式：一种是在板中预埋吊环，另一种是直接在桁架钢筋上设置吊点。由于后者的整体性较好，所以现在一般选择后者的设计形式。吊点位置的确定要考虑叠合板的长宽比，如长宽比超过一定比例，吊点要适当增加，受力位置要合理、对称。

（2）预制楼梯吊点的预埋。预制楼梯的吊点一般选择在梯段两侧 1/3 的区间范围内，并且不宜过于靠近梯段两边。由于楼梯踏步不宜设置吊环，因此在吊点位置设置专用卸扣，以便吊装。

（3）阳台板吊点的预埋。同叠合板吊点的预埋。

（4）空调板吊点的预埋。同叠合板吊点的预埋。

（5）预制墙板吊点的预埋。墙板吊点的设置有两种形式：一种是在墙顶预埋吊环，另一种是设置专用卸扣。无论哪种形式，都应根据墙板的长度、形状以及重心位置，合理确定吊点的数量和位置。吊点宜设置在墙板顶部且满足墙厚中部位置，并距离墙端部不宜超过 1m。每块墙板吊点最少不宜少于 2 个。

5. 施工起重机械附着的预留、预埋

塔吊附着宜优先直接附着在现浇竖向构件上，当无法满足时，宜通过型钢结构附着于内墙预制墙板间的现浇暗柱节点或附着于楼层叠合板。除直接附着于现浇结构外，其他附着由塔吊租赁单位或产权单位委托具有相关资格单位进行深化设计和连接构件加工。除塔吊原生产外，其他附着深化设计应按相关程序组织专家论证，并应由塔吊租赁单位或产权单位根据塔吊参数，完成塔吊锚固与附着臂的改进与安装。

4.1.3 质量控制类的预留、预埋

1. 叠合板带的施工企口

当楼板构造设置混凝土现浇板带时，为保证叠合板板缝之间的混凝土现浇板带的施工质量，在叠合板的深化设计时，应根据设计图纸及现场实际需要，在叠合板底部的板带部位设置 3～5mm 深的施工企口。企口宽度根据板带的设计宽度及模板尺寸确定，最宽不宜超过 50mm，如图 4-2 所示。

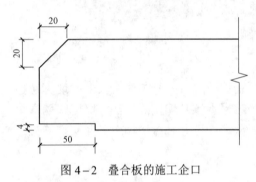

图 4-2 叠合板的施工企口

2. 放线孔洞

为了准确地传递各楼层的平面控制线，应根据楼板特点和控制性分布要求，在楼板四角的叠合板上预留放线孔洞。放线孔洞的预留原则上不破坏叠合板内的钢筋，尺寸控制在 100mm×100mm 以内，孔洞的中心点距离两侧墙边宜为整数，如 500mm 或 1000mm 等。

3. 预制墙板施工企口

为保证两块预制墙板之间的混凝土现浇节点的施工质量，在预制墙板的深化设计时，应根据设计图纸及现场实际需要，在预制墙板两侧部位设置 3～5mm 深的施工企口。企口宽度根据现浇节点的设计宽度及模板尺寸确定，最宽不宜超过 50mm。预制墙板的施工企口如图 4-3 所示。

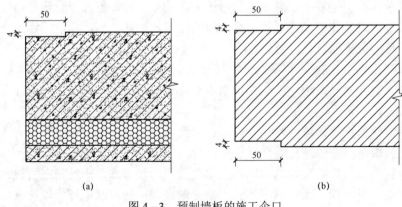

(a)   (b)

图 4-3 预制墙板的施工企口

（a）预制外墙施工企口；（b）预制内墙施工企口

4. 穿墙螺栓孔洞

为保证现浇节点的模板支设牢固，在预制墙板上应预留穿墙孔洞或预埋螺栓。穿墙孔洞与预埋螺栓的具体位置根据模板的受力确定，并且每块墙板应呈规律性预留。

4.1.4 构件深化设计实例

构件深化设计实例如图 4-4～图 4-6 所示。

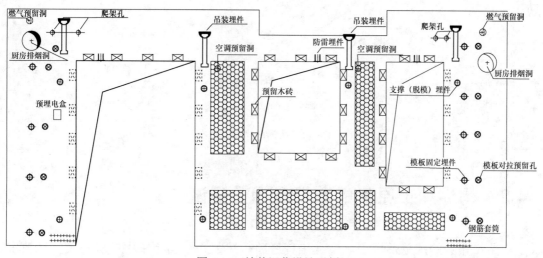

图 4-4 墙体深化设计示例

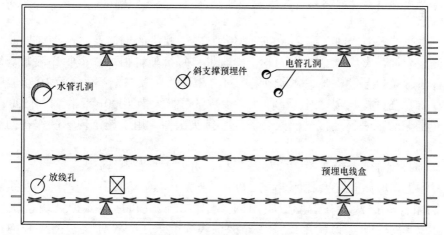

图 4-5 楼板深化设计示例

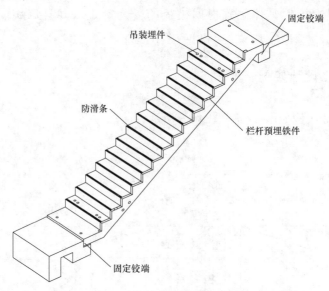

图 4-6　楼梯深化设计示例

4.2　构件加工原材的选择及相关复试

　　参照相关的规范及规程，结合工程经验，装配式结构施工中的资料及复试要求如下。

　　（1）夹心保温外墙板用保温板材，同厂家、同品种每 5000m² 为一个检验批，每批复试 1 次，复试项目为导热系数、密度、压缩强度、吸水率和燃烧性能。复试结果应符合设计和规范要求。

　　（2）生产过程中，同一厂家、同一牌号、同一规格的钢筋及同一炉（批）号、同规格的灌浆套筒，每 500 个接头为一个验收批，每批随机抽取 3 个制作灌浆套筒连接接头试件进行抗拉强度检验，检验结果应符合 I 级接头要求。连续检验 10 个验收批且抽样试件抗拉强度检验合格时，验收批接头数量可扩大为 1000 个；同时每 500 个接头留置 3 个灌浆端未进行连接的灌浆套筒连接接头试件，用于施工现场制作相同灌浆工艺的平行试件。

　　同一项目宜采购同一厂家生产的同材料、同类型灌浆套筒。

　　（3）每工作班同一配合比不超过 100m³ 混凝土，应留置各不少于 1 组的混凝土拆模用同条件养护试块、出厂检验用同条件养护试块和标准养护试块，试块强度应符合设计要求；出厂检验用同条件养护试块强度未达到设计要求的预制构件不得出厂。

　　（4）同厂家、同品种、同规格夹心保温外墙板用拉结件，每 10 000 个为一个验收批，每批抽 3 个检验锚入混凝土后的抗拔强度，检验结果应符合设计要求。

（5）应将水泥、钢筋、保温板、灌浆套筒连接接头、混凝土标养试块、拉接件抗拔强度等取样数量的 30%且各不少于 3 组，委托具有见证资质的检测机构进行见证检测。

（6）预制楼梯结构性能检验、预制叠合板结构性能检验取样为同一项目生产的预制构件，数量至少各随机抽取 1 个。叠合板的预制板模板支撑形式应与施工现场模板支撑形式一致。

（7）夹心保温外墙板传热系数性能检验取样为同一项目、同一构造、同一材料、同一工艺制作的构件，数量为 1 个。

（8）选用的灌浆料必须与钢筋灌浆套筒连接型式检验报告中的灌浆料相一致；灌浆料进场时应进行进场复试，同一配方、同一批号、同进场批的灌浆料，每 50t 为一个检验批，不足 50t 也应作为一个检验批。试验项目为流动性（初始、30min）、抗压强度（3d、28d）、竖向膨胀率（3h、24h 与 3h 差值）。

（9）灌浆前，同一规格的灌浆套筒应按现场灌浆工艺，制作 3 个灌浆套筒连接接头进行工艺检验，抗拉强度检验结果应符合Ⅰ级接头要求；灌浆过程中，同一规格每 500 个灌浆套筒连接接头，应采用预制混凝土生产企业提供的灌浆端未进行连接的套筒灌浆连接接头，制作 3 个相同灌浆工艺的平行试件进行抗拉强度检验，检验结果应符合Ⅰ级接头要求。

（10）灌浆施工温度不得低于 5℃，实际灌入量不得小于理论计算值，灌浆料 28d 标养试块抗压强度应符合要求。检验数量：每工作班留置 1 组，每组 3 块 40mm×40mm×160mm 试件。

（11）应加强上层预制外墙板与下层现浇构件接缝的质量控制。接缝连接方式应符合设计要求。接缝材料 28d 标养试块抗压强度应满足设计要求，并高于预制剪力墙混凝土抗压强度 10MPa 以上且不应低于 40MPa。检验数量：每工作班同配合比留置 1 组，每组 3 块 70.7mm 立方体试件；当接缝灌浆与套筒灌浆同时施工时，可不再单独留置抗压试块。

（12）灌浆料抗压强度试块应按照 40mm×40mm×160mm 尺寸制作 1d、3d、28d 试块，1d 抗压强度大于 35MPa；3d 抗压强度大于 60MPa；28d 抗压强度大于 85MPa。膨胀率应 3h 大于等于 0.02%，24h 与 3h 差值为 0.02%～0.5%。灌浆拌合物的流动度初始大于等于 300，30min 大于或等于 260，泌水率为 0。

（13）套筒灌浆连接接头的单项拉伸、高应力反复拉压、大变形反复拉压试验加载过程中，当接头拉力达到连接钢筋抗拉强度标准值的 1.15 倍而未发生破坏时，应判定为抗拉强度合格，可停止试验。

（14）钢筋接头的型式检验：确定接头性能时；关键砂浆套筒材料、工艺结构改动时；灌浆料型号、成分改动时；钢筋强度等级、肋形发生变化时；型式检验报告超过 4 年。

（15）每种套筒灌浆连接接头型式检验数量与检验项目应符合下列规定：对中接头

数量应为 9 个，其中 3 个做单向拉伸试验、3 个做高应力反复拉压试验、3 个做大变形反复拉压试验；偏置接头数量应为 3 个，做单向拉伸试验；钢筋试件应为 3 个，做单向拉伸试验；全部试件的钢筋均在同一炉（批）号的 1 根或 2 根钢筋上截取。

（16）灌浆料 15d 内生产的混凝土配方、同批号原材料的产品应以 50t 作为一生产批号，不足 50t 的也应作为一生产批号。

4.3　构件的码放原则及措施

4.3.1　构件的码放位置

构件的码放位置决定了装配式结构安装的施工速度。例如：堆放场地在塔吊旋转 90°范围内比在旋转 360°的范围内的吊装，单块速度减少 10min 以上。

90°范围内的塔吊作业只需要小车滑行就解决了吊装问题。而 360°旋转范围时，塔臂除了要收起小车外，还需要旋转塔臂半径。

装配式构件的单块质量较大，根据塔吊的性能，靠近塔身的部位起重量远远大于塔臂端头的起重量。根据这个特点，较重的构件宜堆放在近塔身一侧。

4.3.2　构件的码放架体

装配式结构的构件一般由外墙板、内墙板、叠合板、阳台板、空调板、踏步板、楼梯隔墙、阳台栏板、装饰板等不同的构件组成。

应根据构件的不同特点对构件进行分类码放，并用不同的构件插放架体和码放架体，对构件进行堆放。

构架的架体设计主要从两方面考虑：一方面考虑架体的受力计算，另一方面考虑架体对构件的成品保护。

4.4　水平结构支撑

水平结构支撑主要应用于预制叠合板、预制悬挑板（空调板）、预制阳台板等构件的板底支撑体系。预制叠合板板底支撑采用工字铝梁独立水平结构支撑体系（见图 4-7），一根铝梁设置两根独立支撑立杆，工字铝梁排距不大于 1500mm，铝梁两端距板带、板缝不大于 200mm。独立支撑体系安全可靠、受力合理、确保预制板的安装。

图 4-7 叠合板的支撑铝梁示意图

4.5 竖向结构支撑

竖向结构支撑主要用于预制墙体等竖向结构构件的固定与安装（见图 4-8 和图 4-9），墙体侧向斜支撑选用 Q235 型号钢材。斜支撑设置要求角度不大于 60°，间距不大于 900mm。墙体斜支撑的组成：预制墙板斜支撑结构由支撑杆与 U 形卡座组成。其中，支撑杆由正反调节丝杆、外套管、手把、正反螺母、高强销轴和固定螺栓组成，调节长度根据布置方案确定，然后定型加工。该支撑体系用于承受预制墙板的侧向荷载和调整预制墙板的垂直度。

图 4-8 预制墙板调整

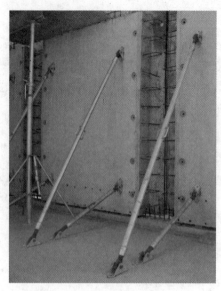

图 4-9　斜支撑安装示意图

4.6　结构的防护体系设置

导轨式附着升降脚手架（简称升降架），是通过附着支承结构附着在工程结构上，依靠自身的同步升降设备实现升降的悬空脚手架。即沿建筑物外侧搭设一定高度的外脚手架，并将其附在建筑物上，脚手架带有升降机构及升降动力设备，随着工程进展，脚手架沿建筑物升降。

4.6.1　架体搭设材料的材质要求

（1）钢管采用 ϕ48mm×3.0mm 焊接钢管，壁厚不小于 3mm，钢材强度等级 Q235-A 钢管表面应平直光滑，不应有裂纹、分层、压痕、划道和硬弯，新用的钢管要有出厂合格证。脚手架施工前，必须将入场钢管取样，送有相关国家资质的试验单位，进行钢管抗弯、抗拉等力学试验，试验结果满足设计要求后，方可在施工中使用。

（2）脚手架搭设使用的可锻铸造扣件，应符合《钢管脚手架扣件》（GB 15831—2006）的要求，并由有扣件生产许可证的生产厂家提供，不得有裂纹、气孔、缩松、砂眼等锻造缺陷。扣件的规格应与钢管相匹配，贴合面应干整，活动部位灵活，夹紧钢管时开口处最小距离不小于 5mm。钢管螺栓拧紧力矩达 40～65N·m 时不得破坏。如使用旧扣件，扣件必须取样，送有相关国家资质的试验单位，进行扣件抗滑力等试验，试验结果满足设计要求后，方可在施工中使用。

（3）搭设架子前应进行保养，除锈并统一涂色，颜色力求环保、美观。脚手架立杆、防护栏杆统一漆黄色，小横杆统一漆黄色，剪刀撑统一漆红白色，底排立杆、扫地杆均漆黄色。

（4）脚手板采用木质多层板，用 8 号钢丝绑扎，搭接严密，不得出现缝隙。

（5）本工程架体立面防护采用密目式安全网，网目应满足 2000 目/100cm²，做耐贯穿试验不穿透，6.0m×1.8m 的单张网质量在 3kg 以上。颜色应满足环境效果要求，选用绿色。使用的安全网必须有产品生产许可证和质量合格证，同时应进行燃烧性能和抗冲击等试验，再进厂验收。

4.6.2　附着式升降脚手架的组成

升降架主要由竖向主框架（见图 4-10）、底部水平支撑框架（桁架）（见图 4-11）、附墙支座、控制系统和电动葫芦组成，其主要功能如下。

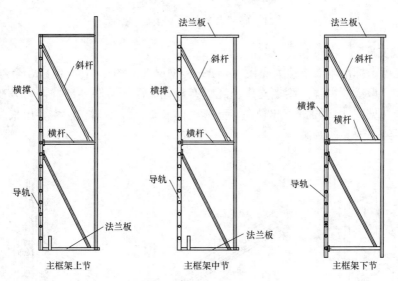

图 4-10　竖向主框架上节、中节、下节示意图

1. 竖向主框架

竖向主框架由φ48 钢管和［6.3 号槽钢焊接而成。φ48 钢管用来制作主框架的横撑，它与附着支座上的防坠块相配合，起到防坠作用。［6.3 号槽钢背对焊接形成导轨，用来安装附墙支座的防倾导向装置，同时能保证架体在升降作业时的垂直运动。横杆和斜杆使主框架形成整体单片式钢结构，并将架体内、外排连接成刚性整体，同时确保架体有可靠的力学传递。主框架由上节、中节和下节三节组成，其中每节为两步架，高 3.6m。

2. 底部水平支撑框架（桁架）

底部水平支撑框架（桁架）为双排架体，主要由主框架、立杆、横杆、斜杆和脚手板等通过螺栓连接而成。其节点连接板的厚度为8mm，架体宽900mm，每步架高1800mm，整个脚手架可按楼层高度搭设成不大于 5 倍层高的架体。横杆型号有 1742mm、1442mm、

1142mm 和 842mm 四种。水平支撑框架及竖向主框架承受自重及上部传来的施工动载荷、风载荷等，并将其传递到升降机构，最终传递至建筑物。

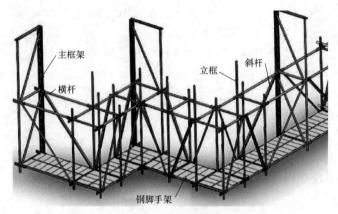

图 4-11　底部水平框架（桁架）组装图

3. 附墙支座

附墙支座由标准附墙支座（见图 4-12）和钢梁（见图 4-13）组成，全部用 Q235B 钢焊接制作，承载能力强。附墙支座上还设有导向、防倾、防坠装置，与设在主框架上的导轨配合（见图 4-14），可起导向、防倾、防坠作用。附墙支座主要用来附着架体、悬挂动力系统、安装防倾装置。

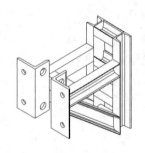　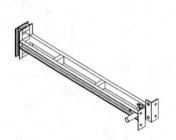　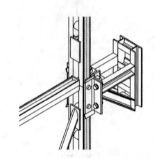

图 4-12　标准附墙支座　　　　图 4-13　钢梁　　　　图 4-14　主框架、导向架连接示意图

附墙支座的受拉螺栓采用弹簧垫片加单螺母形式固定。螺杆露出螺母端处的长度不应少于 3 扣，并不得小于 10mm，其螺栓使用的垫片尺寸为 100mm×100mm×10mm；附墙支座上还设有导向、防倾、防坠装置。附墙支座的设计符合《建筑施工工具式脚手架安全技术规范》（JGJ 202—2010）第 4.4.5 条的规定。

4. 防倾装置（导轮导轨）

防倾装置可以防止附着升降脚手架内外倾翻。使用时，在每个附墙支座上设置一组防倾装置，从上至下共三组。导向架上的导轮与主框架上的导轨形成导轮导轨装置，在提升过程中，使架体滑移并起到防倾倒作用，如图 4-15 所示。

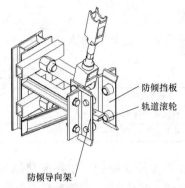

防倾挡板
轨道滚轮

防倾导向架

防倾挡板：左右各一能使轨道不向左右两侧倾斜
轨道滚轮：左右各一抱着轨道能使轨道不能内外
倾覆

图 4-15　支座防倾导向架结构示意图

5. 防坠装置

防坠装置具有在意外发生时阻止架体坠落的功能。其安装在支座的头部（见图 4-16），每个支座处一个，结构紧凑，实用简捷，性能稳定，安全可靠，适应恶劣的施工环境。防坠装置的设计符合《建筑施工工具式脚手架安全技术规范》（JGJ 202—2010）的 4.5.3 条的第二条：防坠装置必须采用机械式的全自动装置；严禁使用每次升降都需重组的手动装置。

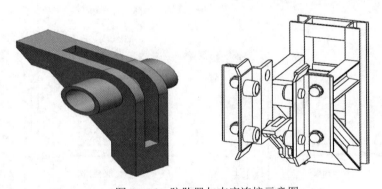

图 4-16　防坠器与支座连接示意图

防坠装置在检测过程中，模拟坠落工况下的检测数据如图 4-17 所示。

主要技术性能指标（依据 BETC-KJ-2012-009 检验报告）：

1. 架体全高：16.2m；
2. 架体支承跨度：最大跨度 5.25m；
3. 防坠性能：最大制动距离 78mm；
4. 架体同步性能：相邻机位最大升降差 4mm；
5. 水平支承桁架下弦杆跨中挠度：最大值 5mm（标准荷载）；
6. 结构应力：标准荷载使用工况最大应力值 -123.92N/mm²：

　　　　升降工况最大应力值 -118.13N/mm²。

图 4-17　检测数据

防坠装置符合《建筑施工工具式脚手架安全技术规范》（JGJ 202—2010）的 4.5.3 的第三条，防坠装置技术性能的要求见表 4—1。

表 4—1   防坠落装置技术性能

脚手架类别	制动距离/mm
整体式升降脚手架	≤80
单片式升降脚手架	≤150

防坠落装置为摆针式结构，工作原理如下：架体提升时，利用防坠装置重心与销孔不在同一竖向直线，而且防坠装置由于重力倒向升降架轨道一侧，从而不妨碍架体提升。当升降架发生意外坠落时，防坠落装置由于支座角钢限位块不能向下摆动，使得架体停止向下运动，如图 4—18 所示。

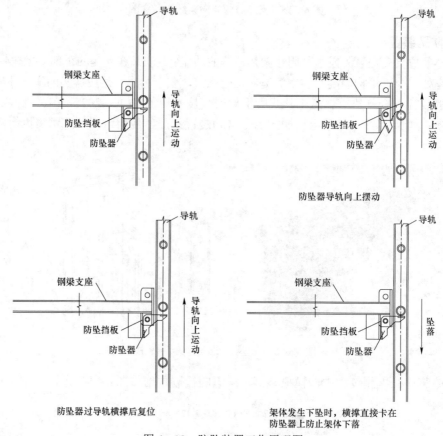

图 4—18 防坠装置工作原理图

防坠器的防污措施如下：

（1）提升前必须检查防坠器是否灵活可靠，清除防坠器上的建筑垃圾。

（2）防坠器销轴必须每月要做上油处理，以保证防坠器的灵敏度。

（3）防坠器上面是承重顶撑，在静止状态下可以遮挡上面掉下来的杂物。

（4）本身每个附墙支座是配一套承重顶撑的，静止状态下，顶撑的作用是遮挡混凝土垃圾等，以起到对防坠器的保护作用。

（5）防坠器的设计符合《建筑施工工具式脚手架安全技术规范》（JGJ 202—2010）的4.5.3 的第四条，即防坠装置具有防坠、防污染的措施，并应灵敏可靠和运转自如的要求。

防坠装置在每道支座头部安装一个，架体在使用工况下从上到下有三道附墙支座，共有三道防坠装置起作用；架体在升降工况下从上到下有两道附墙支座，共有两道防坠装置起作用；防坠装置在设计过程中符合《建筑施工工具式脚手架安全技术规范》（JGJ 202—2010）的4.5.3 的第一条，即防坠装置应设置在竖向主框架处，并附着在建筑结构上，每一升降点不得少于一个防坠落装置，防坠落装置在使用和升降工况下都必须起作用的要求。

6. 控制系统

每个机位设置一个分控箱，完成对该机位电动葫芦的单机升降或预紧作业，拖动电缆通过每个分控箱，最终连接到总控制柜的输出端口。总控制柜负责整个电路的整体升降和每个机位的载荷监控作业。分控箱布置及总控制柜设置电路铺设如图 4-19 所示。

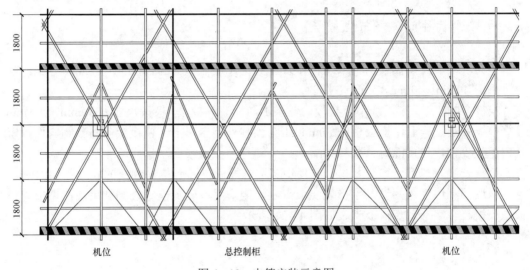

图 4-19 电箱安装示意图

7. 提升设备

提升设备（电动葫芦）的主要参数如下：电动葫芦的额定起重量为 7.5t，链条长 6m，单台净重约 72kg，电机功率 500W，提升速度为 13cm/min，如图 4-20 所示。

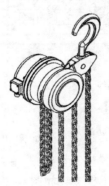

图 4-20 7.5t 电动葫芦

4.7　结构节点模板设置

装配式剪力墙结构的模板量约为全现浇结构模板用量的一半。通常的墙体节点包括一字形节点、T形节点及L形节点及现浇部分模板。顶板模板包括板带模板及现浇部分模板。装配式剪力墙结构的模板与全现浇结构的另一个区别是模板不用卸料平台进行倒运，可以通过烟风道口、楼梯间进行倒运。通过以上特征分析，模板的类型及方式如下：

当装配式剪力墙节点模板周转次数少于18次时，宜用多层板+木龙骨。

当装配式剪力墙节点模板周转次数大于或等于18次时，宜用金属模板。

4.7.1　竖向构件间现浇节点模板

竖向现浇节点模板采用钢木龙骨体系，主龙骨采用30mm×50mm×2.2mm方钢，次龙骨采用40mm×40mm×3mm方钢。

模板在加工时，在现浇节点模板两侧增加防漏浆的板条，板条尺寸为30mm宽、8mm厚。模板安装完毕后，模板板条30mm压在预制外墙企口上；模板板条与预制构件预留企口相互咬合，防止混凝土浆料外漏。

模板安装完毕后，安装背楞，并使用穿墙螺栓通过预制构件预留的孔进行加固。

两块预制墙板之间设一字形现浇节点，内侧采用单侧支模，外侧利用两侧墙板外页板做模板。一字形节点模板支设如图4-21所示。

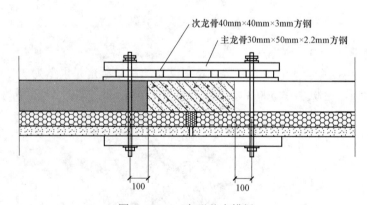

图4-21　一字形节点模板

两块预制墙板之间T形现浇节点模板支设如图4-22所示。

两块预制板之间L形现浇节点模板支设如图4-23所示。

水平构件间现浇节点（板带）模板支设如图4-24所示。

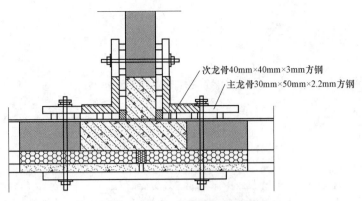

图 4-22　T 形现浇节点模板

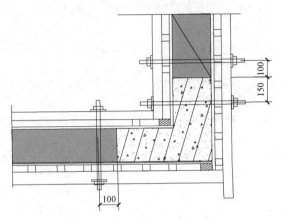

图 4-23　L 形现浇节点模板

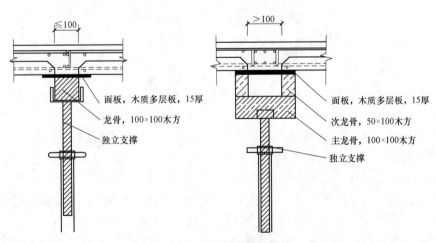

图 4-24　"板带"模板构造

　　模板设计：面板采用 15mm 厚多层板制作，龙骨采用 100mm×100mm 和 50mm×100mm 木方制作。

　　模板安装：叠合板安装完毕并调整完标高之后，安装"板带"模板，使用独立支撑调整并固定。

4.7.2 金属模板配置

以通州台湖某项目为例，铝模板配置图如图 4-25 所示。

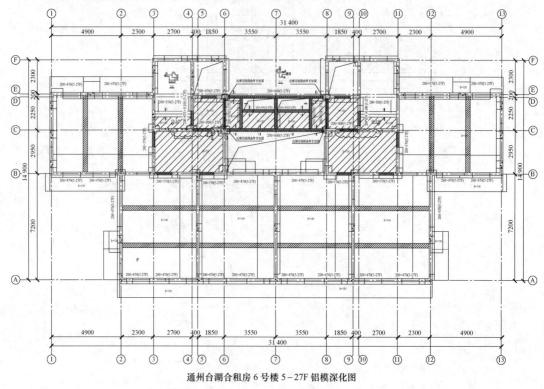

通州台湖合租房 6 号楼 5-27F 铝模深化图

图 4-25 铝模板配置图

（1）墙体模板标准尺寸为 400mm×2480mm（内墙板）及 400mm×2600mm（外墙板）。内墙超出标准板高度的部分，制作接高板（横向布置）与标准板上下相接。墙模板型材高 65mm，铝板材厚 4mm。

（2）外墙顶部加一层 200mm 宽的模板，起到楼层之间的模板转换作用。

外墙板生根处理：外墙板在完成一层浇灰后，运到上一层使用时，在外墙外表面需要有支撑外墙模板的构件，即外墙承接板。外墙承接板配置 2 套。

（3）墙模板处需设置对拉螺杆，其横向设置间距不大于 800mm，纵向设置间距不大于1000mm。对拉螺杆起到固定模板和控制墙厚的作用。对拉螺杆为 T18 螺杆，材质为 Q235。

（4）墙模板背面设置背楞，材料采用 40mm×60mm 方管和 30mm×50mm 方管。背楞设置纵向间距不大于 1000mm，横向间距不大于 800mm，如图 4-26 所示。墙体共设置 4道背楞。穿墙螺栓孔间距为：从下往上 200mm 起，间距依次为 600mm、750mm、750mm。

（5）本工程变截面为 2cm，铝模在首次设计时合理结构处增加 2cm 的调节条，后期变截面时去掉及增加模板实现变截面。

（6）斜撑由上部斜撑杆、下部斜撑杆及斜撑固定点组成。斜支撑下端套入底板上固定点（埋入的 M16 螺栓），如图 4-27 所示。

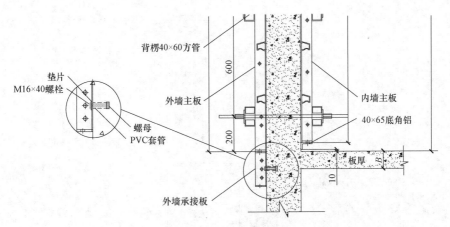

图 4-26　铝模墙体配置图

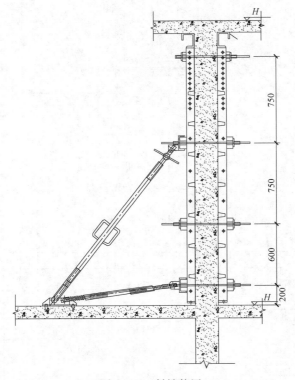

图 4-27　斜撑使用

　　墙模板侧面支撑用可调式斜支撑，一端用膨胀螺栓固定于地面，另一端用螺栓固定在背楞上，可以起到增强抗弯，调节墙板垂直度的作用。

　　本工程在第一道和第三道背楞上加装可调斜撑，斜撑间距根据墙面长度来定，间距应不大于 2000mm。

　　（7）该工程内外板节点图如图 4-28 所示。

　　（8）墙板平面配模图如图 4-29 所示。

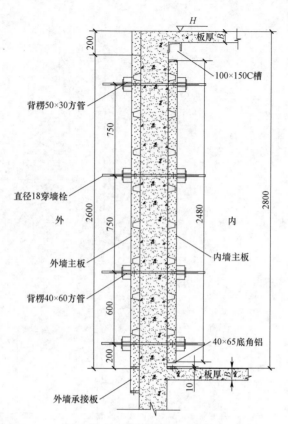

注：1～3道背楞采用40×60方管，
第4道背楞采用50×30方管。

图4-28　内外板节点图

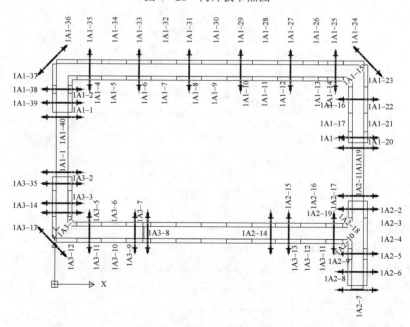

图4-29　墙板平面配模图

4.7.3　墙板三维示意图

墙板三维图如图 4-30～图 4-32 所示。

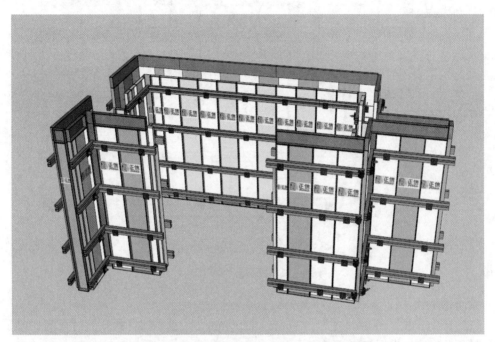

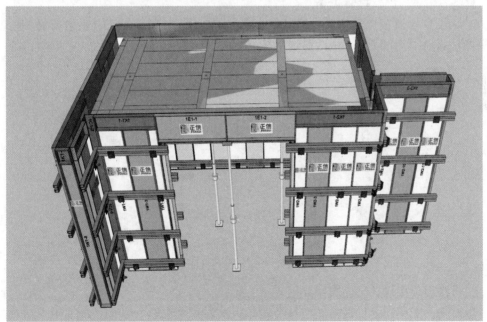

图 4-30　墙板三维图（一）

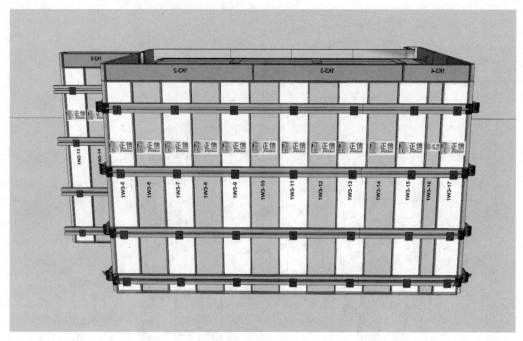

图 4-31 墙板三维图（二）

楼面顶板设计：

（1）楼面顶板的标准尺寸为 400mm×1200mm，局部按实际结构尺寸配置。楼面顶板型材高 65mm，铝板材厚 4mm。

（2）楼面顶板横向间隔不大于 1200mm 设置一道 150mm 宽的铝梁龙骨，铝梁龙骨纵向间隔不大于 1200mm 设置快拆支撑头 150mm×200mm（早拆头），如图 4-32 所示。

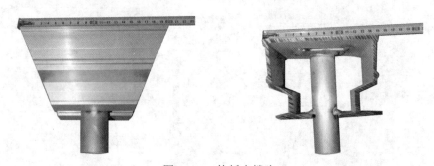

图 4-32 快拆支撑头

（3）楼面顶板设计平面布置如图 4-33 所示。

顶板平面配模图：顶板号是将每个设计区域划分为若干个房间，如图 4-33 中表示的 1 号工程的 A 区 1 号房间。1AS1-1 表示 1 号房间的第一块顶板，按照流水号进行编号，工人在安装时方便，快捷。

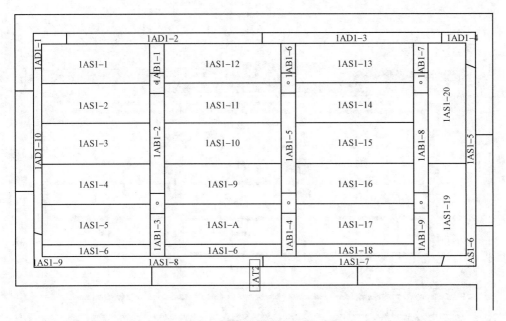

图4-33 楼面顶板设计平面布置

楼面顶板安装如图4-34所示（局部区域）。

顶板三维配模如图4-35所示。

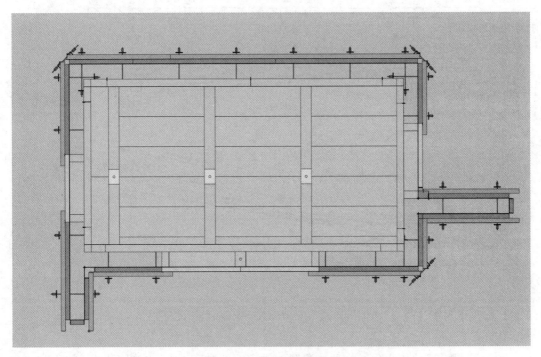

图4-34 楼面顶板安装图

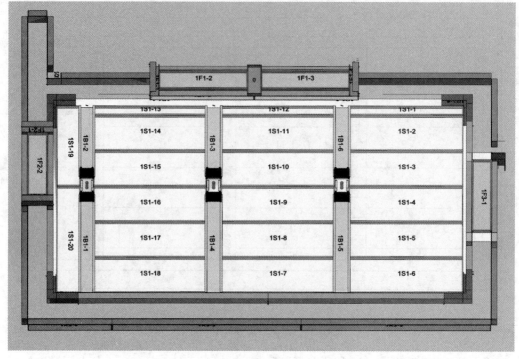

图4-35 顶板三维配模示意图

（4）楼面龙骨（横梁）装拆如图4-36所示。

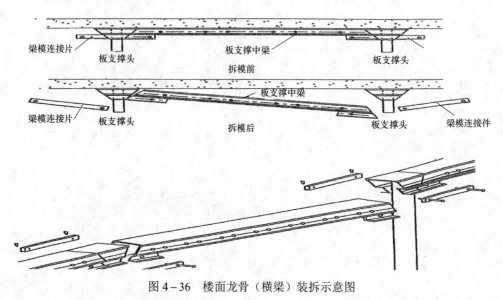

图4-36 楼面龙骨（横梁）装拆示意图

4.7.4 梁模板设计

（1）梁模板尺寸按实际结构尺寸配置。梁模板型材高65mm，铝板材厚4mm。

（2）梁底设单排支撑，梁底支撑间距为 1350mm，梁底中间铺板，梁底支撑铝梁150mm 宽，方便施工人员拆装模板。

（3）梁模板安装节点大样如图 4-37 所示。

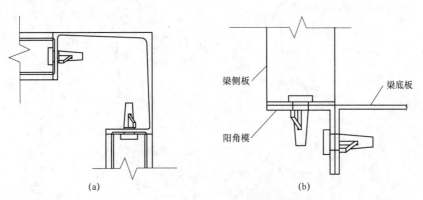

图 4-37 梁模板安装节点大样图

（a）梁底单排立杆；（b）梁底双排立杆

（4）梁模板设计布置如图 4-38～图 4-41 所示。

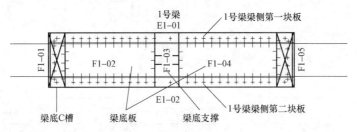

图 4-38 梁模板设计布置图

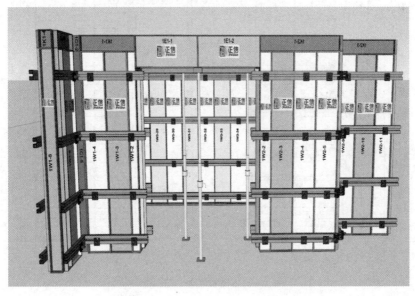

图 4-39 梁模板平面配模图

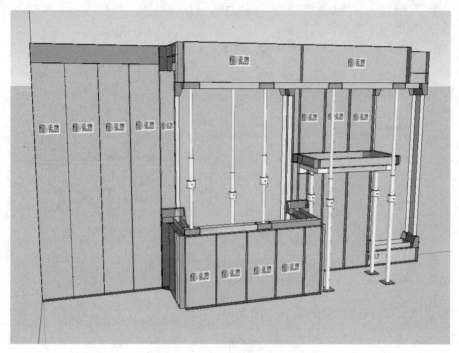

图 4-40　梁模板三维立面示意图

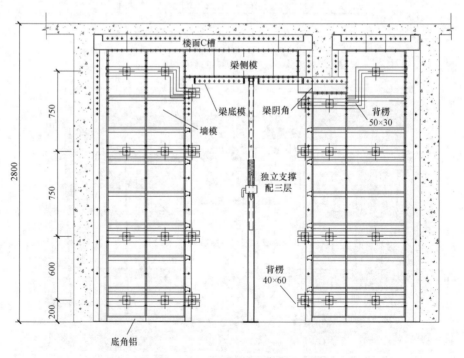

图 4-41　梁模板立面示意图

4.8　电气管线的布设

根据装配式建筑结构特点，通常顶板由叠合层及先交层组成。而电管常采用 JDG 或 PVC 及可绕金属管作为敷设套管，电管都是设置在现浇层当中。以北京通州台湖某装配式工程为例：板厚 140mm，叠合板 60mm，先交层 80mm。如果扣除钢筋保护层厚度及两皮上铁厚度，实际敷设空间在 50mm 左右。所以，当装配式管线敷设时，应按照以下原则布设。

（1）装配式电管敷设前应提前预备排布，尽量保证管线叠加层数不超过两层。

（2）装配式管线尽量选用可绕金属管进行敷设，避免管线顺直叠加。

（3）装配式管线布设完毕后，保留管线布设图，为后期二次结构做准备，减少地面植筋等作业。

（4）尽量将分户设置在公共区域等现浇部位内。

（5）灯盒、开关盒等应提前与装配式结构拆分图对比审图，经过审图后方可进行施工。

（6）装配式结构要求做完首段验收后，方可大面积施工。

4.9　转换层施工

转换层预留钢筋的准确性直接影响预制墙板吊装的速度及预制墙板施工的安全性。转换层预留钢筋的施工工艺及技术措施如下。

1. 转换层预留钢筋施工工艺操作流程

预留钢筋加工→钢筋绑扎→钢筋初步定位→第一次浇筑混凝土→放置工字钢→钢筋二次定位→安装定位钢板→钢筋精准定位→第二次浇筑混凝土。

2. 主要施工工艺

在墙顶处预留钢筋，墙体高 5.3m，分两次浇筑完成，即第一次浇筑高度为 4.8m，第二次浇筑至墙顶标高。

在第一次浇筑前，预埋工字钢，埋深至第一次浇筑混凝土高度下 200mm；在第二次浇筑前，在墙顶部放置梯子筋并与工字钢焊接牢固，梯子筋与预留钢筋焊接；在墙顶上 50mm 处放置定位钢板，确保预留钢筋的位置准确、固定牢固且不会扰动，如图 4-42 所示。

在转换层部位预留插筋的位置用施工前预先设计定制做好的定型钢板模具，长度为预制板插筋区域长度、宽度为预制剪力墙宽度。定型钢板模具长度大于 1m 的厚度为 4mm，小于等于 1m 的厚度为 3mm，板四边直角翻边 20mm，相应预制剪力墙插筋位置开大于插筋直径 4mm 的通孔。为便于浇筑混凝土和振捣，板的中部留直径 70mm 的圆孔，待浇筑剪力墙混凝土时，放入定型模具至剪力墙模板围住的剪力墙内，待混凝土强度达到设计要求后移除模具，如图 4-43 所示。

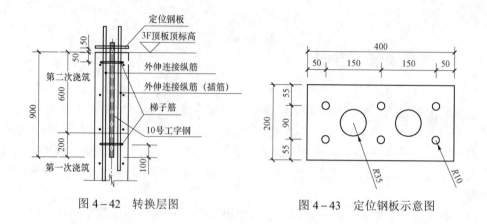

图 4-42 转换层图   图 4-43 定位钢板示意图

4.10 装配式剪力墙结构施工工艺

4.10.1 装配式结构安装施工工艺

装配式结构安装施工工艺如图 4-44 所示。

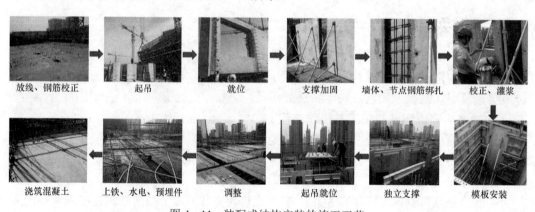

图 4-44 装配式结构安装的施工工艺

4.10.2 预制墙板施工

1. 预制墙板施工工艺操作流程

放线→搁置垫片→灌浆料分仓→预制墙板吊装→安装斜支撑→调整位置及垂直度→灌浆。

2. 主要施工工艺

（1）预制墙板吊装。构件吊装采用多点吊装梁，根据预制墙板的吊环位置采用合理的起吊点，用卸扣将钢丝绳与外墙板的预留吊环连接，起吊至距地 500mm 后暂停，检查起重机的稳定性、制动装置的可靠性和绑扎的牢固性等，检查构件外观质量及吊环连接无误后方可继续起吊。已起吊的构件不得长久停止在空中。严禁超载和吊装重量不明的重型构件和设备，起吊要求缓慢匀速，保证预制墙板边缘不被损坏。

（2）预制墙板的定位。预制墙板吊装前，在现浇层上安置钢垫片，高 20mm，用靠尺确定垫片之间的标高一致，再用灌浆料沿墙外边四面围合，使其内部形成封闭的空腔，围合高度 20mm，宽度 20mm。

预制墙板吊装时，要求塔吊缓慢起吊，吊至作业层上方并下降至距地 1m 的位置，吊装工人两端抓住墙板，缓缓下降墙板，墙板下方放置镜子，便于对插筋孔，墙板就位后安装斜支撑。

（3）预制墙板斜支撑安装。用螺栓将预制墙板的斜支撑杆安装在预制墙板上的预留套筒连接件上，下端连接预制板上预埋的铆环并进行固定，根据靠尺刻度调节对预制墙板进行垂直度调整，直到墙板垂直度达到设计要求。在墙底部利用之前，测量放线留下的 500mm 距离的控制线为之进行复核，进一步控制墙板位置的精度。待垂直度和位置都符合设计要求后，在墙底部安装定位件固定，锁死斜支撑下端拉环，以防人为转动斜支撑，造成垂直度偏差。预制墙板斜支撑示意如图 4-45 所示。

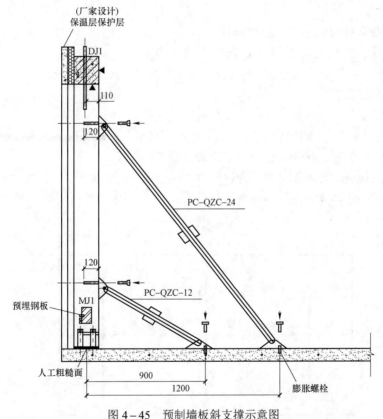

图 4-45　预制墙板斜支撑示意图

（4）具体调节和校正措施。

① 平行和垂直墙板方向水平位置矫正措施：通过在楼板面上弹出墙板控制线进行墙板位置校正，墙板按照位置线就位后。若水平位置有偏差并需要调节时，则可利用撬棍

进行微调。

② 墙板垂直度校正措施：待墙板水平就位调节完毕后，利用拉环斜支撑调节，在墙板光滑面放上靠尺，然后同时同旋转方向调节斜支撑，直到尺度达到设计要求。墙侧面放靠尺检查墙板水平度，通过加减垫块直到水平度达到设计要求即可。

③ 斜支撑和定位件安装及拆除要求：斜支撑墙板上固定高度为 2m，下端连接的铆环距离墙板水平距离为 1.2m，安装角度为 45°～60°，拆除及安装时间见施工流程图中的时间节点。斜支撑拆除时间为楼板混凝土浇筑完成后，并且现浇混凝土强度达到 1.2MPa 以上。定位件与墙板、楼板连接通过预埋套筒螺栓连接。

3. 外墙板检验和验收

检验仪器：靠尺、塔尺、水准仪。

检验操作：吊装墙板吊装取钩前，利用水准仪进行水平检验，如果发现墙板底部不够水平，通过塔吊提升加减垫块进行调平为止，偏差在 ±1mm 以内即可。落位后再进行复核，落位垂直度偏差在 ±3mm 以内即可验收合格。

4.10.3 预制叠合楼板施工

1. 预制叠合楼板施工工艺操作流程

弹控制线→顶板支撑搭设→叠合板安装→专业管线敷设→板上铁钢筋绑扎→混凝土浇筑。

2. 主要施工工艺

（1）三脚独立支撑体系。预制叠合楼板采用三脚独立支撑体系。每块叠合板支撑三组铝合金梁，三脚架距铝合金梁端部为 250mm，铝合金梁距叠合板长方向两端均为 500mm，铝合金梁间距为（$L-1000$）/2mm（L 为板长），如图 4-46～图 4-48 所示。

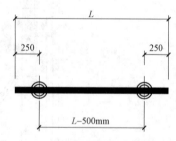

图 4-46　三脚架距铝合金梁端示意图

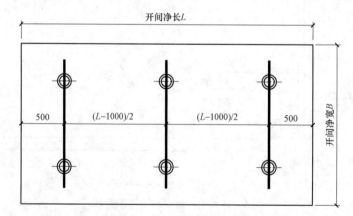

图 4-47　叠合板的支撑铝合金梁示意图

（2）预制楼板吊装。叠合板起吊时，必须采用多点吊装梁吊装，要求吊装时 7 个（或 8 个）吊点，均匀受力、起吊缓慢，以保证叠合板平稳吊装，如图 4-49 所示。

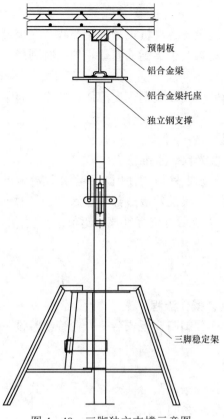

图4-48　三脚独立支撑示意图

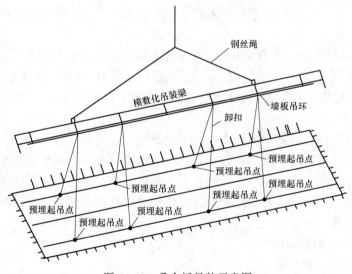

图4-49　叠合板吊装示意图

叠合板吊装过程中，在作业层上空500mm处略作停顿，根据叠合板位置调整叠合板方向并进行定位。叠合板停稳慢放，以免吊装放置时因冲击力过大而导致板面损坏。

叠合板就位校正时，采用楔形小木块嵌入调整，不得直接使用撬棍调整，以免出现板边损坏。

（3）集电线盒、线管埋设。各种机电预埋管和线盒在埋设时为了防止位置偏移，采用定制新型线盒，该种线盒有两个穿钢筋套管，使用时利用已穿的附加定位钢筋与主筋绑扎牢固。

（4）板带支设。板带采用扣件式钢管支撑体系搭设，间距不大于 1200mm。模板采用 15mm 厚多层木模板。

3. 叠合板验收和检验

（1）检验仪器：水平激光仪、水准仪。

（2）检验操作：楼板吊装取钩前，使用水平激光仪放射出 1m 标高线，利用水准仪在楼板底部进行水平检验，如果发现板底部不够水平，可通过调节可调顶托，直到偏差在 ±3mm 以内即可验收。落位后再进行复核，落位水平度偏差在 ±5mm 以内即可验收。

4.10.4 预制阳台板施工

1. 预制阳台板施工工艺操作流程

弹控制线→支撑搭设→预制阳台板安装→专业管线敷设→板上铁钢筋绑扎→混凝土浇筑。

2. 主要施工工艺详解

（1）阳台支撑体系搭设。预制阳台板支撑采用扣件式钢管支撑体系搭设，同时根据阳台板的标高位置，将支撑体系的顶托调至合适位置处。

（2）阳台吊装就位。

① 预制阳台采用预制板上预埋的四个吊环进行吊装，确认卸扣连接牢固后缓慢起吊。

② 待预制阳台板吊装至作业面上 500mm 处略作停顿，根据阳台板安装位置控制线进行安装。就位时要求缓慢放置，严禁快速猛放，以免造成阳台板振折损坏。

③ 阳台板按照弹好的控制线对准安放后，利用撬棍进行微调，就位后采用 U 形顶托进行标高调整。

（3）阳台吊装就位后，根据标高及水平位置线进行校正。

（4）阳台部位的机电管线铺设必须依照机电管线铺设深化布置图进行。

（5）待机电管线铺设完毕后进行叠合板上铁钢筋绑扎，为保证上铁钢筋的保护层厚度，钢筋绑扎时利用阳台板的桁架钢筋为上铁钢筋的马凳。叠合面上铁钢筋验收合格后再进行混凝土浇筑。

3. 预制阳台板验收和检验

参见叠合板验收和检验。

4.10.5 预制空调板施工

1. 预制空调板施工工艺操作流程

弹控制线→支撑搭设→预制空调板安装→专业管线敷设→板上铁钢筋绑扎→混凝土

浇筑。

2. 主要施工工艺

（1）空调支撑体系搭设。预制空调板支撑采用扣件式钢管支撑体系搭设，同时根据空调板的标高位置将支撑体系的顶托调至合适位置处。

（2）空调吊装就位。预制空调板采用预制板上预埋的两个吊环进行吊装，确认卸扣连接牢固后缓慢起吊。

待预制空调板吊装至作业面上 500mm 处略作停顿，根据空调板安装位置控制线进行安装。就位时要求缓慢放置，严禁快速猛放，以免造成空调板振折损坏。

空调板按照弹好的控制线对准安放后，利用撬棍进行微调，就位后采用 U 形顶托进行标高调整。

（3）预制空调板吊装就位后，根据标高及水平位置线进行校正。

（4）叠合板上铁钢筋绑扎。为保证上铁钢筋的保护层厚度，钢筋绑扎时利用阳台板的桁架钢筋为上铁钢筋的马凳。叠合面上铁钢筋验收合格后再进行混凝土浇筑。

3. 预制空调板验收和检验

参见叠合板验收和检验。

4.10.6　预制楼梯平台板施工

1. 预制楼梯平台板施工工艺操作流程

弹控制线→支撑搭设→预制空调板安装→专业管线敷设→板上铁钢筋绑扎→混凝土浇筑。

2. 主要施工工艺

（1）支撑体系搭设。预制楼梯平台板支撑采用扣件式钢管支撑体系搭设，同时根据楼梯平台板的标高位置，将支撑体系的顶托调至合适位置处。

（2）预制楼梯平台板吊装就位。预制楼梯平台板采用预制板上预埋的四个吊环进行吊装，确认卸扣连接牢固后缓慢起吊。

待预制楼梯平台板吊装至作业面上 500mm 处略作停顿，根据楼梯平台板安装位置控制线进行安装。就位时要求缓慢放置，严禁快速猛放，以免造成预制楼梯平台板振折损坏。

预制楼梯平台板按照弹好的控制线对准安放后，利用撬棍进行微调，就位后采用 U 形顶托进行标高调整。

（3）预制楼梯平台板吊装就位后，根据标高及水平位置线进行校正。

（4）楼梯平台部位的机电管线铺设时，必须依照机电管线铺设深化布置图进行。

（5）待机电管线铺设完毕后，进行预制楼梯平台板上铁钢筋绑扎。为保证上铁钢筋的保护层厚度，钢筋绑扎时利用叠合板的桁架钢筋为上铁钢筋的马凳。叠合面上铁钢筋验收合格后进行混凝土浇筑。

3. 预制空调板验收和检验

参见叠合板验收和检验。

4.10.7 预制楼梯梯段施工

1. 预制楼梯梯段施工工艺操作流程

弹控制线→铺浆→预制楼梯梯段安装→灌浆。

2. 主要施工工艺

（1）根据施工图，弹出楼梯安装控制线，对控制线及标高进行复核。楼梯侧面距结构墙体预留 30mm 空隙，为后续初装的抹灰层预留空间。

（2）在楼梯端上下梯梁处放置 20mm 钢垫片，钢垫片标高要控制准确。

（3）预制楼梯板采用水平吊装，用卸扣、吊钩与楼梯板预埋吊装内螺母连接，起吊前检查卸扣卡环、吊钩是否装牢，确认牢固后方可缓慢起吊。预制楼梯板模数化吊装示意图如图 4-50 所示。

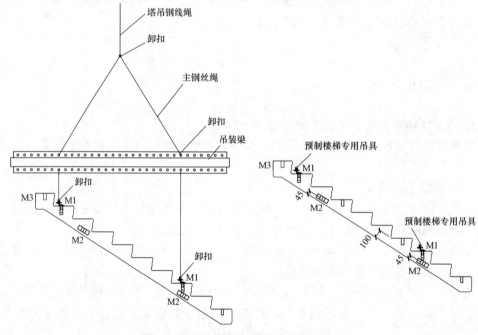

图 4-50 预制楼梯板模数化吊装示意图

待楼梯板吊装至作业面上 500mm 处略作停顿，根据楼梯板方向调整，就位时要求缓慢操作，严禁快速猛放，以免造成楼梯板振折损坏。

楼梯板基本就位后，根据控制线，利用撬棍微调、校正。

（4）楼梯段校正完毕后，连接孔采用 C40 级 CGM 灌浆料封堵密实，表面由砂浆收面；梯段与平台梁之间的 30mm 缝隙采用聚苯板填充，放置 PE 棒，表面注胶 30mm×30mm。

楼梯固定铰端安装节点大样如图 4-51 所示。

3. 楼梯验收和检验

（1）检验仪器：靠尺、水准仪。

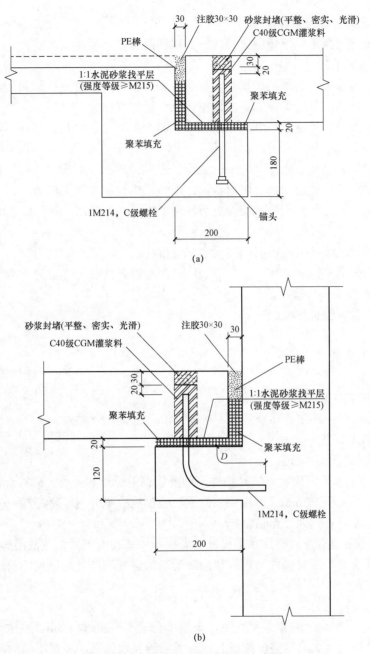

图 4-51　楼梯固定铰端安装节点大样

（2）检验操作：楼梯吊装取钩前，利用水准仪在楼板底部进行水平检验，如果发现楼板底部不够水平，可通过撬棍进行调整加减垫块，直到偏差在±5mm 以内即可验收。落位后再进行复核，落位水平度偏差在±8mm 以内即可验收。

4.10.8　预制梁施工

1. 预制梁施工工艺操作流程

弹控制线→支撑搭设→预制梁安装→上铁钢筋绑扎→混凝土浇筑。

2. 主要施工工艺

（1）支撑体系搭设。预制楼梯平台板支撑采用扣件式钢管支撑体系搭设，同时根据楼梯平台板的标高位置将支撑体系的顶托调至合适位置处。

（2）预制梁吊装就位。预制梁采用预埋的两个吊环进行吊装，确认吊勾连接牢固后缓慢起吊。

待预制梁吊装至作业面上 500mm 处略作停顿，根据预制梁安装位置控制线进行安装。就位时要求缓慢放置，严禁快速猛放，以免造成预制梁震折损坏。

预制梁按照弹好的控制线对准安放后，利用撬棍进行微调，就位后采用 U 顶托进行标高调整。

（3）预制梁吊装就位后根据标高及水平位置线进行校正。

（4）预制梁上铁钢筋绑扎，叠合面上铁钢筋验收合格后进行混凝土浇筑。

3. 预制梁验收和检验

参见叠合板的验收和检验。

4.10.9　套筒灌浆施工

1. 套筒灌浆施工工艺操作流程

连接部位检查→灌浆连接→灌浆料检验→灌浆区分仓→灌浆。

2. 主要施工工艺

（1）连接部位检查处理。

1）连接钢筋检查。检验下方结构伸出的连接钢筋位置和长度，应符合设计要求。钢筋位置偏差不得大于±2mm（可用钢筋位置检验模板检测）；长度偏差为 0～15mm。钢筋表面干净，无严重锈蚀，无粘贴物。

2）构件连接面检查。构件水平接缝（灌接缝）基础面干净、无油污等杂物。

高温干燥季节，应对构件与灌浆料接触的表面进行润湿处理，但不得形成积水。填写检查记录表。

（2）分仓与接缝封堵。

1）分仓。采用电动灌浆泵灌浆时，一般单仓长度不超过 1.5m。舱体越大，灌浆阻力越大，灌浆压力越大，灌浆时间越长，对封缝的要求越高，灌浆不满的风险越大。

分仓隔墙宽度应不小于20mm。为防止遮挡套筒孔口，距离连接钢筋外缘应不小于20mm。

2）封堵要求。对构件接缝的外沿应进行封堵，一定保证封堵严密、牢固可靠，否则，压力灌浆时，一旦漏浆处理很难。

3）用密封带封堵。在剪力墙靠保温板的一侧（外侧），封堵可用密封带封堵。密封带采用 30mm 厚度，压扁到接缝高度后还要有一定强度。密封带要不吸水，以防止吸收灌浆料水分而引起收缩。

（3）灌浆料制备。

1）选型。必须采用经过接头型式检验，并在构件厂检验套筒强度时配套的接头专用灌浆材料。JM 配套灌浆料型号是 CGMJM－Ⅵ 泵送型。

严禁使用未经上述检验的灌浆材料。

2）施工准备。准备灌浆料（打开包装袋，检查灌浆料应无受潮结块或其他异常）和清洁水；准备施工器具：① 测温仪；② 电子秤和刻度杯；③ 不锈钢制浆桶、水桶；④ 手提变速搅拌机；⑤ 灌浆枪；⑥ 灌浆泵；⑦ 截锥试膜；⑧ 玻璃板（500×500）；⑨ 钢板尺（或卷尺），以及强度检测；⑩ 三联膜 33 组。采用灌浆泵时应有停电应急措施。

3）制备灌浆料。严格按本批产品出厂检验报告要求的水料比（比如 11%，即为 11% 水＋100g 干料）。用电子秤分别称量灌浆料和水，也可用刻度量杯计量水。

先将水倒入搅拌桶，然后加入约 70% 料，用专用搅拌机搅拌 1～2min 大致均匀后，再将剩余料全加入，搅拌 3～4min 至彻底均匀。

搅拌均匀后，静置 2～3min，使浆内气泡自然排出后再使用。

（4）灌浆料检验。

1）流动度检验。每班灌浆料连接施工前进行灌浆料初始流动度检验，记录有关参数，流动度合格方可使用。

环境温度超过产品使用温度上限（35°）时，需做实际可操作时间检验，保证灌浆施工时间在产品可操作时间内完成。

2）现场强度检验。根据需要进行现场抗压强度检验。制作试件前，浆料也需要静置 2～3min，使浆内气泡自然排出。试块要密封后现场同条件养护。

（5）灌浆。

1）灌浆孔、出浆孔检查。在正式灌浆前，逐个检查各接头的灌浆孔和出浆孔内有无影响浆料流动的杂物，确保孔路畅通。

2）灌浆。用灌浆泵（枪）从接头下方的灌浆孔处向套筒内压力灌浆。

特别注意：正常灌浆料要在自加水搅拌开始 20～30min 内灌完，以尽量保留一定的操作应急时间。

注意：① 同一仓只能在一个灌浆孔灌浆，不能同时选择两个以上孔灌浆；② 同一仓应连续灌浆，不得中途停顿。如果中途停顿，再次灌浆时，应保证已灌入的浆料有足够的流动性后，还需要将已封堵的出浆孔打开，待灌浆料再次流出后，逐个封堵出浆孔。

3）封堵灌浆、排浆孔。巡视构件接缝处有无漏浆。接头灌浆时，待接头上方的排浆孔流出浆料后，使用专用橡胶塞封堵。灌浆泵（枪）口撤离灌浆孔时，也应该立即封堵。

通过水平缝连通腔一次向构件的多个接头灌浆时，应按灌浆料排出先后依次封堵灌浆排浆孔。封堵时灌浆泵（枪）一直保持灌浆压力，直至所有灌浆、排浆孔出浆堵牢后再停止灌浆。如有漏浆，须立即补灌损失的浆料。

在灌浆完成、浆料凝前，应巡视检查已灌浆的接头，如有漏浆，及时处理。

4）接头充盈度检查。灌浆料凝固后，取下灌、排浆孔封堵胶塞，检查孔内凝固的灌浆料上表面应高于排浆孔下缘 5mm 以上。如果灌浆过程中发现不饱满现象，那么就单个灌浆孔进行灌浆,直到饱满为止。

5)灌浆施工记录。灌浆完成后,填写灌浆作业记录表。发现问题的补救处理也要做相应记录。

(6)灌浆后节点施工要求。灌浆后灌浆料同条件试块强度达到35MPa后,方可进入下一道工序施工(扰动)。

通常:① 环境温度在15℃以上,24小时内构件不得受扰动;② 5~15℃,48h内构件不得受扰动;5℃以下,须对构件接头部位加热保持在5℃以上并至少48h,期间构件不得受扰动。

拆支撑要根据后续施工荷载情况而定。

(7)灌浆套筒饱满度检测。

1)传感器布置。

① 应在灌浆前将传感器插入出浆孔中,保证传感器伸入到出浆孔底部或连接钢筋位置,并应采用专用橡胶塞固定传感器。

② 传感器垂直灌浆套筒布置时,应保持传感器测试面与水平面垂直以及专用橡胶塞的排气孔朝上,如图4-52所示。

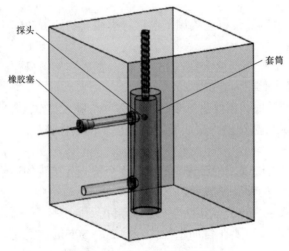

图4-52 传感器布置示意图

2)灌浆饱满性监测。灌浆过程中应按照监测专项方案进行灌浆饱满性监测,并应符合下列规定:

① 监测前应检查检测仪器和传感器工作是否正常。

② 监测前应将工程名称、楼号、楼层、灌浆套筒所在构件编号、监测人员信息录入检测仪。

③ 监测宜在灌浆结束5min后、灌浆料初凝前进行。

④ 灌浆饱满性监测数据应形成存档资料。

⑤ 现浇和预制装配转换层的钢筋套筒应全数监测;其他楼层每个灌浆仓抽样监测的套筒数量不应少于2个,并且每楼层抽样监测的数量不应少于套筒总数的20%。传感器宜布置于灌浆仓两端的钢筋套筒中。

3）对于监测到的不饱满套筒，应及时查明原因进行处理，并应符合下列规定：

① 确认由于渗漏原因造成的不饱满套筒，可对漏浆点封堵后进行补灌；渗漏严重不能进行有效封堵处理的套筒，应停止灌浆，拆除安装构件，重新进行封仓和安装。

② 确认非渗漏原因造成的不饱满套筒，可立即进行补灌。

③ 对补灌过的套筒应进行灌浆饱满性复测。

（8）灌浆冬季施工措施

1）材料准备。

① 低温灌浆料。本工程冬期灌浆施工使用专用低温灌浆料，使用环境为－5℃。专用低温灌浆料性能指标见表 4-2。

表 4-2　　　　　　　　　　　　专用低温灌浆料性能指标

序号	检验项目		单位	技术指标
1	－5℃流动度	初始流动度	mm	≥300
		30min 流动度	mm	≥260
2	－5℃竖向膨胀率	3h	%	≥0.02
		24h 与 3h 差值		0.02-0.5
3	抗压强度	－5℃养护 1d	MPa	≥35
		－5℃养护 3d	MPa	≥60
		－5℃养护 7d 后标准养护 28d	MPa	≥85
4	氯离子含量		%	≤0.03
5	泌水率		%	0

注：试验检测前，灌浆料干粉、试模及灌浆套筒应在（－5±1）℃环境预放置 24h 以上。

特别说明：冬季抗冻型灌浆料检测应满足以下要求：a. 浆体温度：5℃～8℃；b. 模具温度：－5℃；c. 养护温度：－5℃。

② 低温坐浆砂浆。施工后 24h 内环境温度为－15℃～5℃时，可采用低温坐浆砂浆。施工后，采取防风保温措施。专用低温坐浆砂浆性能指标见表 4-3。

表 4-3　　　　　　　　　　　　专用低温坐浆砂浆性能指标

序号	项目名称	技术要求	
1	砂浆扩展度/mm	130～170	
2	抗压强度/MPa	4h	≥20
		1d	≥40
		－5℃养护 7d 后标准养护 28d	≥65

注：实验室检测时，浆体温度为 5～7℃，24h 内的养护温度为（－5±1）℃。试验前，试模在养护温度下预放置 12h 以上。

2）施工准备。

① 施工区域封闭。根据产业化住宅主体预留的门窗洞口尺寸加工保温门窗并编号，方便安装。安装门窗后，如有封闭不严，用泡沫胶封闭缝隙；混凝土顶板浇筑完毕立即用保温被覆盖，整个灌浆施工区域通过预制外墙自带保温板、保温门窗和顶部保温棉被

覆盖形成封闭的保温空间。

② 施工区域加热。用热风机对工作区域加热，确保封闭环境温度 5℃以上。灌浆施工前，每 30min 测温一次，连续三次温度稳定在 5℃以上，方可组织灌浆作业；灌浆过程及灌浆后，每 2h 测温一次，至强度达到 35MPa 后，可停止测温。

③ 工作区域加热。用风炮对灌浆仓位和套筒加热，热风炮、热风输送管道、灌浆仓、灌浆套筒、热风收集管道形成闭合回路；对灌浆仓位循环加热，确保灌浆前灌浆套筒及灌浆仓内的温度不小于 5℃。热风由灌浆套筒顶部吹入，由灌浆仓底部 20mm 缝隙被回吸，从而实现循环加热灌浆仓位。灌浆前，每 30min 测温一次，连续三次温度稳定在 5℃以上，方可组织灌浆作业；灌浆时，撤销风炮加热。

④ 施工机具及材料加热保温。

a. 搅拌机保温。用泡沫棉包裹机身并封口。

b. 灌浆罐保温。用泡沫棉包裹机身及顶盖。

c. 注浆管路保温。用伴热管将管路包裹，使得灌浆料在灌浆管路内被预热，保证灌浆入套筒温度不低于 10℃，延长灌浆料的工作时间。

d. 热水供应。20L 不锈钢桶，用电加热带包裹，水温不小于 40℃且不大于 60℃，外围用泡沫棉包裹，顶部有加水阀门，底部连接一个只能存 6kg 的容器，容器用带保温和阀门的塑料管直接对搅拌机加水，如图 4-53 所示。

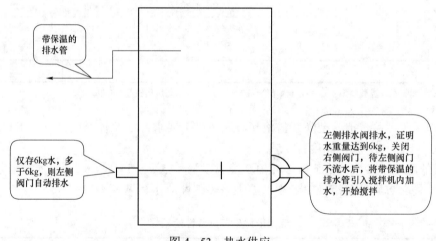

图 4-53 热水供应

e. 材料加热保温措施。由于施工过程中按照比例为 100kg 砂浆：12kg 水搅拌浆体，因此，仅通过提高水温方法很难确保灌浆材料初始温度能够达到预期温度。材料需要提前预热。预热方法：在封闭的库房内搭设架子，灌浆材料在架子上单层摆放，库房内有持续热源。所有材料必须放置 48h 以上，方可作为灌浆使用。

f. 材料运输至现场保温措施。每次倒运材料量刚好够一个工作日使用为宜，采用可封闭的吊运设备倒运（1m³ 大小的铁盒子即可），用加热带包裹，外部用保温棉包裹。

3）灌浆料搅拌。严格按照规定配合比及拌和工艺拌制灌浆材料。目前使用灌浆材料的用水量为：干料质量×0.13＝50kg×0.13＝6.5kg，即 2 袋灌浆料加入 6.5kg 热水。自加水开始计时，搅拌时间 10min。浆体须静置消泡后方可使用，静置时间 2min。浆体随用随搅拌，搅拌完成的浆体必须在 30min 内用完。

4）套筒灌浆。

① 灌浆仓位预热工艺试验。灌浆仓预热需要做工艺试验，确保停止预热后套筒及与灌浆仓接触部位的混凝土也得到充分预热。具体操作方法如下：

a. 先将所有预热管与套筒排浆孔连接，每次只打开一个预热管，通过套筒灌浆孔是否有气体排出，判断管路是否通畅，如果不通畅，则进行处理。

b. 将测温探头插入套筒灌浆孔并深入套筒内，启动预热设备。

c. 预热一定时间后停止预热，用冷风将灌浆仓热风吹出，用橡胶塞封闭所有孔洞。

d. 测灌浆仓内套筒、20mm 缝隙部位温度。随着测温探头在灌浆仓内放置时间的增加，所有测温部位温度升高，证明混凝土已经被预热。读取最终恒定的温度即作为灌浆仓的温度，从而确定灌浆仓位的预热时间。

② 灌浆仓位预热。按照灌浆仓位预热工艺试验中步骤 a、步骤 b 进行，预热时间为工艺试验得出的时间。

③ 灌浆施工。按照常温施工时灌浆施工方案进行。灌浆施工过程中和完成后，对套筒及连通腔测温，每小时读取一次，确保温度稳定不小于 5℃，局部温降过快且小于 0℃ 时，采用热风炮局部补温。

④ 拆除保温措施。同条件试块强度达到 35MPa 后，即可停止热风机加热，并随同门窗封闭材料和灌浆保温设备转移至上层结构。

4.10.10　现浇节点施工

1. 现浇节点钢筋绑扎

预制板预留钢筋为封闭箍筋，绑扎前在预制板上用粉笔标定暗柱箍筋的位置，预先把箍筋交叉放置就位。

墙体钢筋绑扎时，严格控制钢筋绑扎质量，保证暗柱钢筋与预制墙体甩出筋、箍筋绑扎固定，形成一体。

墙体钢筋绑扎前，先对预留竖筋位置校正，校正之后再绑扎上部竖筋；水平筋绑扎时，形成一条水平线。墙体的水平和竖向钢筋错开搭接，钢筋的相交点需全部绑牢。墙体竖向钢筋搭接区域内箍筋需加密。

墙体钢筋横向控制措施法：在墙体上方设置一道水平梯子定位筋，该梯子筋位于顶板上皮 300mm；这样还可以保证绑扎板筋及浇筑板混凝土时，墙筋根部不偏位。

2. 现浇墙体支模

墙体模板采用木模板，安装模板前将墙体内杂物清扫，在模板下口抹砂浆找平层，解决因地面不平造成的混凝土浇筑时漏浆的问题；安装模板是利用顶模筋进行定位，模板预制墙板接缝部位使用海绵条密封。

两块预制墙板之间一字形现浇节点，采用内侧单侧支模，外侧利用两侧墙板外页板做模板。一字形节点模板支设如图 4-54 所示。

两块预制墙板之间 T 形现浇节点，现浇节点内侧采用定型模板，固定采用模板加固栓。T 形现浇节点模板支设如图 4-55 所示。

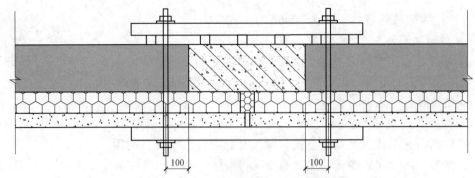

图4-54 一字形现浇节点示意图

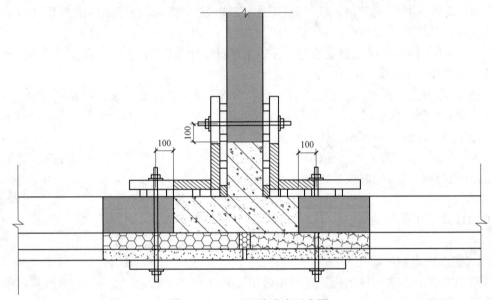

图4-55 T形现浇节点示意图

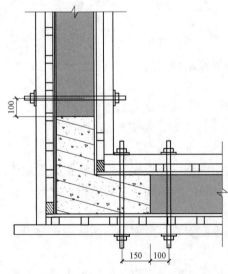

图4-56 L形现浇节点示意图

两块预制板之间采用L形现浇节点，现浇节点内侧采用定型钢制模板，固定采用模板加固栓。L形现浇节点模板支设如图4-56所示。

两块预制墙板之间异形现浇节点，现浇节点内侧采用定型钢制模板，固定采用模板加固栓。异形现浇节点模板支设如图4-57所示。

3. 现浇楼板施工

现浇楼板部分采用传统施工工艺和方法，即楼板模板采用木模板，楼板支撑体系采用满堂红碗扣架。

现浇楼板木模板及支撑架设计参数为：主龙骨100mm×100mm木方，间距按螺栓预留孔布置；次龙骨100mm×50mm木方，间距不大于250mm；模板为多层板，厚度15mm，碗扣件架

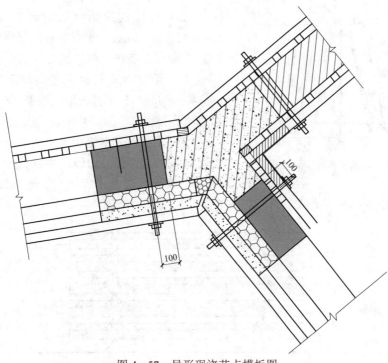

图 4-57 异形现浇节点模板图

立杆间距为 1200mm×1200mm。扫地杆距地 200mm，水平杆步距 1200mm，自由端不大于 200mm。

4.11 运输中的成品保护

（1）为防止运输过程中因颠簸和倾斜造成构件位移，装车后必须进行捆扎紧固。每车配备倒链 8 只、包角 8 只，用钢丝绳打围，包角垫在钢丝绳与构件的结合部位，保护构件不受损伤。构件与车体之间用硬木支垫，构件底面与硬木之间铺垫塑料布，防止污损。倒链紧固，将构件与车板紧固为一体。运输过程中，驾驶员和助手要经常停车检查倒链的松紧度，发现松动应及时紧固。

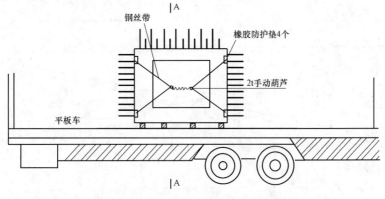

图 4-58 预制构件运输过程示意图

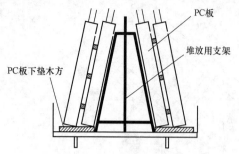

图 4-59 预制构件运输示意图

（2）外墙板运输及现场码放方木垫块为 15cm×15cm×30cm，支点中心位置为吊钉的投影位置，必须支垫在内页墙板处，禁止支垫在外页墙板处。墙板运输两块板之间顶部使用 8cm×8cm×30cm L 形垫木挂在墙板顶部。支靠部位均为吊点垂直投影部位，卸车吊装采用 5t 鸭嘴扣。

（3）叠合板方木垫块为 8cm×8cm×25cm，支垫位置为紧邻吊点内侧，并且保证上下对齐，现场码放最底层垫木使用 10cm×10cm×300cm 的方木，与板纵向垂直码放，每跺码放 6 层。吊装采用吊钩。

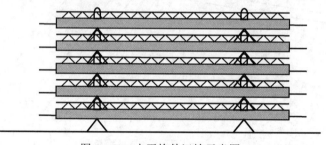

图 4-60 水平构件运输示意图

（4）楼梯垫木使用 8cm×8cm×50cm，必须垫放两步支点。每跺不超过 3 块，最下面一根垫木通长，层与层之间应垫平、垫实，各层垫木在一条垂直线上，支点为吊装点位置。吊装采用专用吊具，2.5t 鸭嘴吊件起吊。

4.12 存放成品保护

4.12.1 预制墙体插放架体

预制墙体插放架体如图 4-61 和图 4-62 所示。

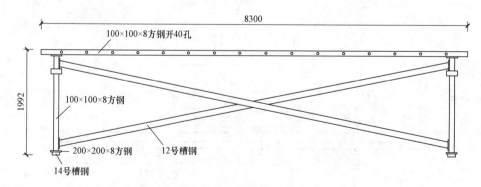

图 4-61 墙体插放架正立面图

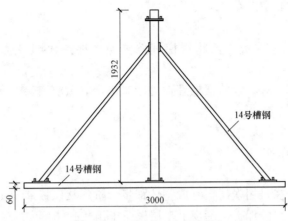

图 4 – 62　墙体插放架侧面图

4.12.2　预制构件码放架体

预制构件码放架体如图 4 – 63 所示。

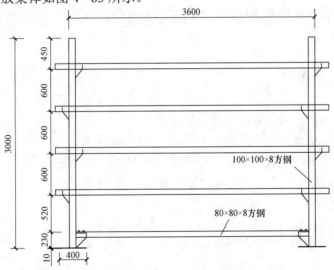

图 4 – 63　楼板码放架正立面图

4.12.3　构件吊装要求

预制构件吊装时，起吊、回转、就位与调整各阶段应有可靠的操作与防护措施，以防预制构件发生碰撞扭转与变形。预制楼梯起吊、运输、码放和翻身必须注意平衡，轻起轻放，防止碰撞，保护好楼梯阴阳角。

4.12.4 楼梯处预埋件保护

（1）在浇筑楼梯间地板之前将楼梯埋件参照楼梯深化图中楼梯上埋件位置定位准确。

（2）在吊装预制楼梯之前将楼梯埋件处砂浆灰土等杂质清除干净，与预制楼梯处埋件焊接。

4.12.5 预制楼梯保护

在吊装前预制楼梯采用多层板钉成整体踏步台阶形状保护踏步面不被损坏，并且将楼梯两侧用多层板固定做保护，踏步上多层板留出吊装孔洞以便吊装时使用。

4.12.6 预制空调板、阳台及顶板叠合板保护

（1）预制阳台及顶板叠合板进场后堆放整齐。

（2）吊装预制空调板、阳台叠合板之前采用橡塑材料成品护阳角。

（3）预制阳台及顶板叠合板在施工吊装时不得野蛮施工，不得踩踏板上钢筋，避免其偏位。

4.12.7 预制墙的保护

（1）预制墙进场后应整齐摆放在指定位置上。

（2）预制墙与承台接触部位垫以 100mm×100mm 木方。

（3）支架与预制墙接触面应套上塑料布以保护预制墙的侧面不受污染。

（4）预留插孔部位堆放时不得受力以免破坏，也不得阻塞，以免与预制梁无法连接。

4.13 塔吊附着技术

装配式建筑由预制构件组成，包括墙板、叠合板、阳台板、空调板、隔墙板、踏步板等不同的构件。构件自身的重量决定了塔吊的选型。同时，装配式结构受到结构本身的限制，不能在墙体进行附着。

4.13.1 塔吊选型及附着

影响塔吊选型的主要因数是预制构件的重量、预制构件的吊装位置、施工过程中塔吊的吊次以及周围环境等。装配式结构塔吊选型应包括表 4-4 的内容。

表 4－4　　　　　　　　　　　　　装配式结构塔吊选型

楼号	塔吊编号	塔吊型号	臂长（m）	楼端起吊重量（t）
	（层/第　节）			第一道锚固
	（层/第　节）			第二道锚固
	（层/第　节）			第三道锚固
	（层/第　节）			第四道锚固
	（层/第　节）			第五道锚固

4.13.2　塔吊锚固的计算

根据方案可得立柱受力简图，如图 4－64 所示。

根据前面计算，选取最不利情况进行计算：

F_n 为 T_1 和 T_2 的合力：

$$X 方向轴力 \ F_{nx}=586.16kN$$

$$Y 方向轴力 \ F_{ny}=663.57kN$$

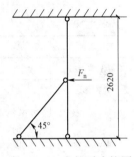

图 4－64　立柱受力简图

由于轴力作用在斜杆支撑点，因此仅需计算杆件轴力即可。

X 方向斜向杆件受力（按 45° 布置）：

$$N_1=F_{nx}/\cos45°=828.83kN$$

Y 方向斜向杆件受力（按 45° 布置）：

$$N_2=F_{ny}/\cos45°=938.29kN$$

竖向杆件受力：

$$N_3=F_{nx}/\cos45°+F_{ny}/\cos45°=1767.12kN$$

斜杆截面为 □200×8（Q235B），选取最不利情况（Y 向受压）进行验算：

$$\sigma=N/\varphi A_n \leqslant f$$

杆件最大压应力为 $\sigma=159.41N/mm^2$，小于杆件允许最大压应力 $215N/mm^2$，截面满足要求。

竖向杆件截面为 HW300×300（Q235B），按受压进行验算：

$$\sigma=N/\varphi A_n \leqslant f$$

杆件最大压应力为 $\sigma=131.16N/mm^2$，小于杆件允许最大压应力 $215N/mm^2$，截面满足要求。

埋件锚栓进行抗剪验算：

锚栓采用 M32mm 普通螺栓。单根普通螺栓的抗剪承载力为：

$$V=f_v A_n=112.54kN$$

仅考虑杆件下部锚栓抗剪：

$$V_{总}=14V=1575.56kN$$

最不利情况下产生的剪力为1251.94kN<$V_总$，因此本方案锚栓布置满足要求。

混凝土楼板面内抗剪无须计算，因此仅需对埋件位置处混凝土楼板进行抗压验算。

混凝土假定为C25，其抗压强度设计值为$f_{ck}=16.7N/mm^2$，竖向构件产生的最大压力为938.29kN。

竖向构件与混凝土楼板接触面积为550mm×550mm，因此计算所得混凝土能承受的压力为：

$$F_n=f_{ck}A_n=5051.75kN>938.29kN$$

因此，局部混凝土楼板抗压能力满足要求。

注意：整个锚固型钢柱质量为538kg。

4.13.3 塔吊锚固（室内钢结构立柱）验收单

塔吊锚固验收单见表4-5。

表4-5 塔吊锚固（室内钢结构立柱）验收单

工程名称：		验收时间：
施工地点：	北京市×××	
验收部位	××层塔吊附着架体	
验收内容	1. 钢立柱及支撑柱安装位置是否符合设计要求。 2. 钢垫板的截面尺寸、厚度、螺栓直径是否符合要求。 3. 固定板上双螺母安装是否符合要求。 4. 焊缝质量是否符合规定要求。 5. 外伸梁及耳板焊接是否符合要求	
验收结论	按照验收内容检查完毕，符合图纸及设计要求，材质单等物资齐全。同意使用	
验收负责人签字	监理单位 / 施工单位 / 塔吊安装单位 / 塔吊产权单位	

4.14 爬架的附着技术

4.14.1 附着支座的安装

1. 通用附着方式（支座）

（1）按照图纸确定的附着支座的预埋点位置在结构上预留孔洞，预埋材料选用$\phi50$的PVC管。

（2）预埋管必须与结构钢筋绑扎牢固，长度必须与相应位置的厚度一致。

（3）预留孔洞的中心偏差为30mm，如果预留孔洞的中心偏差超出上述要求时，要在结构上重新打孔，不得使用错位孔对附墙支座进行强行安装。

（4）支座附着在预制剪力墙结构上，支座安装所需的预留孔在预制板浇筑时，按照机位定点尺寸预留。

（5）在预制剪力墙结构上安装之前，应在支座底盘上添加钢板，钢板尺寸如图 4-65 所示。

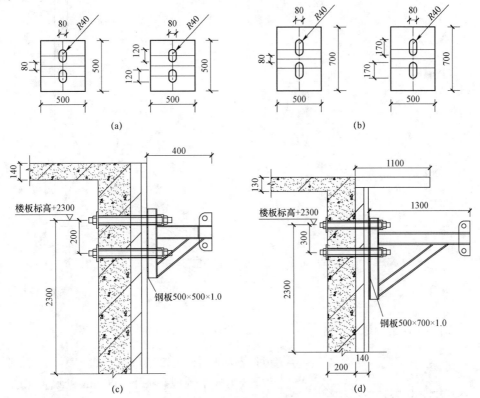

图 4-65　钢板尺寸图

（a）400 支座、1500 钢梁垫板尺寸图；（b）1300 支座垫板尺寸图；
（c）400 支座安装尺寸图；（d）1300 支座安装尺寸图

2. 板式钢梁附着方式

（1）在距梁的内檐 15cm 的位置预留第一个预留孔，然后距离第一个预留孔 50cm 的位置预留第二个预留孔，由于楼板为叠合板（60cm 预制板+70cm 现浇层），所以预制板在制作过程中需在相应位置预留 50mm 的 PVC 管，PVC 管的长度与楼板的厚度一致。在预制板预制过程中，应对预留孔位置采取补强钢筋措施，对预留孔周围进行加强。

在结构梁上预留的三个预留孔，距离结构楼板往下 15cm 的位置。

（2）板式钢梁在安装过程中需在预埋螺栓两侧增加垫块，如图 4-66 和图 4-67 所示。

3. 钢梁附着方式

在墙体上安装钢梁组件，将导轮套入导轨，安装穿墙螺栓，要求如下：

（1）在预制剪力墙结构上，根据支座安装所需的预留孔，在预制板浇筑时，按照机位定点尺寸在相应位置预留 50mm 的 PVC 管。PVC 管的长度与楼板的厚度一致。钢梁预

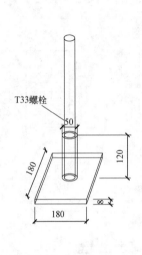

图 4-66　预埋螺栓示意图

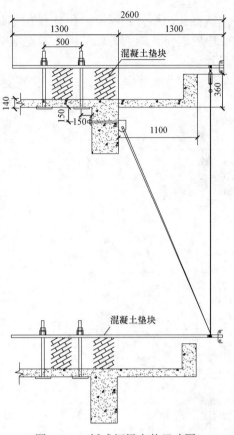

图 4-67　板式钢梁安装尺寸图

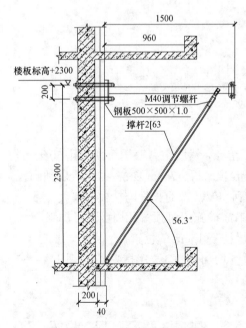

图 4-68　1500 钢梁安装尺寸图

埋应从地面往上 2300mm 处设置第一个预埋孔，再从第一个预埋孔往下 200mm 处设置第二个预埋孔。

（2）钢梁要与导轨对中，连墙挂板与建筑物墙面贴实，不得有抬头或低头现象。钢梁水平度和垂直度均不大于 20mm。

（3）钢梁安装时应在支座底盘上添加钢板，钢板尺寸为 100mm×100mm×10mm，每个钢梁安装 2 根穿墙螺栓（T33×800mm），两端螺母拧紧后，露出 3 个螺纹以上。穿墙螺栓与附着支座一端使用垫块（63mm×260mm），垫块焊口朝向结构主体，墙体内侧使用垫板（100mm×100mm×10mm）。然后安装钢梁斜撑，钢梁斜撑跟脚抵实，底部增设 100mm×100mm×230mm 的等边角铁作为护角。钢梁安装尺寸图如图 4-68 所示。

4.14.2　塔吊处架体设计

本工程塔吊位置处架体设计如图 4-69 所示。

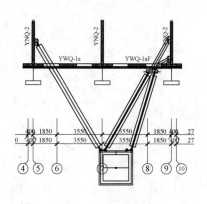

1 号塔吊位置处架体设计

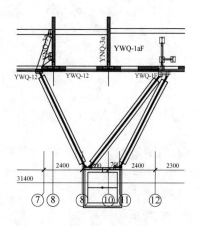

2 号塔吊位置处架体设计

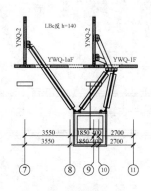

3 号塔吊位置处架体设计

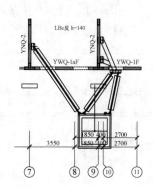

4 号塔吊位置处架体设计

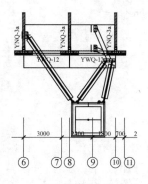

5 号塔吊位置处架体设计

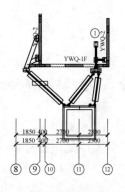

6 号塔吊位置处架体设计

图 4-69　塔吊设置位置（一）

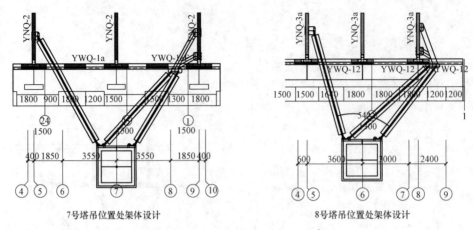

7号塔吊位置处架体设计　　　　8号塔吊位置处架体设计

图4-69　塔吊设置位置（二）

架体在设计时，已保证架体立杆和主框架避开塔吊附臂，确保架体在提升过程中不和塔吊附臂产生碰撞。附架体在升降时，当架体的大横杆将要碰到塔吊附臂时，对架体采用在附臂上面先加大横杆，后拆除附臂下面大横杆的办法让开塔吊附臂，架体通过后要立即恢复所拆掉的架体杆件。如图4-70所示，如果塔吊一侧附臂穿过架体两跨时，应在附臂左右两侧能在准确的避让位置处加设一组立杆与整个架体连接，连接钢管必须通过附臂一侧的两根立杆，以保证架体的结构强度。架体提升到位后，必须马上恢复升降洞口，并连接好加固斜杆，同时将密目网防护回复到位。

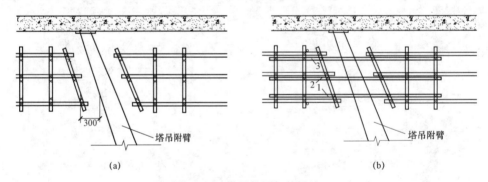

（a）　　　　　　　　　　（b）

图4-70　塔吊位置架体设计
（a）架体提升前；（b）架体提升到位后
1，2，3—大横杆

4.14.3　分段口处特殊部位处理

1. 分段口处处理

两片架体断口处设在每步的0.6m和1.2m高度处，需设置防护栏杆，防护栏杆及小横杆距建筑物一端要小于200mm，断片处须张挂密目网进行封闭，如图4-71所示。

使用状态的两片架体之间用小横杆临时连接。架体提升前，解除安全立网、连接小横杆，翻板翻起并固定；架体提升到位后，及时恢复。根据现场施工顺序依次提升，以满足防护要求。提升后断片处状态如图 4-72 所示。

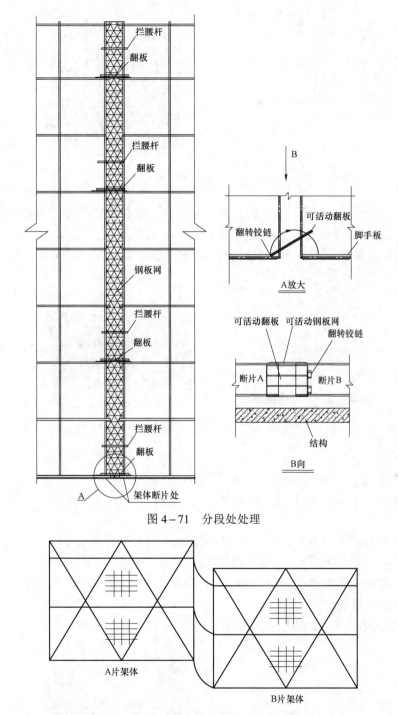

图 4-71　分段处处理

图 4-72　提升后断片处状态

2. 架体特殊部位的连接

（1）架体转角处处理。架体转角处搭设如图 4-73 所示。

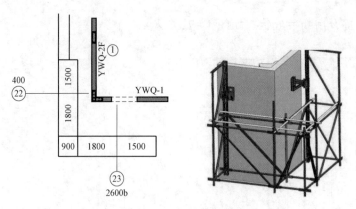

图4-73 架体转角处搭设

底部桁架搭设时，转角位置采用定性杆件连接，在转角处两个外立面上都安装有角铁，此处的1.8m位置扫地杆成"井"字搭设。

（2）架体拐角非标跨处理。架体转角非标跨处搭设如图4-74所示。

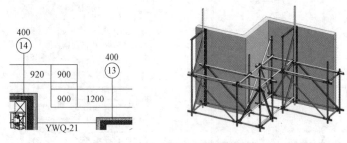

图4-74 架体转角非标跨处搭设

技术要求：

1）非标跨长度小于900mm时，无需加斜杆。

2）扫地杆与主框架加强立杆连接，搭设在大横杆上，用扣件连接，其他位置都与立杆连接。

3）横杆安装在立杆内侧，一端顶住导轨内侧且与扫地杆用扣件连接，其他部位与立杆用扣件连接，并且和加强立杆不应在同侧。

4）在底部桁架内排要加一根加强立杆，要求与所有立杆和横杆用扣件连接。

3. 桁架穿插搭接

桁架穿插搭接处搭设如图4-75所示。

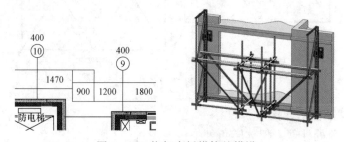

图4-75 桁架穿插搭接处搭设

技术要求：

1）立杆前后、左右、高低错开，如遇到同时使用多个高差时，先保证外排立杆高低错开。立杆同高一侧选用一米长钢管在接头处做搭接处理，上、下各上 2 个扣件。

2）桁架斜杆开口朝下，内、外排桁架斜杆必须安装在桁架横杆外侧

3）架体吊装顺序，从一侧拐角向另一侧拐角放置，遇到图这种情况时，架体应以搭接处立杆在一条直线为准对齐，向另一侧依次放置。

4. 半宽处理（见图 4-76）

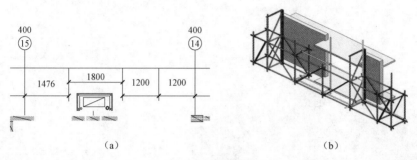

图 4-76　半宽处理

（1）半宽内侧横杆距离建筑物外沿 300mm。

（2）在桁架底部单排两端和单排立杆处加扣小横杆，连接大横杆全部扣在小横杆上，半宽立杆对应内侧必须独立加立杆，在桁架上部立杆处小横杆必须加扣在桁架大横杆上。

（3）如单排在主框架一侧，需在主框架另一侧内排底部加一根扫地杆，该扫地杆与主框架加强立杆连接，并且搭在小横杆上方，用扣件连接。

（4）半宽处底部密封木方龙骨绑扎在大横杆上方。

5. 架体防护位置过大的处理方法

由于建筑物主体结构的原因，在某些位置架体离墙尺寸过远，达不到防护要求（见图 4-77），需从架体底部悬挑钢管以达到防护要求。

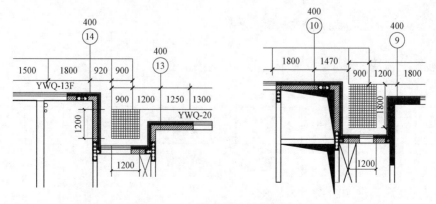

图 4-77　架体离墙防护位置过大

架体搭设方法如图 4-78 所示。

（1）在桁架底部搭设悬挑钢管，悬挑钢管内侧离墙距离 10～15cm，外侧与桁架斜杆平齐，与所经过的所有立杆或桁架横杆用扣件连接。

（2）在悬挑钢管的悬挑端加一小横杆，小横杆应安装在悬挑钢管的下方。

（3）当悬挑钢管的悬挑长度大于 600mm 时，应在立杆处搭设斜拉钢管。

（4）操作层的处理方法与底部密封层的做法一致，就是将斜拉钢管改为斜顶钢管。

（5）悬挑位置要全部铺设木跳板。

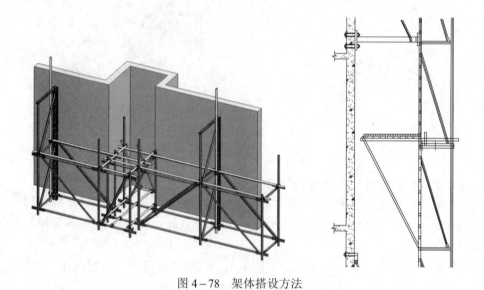

图 4-78　架体搭设方法

4.15　外檐施工技术

4.15.1　施工工艺流程及施胶注意事项

打胶工艺流程如图 4-79 所示。

图 4-79　打胶工艺流程图（一）

施胶的注意事项如图 4-80 所示。

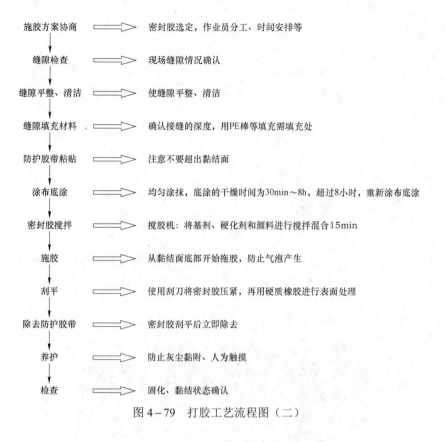

图 4-79　打胶工艺流程图（二）

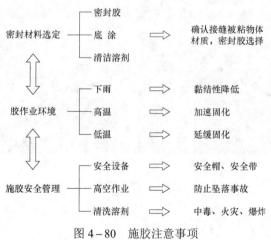

图 4-80　施胶注意事项

4.15.2　密封胶的施工步骤及施工过程的检查

1. 材料的收入及保管

（1）温度：5～35℃；湿度：40%～80%RH；放置在无阳光直射及雨水渗入的地方。

（2）禁止将底涂靠近有火源的地方进行保管。

（3）收入时，应确认纸箱上的批号并记录下来。

（4）使用时，应对罐上标注的批号进行确认并记录下来。

2. 施工道具的确认

（1）涂布枪：密封胶施工时使用。

（2）刮刀：用于去除搅拌时附和在搅拌机内的胶体，将罐底残留的密封胶填充进涂布枪内。

（3）平整刮刀：根据接缝形状而区别使用。另外，可以根据接缝的形状用小刀对前端进行加工。

（4）混合装置：适用于双组分的密封胶。

3. 被着面的清理

（1）去除接缝部位的异物如果有出现碎片及蜂窝板的情况，要及时修补。

（2）接缝修补后，再用毛刷进行清理。

（3）最后用底涂溶剂进行擦拭，待底涂溶剂未干燥时进行施工。底涂溶剂的使用会让密封胶的黏结性能大大加强，有效时间为 8h，超过 8h，必须重新涂刷底涂溶剂。

被着面的清理流程如图 4-81 所示。

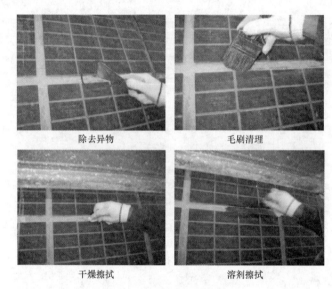

图 4-81　被着面的清理图示

4. 美纹纸的使用

（1）部件的角落处也要粘贴上。

（2）要确认美纹纸的粘贴状态是否有问题，如果有浮起的话，材料就会渗透到美纹纸的内侧。

（3）美纹纸的粘贴不能间断，边缘部位曲线粘贴，为了不妨碍作业的进行，撕下时应一口气一次性撕下。

（4）十字部位应用力折叠，使其出现一个角状。

美纹纸的使用流程如图 4-82 所示。

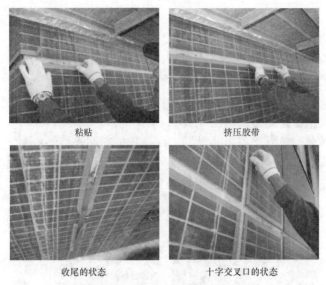

粘贴　　　　　　　　　　挤压胶带

收尾的状态　　　　　　　十字交叉口的状态

图 4－82　美纹纸的使用流程

4.15.3　密封胶的混合搅拌

（1）将硬化剂与色包干净、整洁地挤出后，倒入基剂罐中。

（2）将搅拌机定时，时间设置为 15min。

（3）刮下搅拌釜上的材料。注：搅拌釜上有残料的情况下绝对不能与其他材料进行混合。

密封胶的混合搅拌流程如图 4－83 所示。

硬化剂、色包　　　　　　混合搅拌

搅拌釜的升降　　　　　　搅拌釜上材料的擦拭

图 4－83　密封胶的混合搅拌

4.15.4 橡胶枪内的填充

（1）压低枪把，卸下枪嘴。

（2）在吸附胶的时候，枪要保持垂直，以防止空气的渗入。枪在上下移动时不能脱离胶体表面，以确保将里面的空气全部去除。

（3）在休息或有一段时间不用的时候，保证枪的前端不接触地面。

（4）因为包括像枪这样的道具都有坠落的危险，所以不能将其放在脚手架上。

橡胶枪的填充流程如图4-84所示。

| 降低枪的把手 | 向上吸 |
| 枪的放置方法
（正确） | 枪的放置方法
（错误） |

图4-84 橡胶枪内的填充

4.15.5 接缝填充及刮刀平整（见图4-85）

（1）填充量不宜过多，也不宜过少，但应比接缝厚度高出几毫米，一直填充到接缝底部。

（2）填充构件接缝下方的时候，应从下往上填充。

（3）平整作业就是要保证材料的填充充分。万一有材料不足的情况，就要再次填充，以确保填充充分。

（4）平整工具要根据接缝的形状及作业的外观来进行区分使用。注：硬质的海绵材质平整工具可以用小刀割出想要的形状。

接缝填充及刮刀平整如图4-85所示。

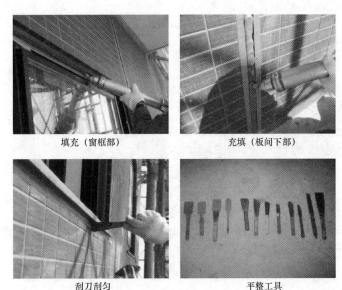

填充（窗框部）　　充填（板间下部）

刮刀刮匀　　平整工具

图 4-85　接缝填充及刮刀平整图示

4.15.6　防护胶带的去除

（1）朝一个方向，一边拉扯胶带，一边将其缠在刮刀上去除。

（2）上部的情况也一样，养护的时候要确保胶带是没有断裂的，这样就可以站在脚手架上进行去除工作。

（3）密封胶会少量地附着在胶带上，所以为了保持外观的整洁，撕扯的时候一定要十分注意。

防护胶带的去除如图 4-86 所示。

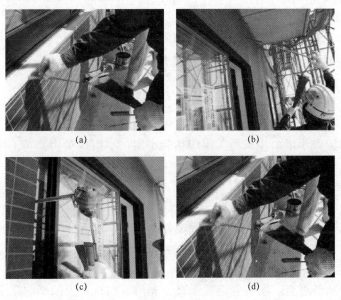

(a)　　(b)

(c)　　(d)

图 4-86　防护胶带的去除

4.15.7 施工过程中的检查

胶缝清理完成后，由监理单位检查，确认缝隙内无杂物，检验合格后方可进行打胶施工。

4.15.8 夹心外墙板的修补

（1）施工人员进场后，应根据项目部要求及技术交底，对现场的夹心复合外墙板进行修补，修补材料采用粘贴砂浆，夹心外墙板缺角部分修补顺直。

（2）夹心复合外墙板板缝清理，对现场板缝残留的水泥砂浆进行剔凿清理。

（3）修补位置打磨处理。

（4）板缝边缘粘贴美纹纸，刷底漆、施打胶、刮平、撕掉美纹纸。

4.15.9 安装排水管

每四层需要在十字交叉处安装排水管，排水管以30%斜度用胶固定安装，以确保板缝内的雨水可顺利排出，避免雨水对胶缝内的腐蚀及渗透，如图 4-87 所示。

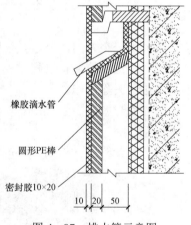

图 4-87 排水管示意图

4.15.10 交验

施工完毕后拟安排工程的竣工验收，验收分两个步骤进行。

1. 验收准备工作

（1）工程部制定一套完善的完工项目的初验计划。

（2）资料准备。包括单位工程竣工报告、材料保证文件、原材料及产品的合格证、试验报告、施工过程中的质量记录、竣工图、设计图纸、技术交底资料、开工报告及开工施工许可证等。

（3）成立初验收小组。由工程部组织初验小组，小组成员由公司工程部经理、技术部经理、项目经理及相关技术人员等组成。

2. 检验依据

（1）国内外相关规范及行业标准。

（2）设计图纸、施工说明及技术交底文件。

（3）本企业标准及业主、监理等相关方的质量要求文件。

3. 检验内容

（1）胶缝。从外观查，所有胶缝需平直、光滑、顺直；胶的平均厚度为 1cm，负差不超过 2mm；用手或器具挤压胶，不会开裂，不会与构件剥离。

（2）清水混凝土涂装：构件表面颜色一致，无明显色差；保护剂涂层经过淋水测试，不渗水。

（3）质监站、业主等举行的竣工验收。

验收通过后，将验收结果、验收资料等相关文件呈交业主、监理等相关方，竣工验收计划及步骤将遵照业主、监理等的程序进行。施工方予以积极配合。不合格部位同样进行整改，直至达至优质，方可通过。

4.15.11　清水混凝土的主要施工方法

清水混凝土涂装保护施工流程：基底处理→打磨处理→颜色调整→底涂→面涂。

（1）用角磨机打磨（必须打磨的情况下）。比较影响目视效果的部位，严重缺陷以及明显超差部位需要先用角磨机打磨平整，再用抗裂砂浆整体刮平处理，最后进行修补。

（2）对构件面层破损比较集中的地方不得已进行补修时，修补用材料采用修补腻子，其颜色应与混凝土表面颜色尽可能一致；如果难以达到一致，其颜色应比混凝土表面颜色稍浅。

（3）混凝土构件表面直径大于 5mm 以上的孔洞和宽度大于 0.3mm 以上的裂缝需充填修补，并且修补越平越好。根据多年的经验以及清水专业的共识，通常采取距墙面 5m 远处观察，以肉眼看不到缺陷为衡量标准。

（4）由于用砂轮机打磨的地方，涂装后颜色与周围不同，因此，尽量不要用砂轮机磨，而用錾刀铲平。

（5）确实需要砂轮机磨平的，打磨后的部位需要用调配的外墙柔性腻子抹平填充，同时立即刮掉多余的腻子。

（6）一般瑕疵不做修补。对于原墙面污染等明显的缺陷处，应做适当修补，修补后应无特别明显的色差。

（7）整体上要求面层基本平整，颜色自然，阴阳角的棱角整齐平直。对混凝土构件表面油迹、锈斑、明显裂缝、流淌及冲刷污染痕迹等明显缺陷需进行处理；明显的蜂窝、麻面和孔洞需要处理。

（8）所有修补工艺应尽量保持混凝土的原貌，无明显处理痕迹.

4.15.12　打磨处理及检查

（1）对所有构件的表面都需要用砂布进行精细打磨，打磨必须彻底，要打出混凝土原始的基底光泽，并显露出来。

（2）对修补过多的部位打磨更要精细、平整。若由于打磨出现腻子脱落现象，则需要重新调配多加胶的腻子进行修补、打磨，直至完成。

（3）打磨完成自检，由总承包单位和监理单位检验合格，确认面层无油迹、无锈斑、无冲刷污染痕迹及明显缺陷后进行涂装。

4.15.13　颜色调整

（1）指派专人调整颜色，第一次调整的时候尽量做到调整面积较大一些，为下次颜色调整做参照。

（2）色差调整剂的使用必须谨慎，必须先调整修补过多的部位以及色差严重区域，然后整体用手做出混凝土水化反应的纹理出来，大致一致后才能进行整体调整。

（3）色差调整剂一定要清晰、透彻。对于严重部位，允许保留一部分颜色不一致的情况，避免因为局部而影响整体。

（4）调整完毕后，须用砂纸背面把细小的颗粒打磨掉，这样便于墙体吸收以及更加均匀。

4.15.14　涂装

（1）底涂：2 遍，采用滚涂方式，滚涂均匀，不得有漏涂。间歇时间：墙体调整颜色后 2～3h。

（2）面涂：2 遍，采用滚涂方式，滚涂均匀，不得有漏涂。间歇时间：底涂完毕后 1.5～2h。

4.16　装配式建筑的穿插施工

装配式结构有其自身特点，当结构施工至 14 层时，完成 10 层以下的结构验收。同时外用电梯安装完成，开始插入二次结构及装修施工。

1. 规律（见图 4-88）

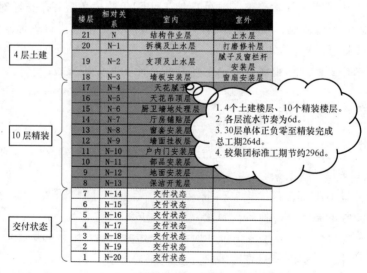

图 4-88　规律

2. 施工进度保证措施

（1）健全组织机构，实施项目法管理。施工现场成立项目经理部指挥施工生产，强化项目经理部责任，抓好施工中的统筹、协调和控制工作。把做好工序衔接和抓好各关键工序的进展作为施工管理的中心。

（2）配备充足的施工资源。积极进行施工所需的各种资源的调配及准备，以充足的资源按时进场、按期开工。加快资源调配，确保项目经理部的施工人员早日到岗，机械设备按期进场，临时设施以最快速度建成。施工期间采取切实措施，保证材料、设备及时到位，避免停工待料。根据材料计划提前定货，确保及时到货。

（3）加强技术管理。由于本工程涉及专业多，在施工中，要确定合理的施工工序，组织好工序的穿插搭接施工，充分利用施工作业面，加快施工进度，缩短有效工期，并落实"三检制"和岗位质量责任制，保证工序质量的一次成活，杜绝返工。

（4）运用计算机进行管理，实行工期动态管理。编制切实可行的网络计划。以总进度计划为依据，并且将之分解为"年、月、旬、周"施工进度计划组织施工。同时，根据施工完成情况，及时对网络计划进行修正，采取有效措施调整工序，做到"以日保周，以周保旬，以旬保月"，动态管理各项工程，确保网络计划的实现。

实施里程碑管理，对业主的工期里程碑要求进行重点管理，确保按要求完成。积极做好节假日期间的工作安排，力保节假日期间施工能正常进行。

3. 人员保证措施

建立穿插施工的人员保障体系：确保外电梯、结构验收、防护体系及穿插施工措施的相关人员任务分派到位。

4. 机械保证措施

各项机械提前进场、做好进场验收等，确保正式施工时的机械使用。

5. 材料保证措施

确保二次结构及装修的材料提前到场，并做好相关的复试，确保按照节点使用。

6. 穿插施工的相关措施

（1）结构施工层所有洞口采用砂浆砌筑 3cm 高挡水台，砌筑台上覆盖多层板，确保混凝土施工中或雨期施工的水不会流到下层。

（2）楼梯间入口处、电梯井口处砌筑 3cm 高挡水台，防止上侧的水流入装修作业面。

（3）结构施工面的养护用水及雨水等均通过自然疏导的方式将其引到雨落管处。通过本层的雨落管导入到下层，形成无组织排水。

4.17　装配式结构灌浆技术

装配式建筑的灵魂为灌浆，所有竖向构件的连接均通过灌浆套筒连接。

1. 灌浆难点及对策（见表4-6）

表4-6　　　　　　　　　　　灌　浆　难　点　及　对　策

序号	工程难点项目	对　　　策
1	灌浆仓位封堵	1. 严格控制墙体安装部位标高，防止墙板与顶板安装面高度差过大，造成 PE 棒封堵失效； 2. 对墙体安装部位工作面严格检查，对有漏浆隐患部位预先修复
2	套筒数量多，不漏灌	1. 公司组建专业的灌浆施工队伍，根据 PC 构件安装平面图深化灌浆施工平面图，其中包含分仓信息和对应构件型号。 2. 根据灌浆施工平面图，创建灌浆施工记录表格，表格中体现灌浆腔编号和每个灌浆腔内所包含套筒数量及对应构件型号等信息，确保每层施工完成灌浆无遗漏。 3. 灌浆施工结束后，对应每个灌浆腔留存影像资料
3	冬期施工困难	1. 公司研发团队针对抗冻型灌浆材料及施工工艺深入研究，已研究出抗冻型灌浆材料及施工工艺，并取得的相关第三方检验报告； 2. 利用预制构件已有保温特性，采用成熟的加热措施对施工环境加热，保证灌浆料能够正常发生强度

2. 灌浆工种划分（见表4-7）

表4-7　　　　　　　　　　　灌　浆　工　种　划　分

工种	人数	工种	人数
压条分仓		砂浆封仓	
砂浆搅拌		灌浆施工	
专职检验		协调管理	

3. 灌浆工具配置（见表4-8）

表4-8　　　　　　　　　　　灌　浆　工　具　配　置

编号	名　称	规　格	数量	备　注
1	空压机	YA20-50	2 台	灌浆用设备
2	灌浆设备	—	2 套	灌浆用设备
3	配电箱	220V	1 套	配有 3×2.5 电线
4	工具箱	—	1 个	含扳手、螺丝刀、钳子等
5	搅拌机具	—	2 套	专用搅拌机
6	照相机	—	1 台	现场留存影像资料
7	劳保用品	—	11 套	工作服、安全帽等
8	试模	40mm×40mm×160mm	9 套	成型抗压强度试块
9	小铁铲	—	30 把	清理灰渣
10	灌浆堵	—	10 000 个	封堵灌浆孔和排浆孔
11	阀门	小球阀	20 个	灌浆设备进出气用
12	灌浆管	直径 6cm	10m	定期更换
13	小抹刀	—	20 把	—
14	灰板	—	20 把	—

编号	名　称	规　格	数　量	备　注
15	钢丝刷	—	20把	—
16	灰斗	—	20个	—
	其他		辅助工具以及易损件预备	

4. 灌浆施工

灌浆施工流程如图4-89所示。

图4-89　灌浆施工流程

（1）灌浆施工准备。

1）灌浆施工人员正确配戴劳动保护用品并持有上岗证进入施工现场。

2）检查搅拌机、空压机等灌浆施工设备正常运转。

3）灌浆材料和拌合用水分开存放于搅拌机附近。

（2）灌浆料搅拌。

1）严格按照规定配合比及拌合工艺拌制灌浆材料。目前使用灌浆材料的用水量为：干料质量×0.12＝50kg×0.12＝6.0kg，即2袋灌浆料加入6kg水。

2）自加水开始计时，搅拌时间10min。

3）浆体须静置消泡后方可使用，静置时间2min。

4）浆体随用随搅拌，搅拌完成的浆体必须在30min内用完。

（3）套筒灌浆。

1）压力灌浆。采用低压力灌浆工艺，通过控制灌浆压力来控制灌浆过程的浆体流速，控制依据为灌浆过程中本灌浆腔内已经封堵的灌浆孔或排浆孔的橡胶塞能耐住低压灌浆压力且不脱落为宜，如果出现脱落，则立即塞堵并调节压力。

2）漏浆处理。若出现漏浆现象，则停止灌浆并处理漏浆部位；漏浆严重，则提起墙板重新封仓。

3）灌浆腔保压。所有灌浆套筒的排浆孔均排出浆体并封堵后，调低灌浆设备的压力，开始保压，保压1min。

4）灌浆孔封堵。经保压后可拔除灌浆管，封堵必须及时，避免灌浆腔内经过保压的浆体溢出灌浆腔，造成灌浆不实。拔除灌浆管到封堵橡胶塞的时间间隔不得超过1s。

（4）自检及工作面清理。

1）灌浆施工结束后，对本层灌浆部位逐一进行检查，不得有漏注灌浆腔和套筒。

2）清理排浆孔溢出的浆液，恢复至灌浆施工前的清洁度。

5. 质量保证措施

（1）原材进场复试。灌浆料进场时进行进场复试，同配方、同批号、同进场批的灌浆料每50t作为一个检验批，不足50t也应作为一个检验批。试验项目为流动性（初始、30min）、抗压强度（3d、28d）、竖向膨胀率（3h、24h与3h差值）。灌浆料技术指标见表4-9。

表 4-9   灌浆料技术指标

检测项目		性能指标
流动度	初始	≥300mm
	30min	≥260mm
抗压强度	1d	≥35MPa
	3d	≥60MPa
	28d	≥85MPa
竖向自由膨胀率	24h 与 3h 差值	0.02%～0.5%
氯离子含量		≤0.03%
泌水率		0%

（2）接头工艺检验。灌浆前，同一规格的灌浆套筒应按现场灌浆工艺制作 3 个灌浆套筒连接接头进行工艺检验。灌浆接头工艺检验试验方法应依据《钢筋机械连接技术规程》（JGJ 107）进行抗拉强度和残余变形试验，试验结果应符合 I 级接头要求，套筒规格参数见表 4-10，灌浆接头试件要求如图 4-90 所示。

表 4-10   套筒规格参数表   （单位：mm）

螺纹钢规格 D_1	套筒外径 D_2	套筒长 L_1	插入钢筋长 L_2	插入钢筋长 L_3
$\phi 12$	$\phi 38$	245	120	105
$\phi 14$	$\phi 38$	280	140	120
$\phi 16$	$\phi 42$	310	155	135
$\phi 18$	$\phi 45$	340	170	150

（3）现场灌浆料抗压试块试验。每工作班（不超过一层），灌浆施工现场制作 40mm×40mm×160mm 的试块 3 组，两组同条件养护试块测试 1d、7d 强度，另外一组标准养护，测 28（d）抗压强度。

（4）灌浆施工的控制要点。

1）灌浆腔拍摄照片留存，照片须包含灌浆腔编号和有效封堵图片。

2）灌浆施工过程中，每工作班第一罐灌浆施工须留存灌浆施工过程视频。

3）灌浆施工须有旁站监理在场时方可进行。

4）填写《灌浆作业施工质量检查记录表》后，总承包方及监理方签字确认。

5）加强施工全过程的质量预控，密切配合好建设单位、监理和总承包三方人员的检查和验收，及时做好相关操作记录。

6）所有施工人员均须持有上岗许可证。

6. 冬期施工

（1）冬期灌浆施工使用专用低温型灌浆料，使用环境为-5℃以上。根据《钢筋连接用高性能灌浆料》企业标准要求，当温度低于 5℃时，低温型产品的适用温度为套筒部位温度为-5～10℃；当环境温度的最高温度大于 15℃时，禁止使用。

（2）产业化施工流程：施工准备→墙体吊装→墙体现浇节点钢筋、模板施工→墙体二次调整→顶板支撑体系施工→布置保温、加热措施→顶板构件吊装→封闭洞口→坐浆、砂浆封堵→灌浆料施工→钢筋、水电管线布设（含核心筒墙体）→顶板墙体混凝土浇筑→顶板保温→加温、养护→撤除加热体系。

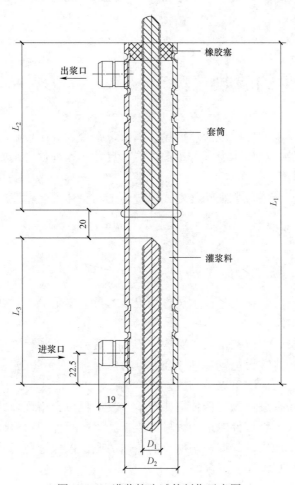

图 4-90　灌浆接头试件制作示意图

第5章 质 量 验 收

5.1 进场构件的验收

装配式建筑由预制构件组成，可能包括墙板、叠合板、阳台板、空调板、隔墙板、踏步板等不同的构件，构件本身各种相关性能、尺寸、预埋件等会影响装配式建筑整体的质量及性能。

构件的质量是否合格，会影响装配式建筑施工的整体安装精度、安装速度、后期的各种管线连接等。

5.1.1 构件检查人员

构件的检查人员应包括土建技术员、水电技术员、安全员、材料员、土建监理员、水电监理员、安全监理。

（1）土建技术员、水电技术员：对构件的内业资料、外观尺寸、土建预留预埋、水暖预留位置、电气管线敷设位置等进行全方位的检查。

（2）安全员：对构件的吊点、码放方式等进行检查。

（3）材料员：每批进场预制构件均要查验、收集材质合格证，并及时将整理好的资料交给资料员，验收预制构件的进场数量，监督施工班组使用材料情况，督促他们节约使用材料；深入施工现场，掌握现场材料的使用情况，以保证现场施工所需材料的及时供应。建立好项目预制构件管理台账。

（4）土建监理员、水电监理员、安全监理员对总承包单位的人员资质和配备数量进行抽检。

5.1.2 内业资料检查项目

（1）检查预制构件的钢筋原材复试报告：包括试件的屈服强度、抗拉强度、伸长率、弯曲性能、质量偏差，每60t进行一组复试，如采用成型钢筋，每批重量不超过30t进行一组复试。

（2）检查预制构件制作所用水泥的强度报告：包括3d、7d强度报告及28d强度报告，袋装水泥200t为一检验批，散装水泥不超过500t为一检验批。

（3）检查预制构件制作所用的矿物掺合料复试报告：包括细度、流动度比和活性指数试验等，粉煤灰不超过200t进行一组复试，硅灰不超过30t为一检验批。

（4）检查预制构件制作所选用的骨料复试报告：包括颗粒级配、细度模数、含泥量和泥块含量试验等。

（5）检查预制构件制作所选用的保温材料检测报告：包括导热系数、密度、压缩强度、吸水率和燃烧性能试验，同一厂家、同一规格不超过 5000m² 为一批。

（6）检查预制构件制作所选用的预埋吊件的复试报告：检测项目为材料性能试验、抗拉拔性能试验等，同一厂家、同一类别、同一规格的不超过 10000 件为一批。

（7）检查预制墙体内外叶墙体拉结件的相关报告：检测项目为材料性能、力学性能检测，不超过 10000 件为一批。

（8）检查预制构件所用的灌浆套筒的相关报告：检测项目包括钢筋套筒灌浆连接接头试件型式检验报告、灌浆套筒进场时的抽样接头试验、构件加工生产前的现场工艺检验。

构件首次进场除对以上项目检查外，构件生产单位还应该提供构件结构性能检测报告；夹心保温外墙板还应该提供传热系数性能检测报告。

5.1.3　构件的现场检查项目

1. 预制构件门窗框安装允许偏差及检验方法

检测项目包括锚固脚片、门窗框位置、门窗框高宽、门窗框对角线、门窗框平整度。

2. 构件外露钢筋的检查

检查项目：① 叠合板；② 墙类：长度、端头平齐、间距、箍筋间距保护层厚度；③ 桁架钢筋：桁架的总长度、高度、宽度、扭翘。

3. 构件埋件的偏差

检查项目：埋件的尺寸、埋件的平整度。

4. 预制构件外观重点检查项目

检查是否存在以下缺陷：露筋、蜂窝、孔洞、夹渣、疏松、裂缝、外露钢筋是否锈蚀、灌浆孔洞是否堵塞、缺棱掉角、翘曲不平、装饰面砖黏结不牢固、表面不顺直等。

5. 预制板类外形尺寸允许偏差

检查项目：长度、宽度、厚度、对角线、表面平整度、侧向弯曲、扭翘、预埋钢板、预埋螺栓、预埋电盒位置、预留孔位置、预留洞位置、预留插筋、吊环、木砖。

6. 预制墙类外形尺寸允许偏差

检查项目：高度、宽度、厚度、对角线、表面平整度、侧向弯曲、扭翘、预埋钢板位置型号、预埋螺栓位置外漏长度、预埋套筒位置、平面高差、预留孔、预留插筋、吊环、键槽、灌浆套筒。

7. 装饰构件外观尺寸允许偏差

检查项目：面砖或石材的阳角方正、上下口平直、接缝平直、接缝深度、接缝宽度。

5.1.4　首件验收的基本要求

1. 一般规定

《北京市住房和城乡建设委员会关于加强装配式混凝土结构产业化住宅工程质量管

理的通知》（京建法〔2014〕16号）规定，"预制混凝土构件生产企业生产的同类型首个预制构件，建设单位应组织设计单位、施工单位、监理单位、预制混凝土构件生产企业进行验收，合格后方可进行批量生产。"

2. 验收条件

（1）预制构件首件验收的时间宜在模板支设、钢筋绑扎、预留预埋件固定之后，混凝土浇筑之前进行。

（2）验收宜在构件生产单位自检合格的基础上进行。

（3）验收地点：预制混凝土构件生产单位。

3. 验收内容及规定

（1）生产预制混凝土构件所使用的原材料的复试报告。

（2）根据预制混凝土构件深化设计图纸，对各类构件的模具安装、预埋件和预留孔洞、钢筋半成品及预埋件以及钢筋成品的尺寸偏差进行检验。

（3）施工单位尤其需要关注辅助施工的预留、预埋情况。

（4）首件验收完成后，应填写验收记录，验收结论：合格方可进行批量生产；验收为不合格的，构件厂应根据各方提出的要求进行整改，整改后需要重新组织验收。

5.2 构件的性能检测

1. 构件进场时需要提供的资料

（1）预制构件的出厂合格证及相关质量证明文件，应根据不同预制构件的类型与特点，分别包括混凝土强度报告（UHPC板需提供混凝土抗压强度、抗拉强度、抗弯强度报告）、钢筋套筒灌浆连接接头复试报告、保温材料复试报告、面砖及石材拉拔试验报告、钢筋桁架检验报告、结构性能检验报告、外墙保温拉拔试验报告、外窗性能检验报告等相关文件。

（2）原材料试验报告有钢材复试报告、外墙砖等（均应为外检）。

（3）拉结件锚入混凝土后的抗拉拔报告。

（4）全灌浆套筒钢筋接头的型式检验报告、工艺检验报告（常温、低温）。

（5）夹心保温外墙板用保温板材的复试报告（夹心保温外墙板用保温板材，同厂家、同品种每5000m²为一个检验批，每批复试1次，复试项目为导热系数、密度、压缩强度、吸水率、燃烧性能，复试结果应符合设计和规范要求）。

（6）当无驻场监督时，预制构件进场时应对其主要受力钢筋数量、规格、间距、保护层厚度及混凝土强度等进行实体检验（检验数量：同一类型预制构件不超过1000个为一批，每批随机抽取1个构件进行结构性能检验）。

（7）预制构件退场及返厂记录要齐全，并应与施工资料相对应。

2. 预制构件进场时，预制构件结构性能检验应符合的规定

（1）梁板类简支受弯预制构件进场时应进行结构性能检测，见表5-1。

表 5-1 构件检验项目

构 件 类 别	检 验 项 目
钢筋混凝土构件 允许出现裂缝的预应力混凝土构件	承载力 挠度 裂缝宽度
不允许出现裂缝的预应力混凝土构件	承载力 挠度 抗裂
大型构件 有可靠应用经验的构件	裂缝宽度 抗裂 挠度
使用数量较少的构件	能提供可靠依据时，可不进行结构性能检验

（2）对其他预制构件，除设计有专门要求外，进场时可不做结构性能检验。

（3）对进场时不做结构性能检验的预制构件，应采取下列措施：

1）施工单位或监理单位代表应驻厂监督生产过程。

2）当无驻厂监督时，预制构件进场时应对其主要受力钢筋的数量、规格、间距、保护层厚度及混凝土强度等进行实体检测。

检验数量：同一类型预制构件不超过 1000 个为一批，每批随机抽取 1 个构件进行结构性能检验。

结果见检查结构性能检验报告或实体检验报告。

5.3 构件部品的相关资料

1. 套筒灌浆连接接头

（1）由接头供用单位提供所用规格有效型式检验报告。验收时应注意以下内容：

1）工程中应用的各种钢筋强度级别、直径对应的型式检验报告应齐全，报告应合格、有效。变径接头可由接头提供单位提交专用型式检验报告，也可采用两种直径钢筋的同类型型式检验报告代替。

2）型式检验报告送检单位与现场接头提供单位应一致。

3）型式检验报告中的接头类型，灌浆套筒规格、级别、尺寸，灌浆料型号与现场使用的产品应一致。

4）型式检验报告应在 4 年有效期内，可按灌浆套筒进厂（场）验收日期确定。

（2）灌浆施工前，应对不同钢筋生产企业的进场钢筋进行接头工艺检验；施工过程中，当更换钢筋生产企业或同生产企业生产的钢筋外形尺寸与已完成工艺检验的钢筋有较大差异时，应再次进行工艺检验。接头工艺检验应符合下列规定：

1）灌浆套筒埋入预制构件时，工艺检验应在预制构件生产前进行；当现场灌浆施工单位与工艺检验时的灌浆单位不同时，灌浆前应再次进行工艺检验。

2）工艺检验应模拟施工条件制作接头试件，并应按接头供应单位提供的施工操作要求进行。

3）每种规格钢筋应制作 3 个对中套筒灌浆连接接头，并应检查灌浆质量。

4）采用灌浆料拌合物制作的 40mm×40mm×160mm 试件不应少于 1 组。

5）接头试件及灌浆料试件应在标准养护条件下养护 28d。

6）每个接头试件的抗拉强度、屈服强度、3 个接头试件残余变形的平均值、灌浆料强度均应符合规范要求。

2. 灌浆施工中灌浆料抗压强度检验

（1）灌浆料 28d 标养：每工作班取样不得少于 1 次，每楼层取样不得少于 3 次。每次抽取 1 组 40mm×40mm×160mm 的试件，试件成型过程中不应振动试模，应在 6min 内完成，标准养护 28d 后进行抗压强度试验。

（2）根据施工现场及大气环境，施工现场至少留置一组同条件养护试块。灌浆料同条件养护试件抗压强度达到 35MPa 后，方可进行对接头有扰动的后续施工；临时固定措施的拆除应在灌浆料抗压强度能确保结构达到后续施工承载要求后进行。

（3）冬期施工时，须留置同条件养护试块 2 组，测试 1d 抗压强度及 3d 抗压强度；同条件 7d 转标准养护 28d 的试块 1 组。

（4）堵缝用高强砂浆应符合设计要求，当设计无要求时，应比墙体混凝土强度高 10MPa 且不小于 40MPa；制作试件为边长 70.7mm 的立方体。试件 6 件为 1 组，每层不少于 3 组。

3. 钢筋连接

（1）钢筋采用焊接或机械连接时，由于装配式混凝土结构中钢筋连接的特殊性，很难做到连接试件原位截取，故要求制作平行加工试件。平行加工试件应与实际钢筋连接接头的施工环境相似，并宜在工程结构附近制作。现浇节点部位钢筋机械连接需在墙体钢筋验收前进行现场平行检验，每层不同规格钢筋接头 500 个为一批。

（2）预制构件采用焊接连接时，其材料性能及施工质量均应符合《钢筋焊接机验收规程》（JGJ 18）的相关要求；预制构件采用螺栓连接时应符合设计要求，其材料性能及施工质量均应符合《钢结构工程施工质量验收规范》（GB 50205）及《混凝土用膨胀型、扩张型建筑锚栓》（JG 160）的相关要求。钢材、焊条及螺栓等材料厂家应提供检验报告、合格证等，并按进场批次进行报验。

装配式结构试验项目：原材复试和施工试验见表 5-2 和表 5-3。

表 5-2 　　　　　　　　　　装配式结构试验项目——原材复试

序号	原材料	试 验 项 目		组批原则
1	灌浆料	抗压强度	同条件养护 1d	同一配方、同一批号、同进场批的灌浆料，不超过 50t 为一批
			同条件养护 3d	
			标准养护 28d	
		竖向膨胀率	3h	
			24h 与 3h 差值	
		流动度	初始	
			30min	
		氯离子含量		
		泌水率		

序号	原材料	试　验　项　目		组批原则
2	低温灌浆料	抗压强度	−5℃养护 1d	同一成分、同一批号不超过 50t 为一批
			−5℃养护 3d	
			−5℃养护 7d 后标养 28d	
		−5℃竖向膨胀率	3h	
			24h 与 3h 差值	
		−5℃流动度	初始	
			30min	
		氯离子含量		
		泌水率		
3	坐浆砂浆	扩展度		同一成分、同一批号不超过 50t 为一批
		抗压强度	同条件养护 4h	
			同条件养护 1d	
			标准养护 28d	
4	低温坐浆砂浆	扩展度		同一成分、同一批号不超过 50t 为一批
		抗压强度	−5℃养护 4h	
			−5℃养护 1d	
			−5℃养护 7d 转标养至 28d	

表 5−3　　　　　　　　　　装配式结构试验项目——施工试验

序号	试验项目	试验内容	取样方法	备注
1	灌浆套筒连接	公称面积 极限抗拉强度 接头破坏形态及断裂位置 残余变形 屈服强度 最大力总伸长率	工艺检验	
2	灌浆料（常温施工）	28d 标准养护抗压强度	每工作班取样不得少于 1 次，每楼层取样不得少于 3 次	
		1d 同条件养护抗压强度	每工作班取样不得少于 1 次	
3	灌浆料（冬期施工）	−5℃养护 1d	每工作班取样不得少于 1 次，每楼层取样不得少于 3 次	
		−5℃养护 3d		
		−5℃养护 7d 后标养 28d		

续表

序号	试验项目	试验内容	取样方法	备注
4	钢筋直螺纹连接	公称面积 极限抗拉强度 接头破坏形态及断裂位置	每层不同规格钢筋接头 500 个为一批	
5	钢筋焊接	公称面积 抗拉强度 接头破坏形态及断裂位置	每层不同规格钢筋接头 500 个为一批	

5.4　构件安装的相关资料

1. 施工管理资料

（1）应填写分包单位资质报审表，后附预制构件厂的厂家资质、主要管理人员上岗证。

（2）应填写建设工程质量终身承诺书。

2. 施工测量资料

在装配式结构施工中，施工测量资料与钢筋混凝土结构的基本相同。

通常在同一层中，第一段不少于 3 个内控点，每增加一段相应增加一个内控点，在装配式结构中施工至装配层以后一般不宜划分流水段，故每层仅设置 3 个内控点即可。

在测量放线简图中注明或文字注明预制构件的厚度、尺寸等。

3. 施工物资资料

灌浆料、低温灌浆料、坐浆砂浆、专用低温坐浆砂浆、灌浆套筒、预制构件及防水材料、保温材料进场（待原材料复试合格）后，填写材料、构配件进场检验记录，签字齐全后整理归档，材料进场复试及厂家应提供的物资资料要求。

4. 施工记录资料

（1）隐蔽工程验收记录。

1）装配式结构连接部位及叠合构件浇筑混凝土之前，应进行隐蔽工程验收并填写隐蔽工程验收记录，隐蔽工程验收的主要内容包括：

① 混凝土粗糙面的质量，键槽的尺寸、数量、位置。

② 钢筋的牌号、规格、数量、位置、间距、箍筋弯钩的弯折角度及平直段长度；现浇结构与预制构件连接部分的钢筋的牌号、规格、数量、位置、间距及预埋件的位置、规格、长度等，应在钢筋安装隐检中注明。

③ 钢筋的连接方式、接头位置、接头数量、接头面积百分率、搭接长度、锚固方式及锚固长度。

④ 预埋件、预留管线的规格、数量、位置。

2）预制构件安装前，应检查构件待连接钢筋的伸出长度，保证深入套筒的钢筋长度达到 $10d$（公称直径）；同时利用定位钢板检查钢筋排距、位置及钢筋是否竖直向上，以防止插入钢筋贴靠筒壁。

3）楼梯部位灌浆前应再次隐蔽验收，验收键槽的位置、规格、高度及灌浆腔内是否清理。

4）外墙板接缝处的保温、防水施工时，应形成隐蔽工程验收记录。

（2）模板施工记录中应体现出装配式结构支撑等内容，并填写施工记录（通用）。

（3）构件吊装应填写构件吊装记录，应注意：

1）吊具应有产品合格证明文件。

2）预制构件的吊装顺序应符合设计要求，吊装前应检查构件的类型与编号。

3）构件吊装记录应附吊装图或吊装原始记录，以避免楼梯、阳台板等部位的构件在吊装记录中遗漏。

4）检查构件进场记录，避免构件进场时间晚于构件吊装时间。

5）预制构件采用焊接、螺栓连接方式时，应有相应的施工记录及平行加工试件。

（4）为确保套筒灌浆质量，在装配式结构套筒灌浆前应履行灌浆作业申请手续，填写装配式结构套筒灌浆申请书，见表 5-4。灌浆作业完成后填写灌浆作业施工质量检查记录表，见表 5-5；养护过程中填写灌浆养护测温记录，见表 5-6。

表 5-4 　　　　　　　　　　　装配式结构套筒灌浆申请书

装配式结构套筒灌浆申请书 表 C5		资料编号		
工程名称		计划灌浆时间		年 月 日 时
申请灌浆部位		作业环境		□ 常温 □ 低温 □ 高温
灌浆料生产厂家		灌浆料类别		□ 常温 □ 低温
灌浆料生产日期		灌浆料进场复试编号		
灌浆单位		现场负责人		
依据：施工图纸（施工图纸号）、有关规范、规程、施工方案、技术交底。				
施工准备检查		专业工长（质量员）签字		备注
1. 预制墙体安装验收：□ 已 □ 未完成。				
2. 灌浆分仓砂浆封堵严密、强度：□ 已 □ 未完成。				
3. 大气环境温度（℃）；空腔温度（℃）　　套筒温度（℃）				
4. 灌浆人员、机具、材料准备：□ 已 □ 未完成。				
5. 升温、保温及应急措施准备：□ 已 □ 未完成。				

审批意见：

审批结论： 　　　同意灌浆 　　　　　　　□ 不同意，整改后重新申请

施工单位名称： 　　　　　　技术负责人： 　　　　　　　　　　日期：

监理单位名称： 　　　　　　监理工程师： 　　　　　　　　　　日期：

注：1. 低温型灌浆料适用范围：灌浆套筒或空腔温度 -5~10℃；当大气温度小于 -10℃时，禁止使用。

　　2. 常温灌浆料适用范围：灌浆套筒或空腔温度大于5℃；当环境温度大于30℃时，应采取降低灌浆料拌合物温度措施。

表 5−5 　　　　　　　　　　　灌浆作业施工质量检查记录表

名称			灌浆日期：		年　月　日	
工程部位			气温		水灰比	
序号	灌浆腔编号	套筒个数	墙板型号	是否冒浆及保压	灌浆时间	备注

记录人：　　操作人：　　质检员：　　监理工程师：

注：1. 钢筋套筒灌浆前，应在现场模拟构件钢筋套筒连接接头的灌浆方式，同一牌号每种规格钢筋制作 3 个套筒灌浆连接接头，进行灌浆质量以及连接接头抗拉强度的检验，并应在检验结果合格后进行灌浆作业。

2. 灌浆操作全过程应有专职检验人员负责现场监督，并及时形成施工检查记录。灌浆操作人应经过专业培训并持证上岗。

3. 灌浆料使用前，应检查产品包装上的有效期和产品外观。

4. 每个灌浆腔拍摄照片留存，照片需包含灌浆腔编号和有效封堵图片。

5. 灌浆施工过程中，每半个工作日第一罐灌浆施工留存施工过程视频。

6. 常温灌浆施工时，环境温度应符合灌浆料产品使用说明书要求；环境温度低于 5℃时，不宜施工，低于 0℃时，不得施工；当环境温度高于 30℃时，应采取降低灌浆料拌合物温度的措施。

7. 灌浆料宜在加水后 30min 内用完；散落的灌浆料拌合物不得二次使用；剩余的拌合物不得再次添加灌浆料、水后混合使用。

8. 冬期施工时，应使用专用低温型灌浆料，并注意以下要求：

（1）灌浆前，严格实施灌浆套筒内温度监测，应确保温度稳定达到 5～10℃后方可灌浆，并且做好测温记录，管理人员旁站。

（2）灌浆必须执行验收程序，套筒温度、浆料温度等均满足要求，验收合格后方可执行灌浆作业。要求灌浆时，套筒温度不小于浆料温度，并且处于 −10～5℃范围内。

（3）冬期灌浆施工需严格做好温度监测：灌浆前对施工环境的温度进行监测和记录，其中每日 6：00～10：00，2h 测温一次；每日 10：00～14：00，4h 测温一次；每日 14：00～18：00，2h 测温一次；施工区域前 1.5h，每 30min 测温一次。灌浆完毕后需进行养护测温记录，灌浆后，2h 测温一次，至强度值 35MPa 结束，并应有施工环境测温记录表和灌浆养护测温记录表，见表 5−6。

9. 灌浆作业时，每工作班组应检查灌浆料拌合物的初始流动度不少于一组。

表 5-6　　　　　　　　　　　灌 浆 养 护 测 温 记 录

工程名称									
部位				养护方法			测温方式		
测温时间			各测孔温度/℃					平均温度/℃	间隔时间/h	备注
月	日	时	点1	点2	点3	点4	点5	点6			
施工单位											
专业技术负责人			专业工长				测温人员				
本表由施工单位填写											

注：冬期灌浆施工养护测温宜 1 小时 1 次。

（5）注胶检查记录。预制构件间外墙接缝处采用密封胶施工时，应有注胶检查记录（见表 5-7）。密封胶作业人员应经培训并考核合格后方可上岗操作。

表 5-7　　　　　　　　　　接缝密封胶打胶作业记录

项目名称								
现场负责人				施工日期				
作业人员								
产品信息		密封胶：　　　　　基层处理剂：						
作业时间		时　分～　时　分		环境温度		环境湿度		备注
现场天气条件	10:00	□晴天 □多云 □降雨		℃		（%）		
	15:00	□晴天 □多云 □降雨		℃		（%）		
施工部位		接缝宽度/mm	背衬材料	防护胶带	基层处理剂	密封胶厚度/mm	接缝长度/m	导水管
第　幢第　层　立面（水平/竖）缝								
第　幢第　层　立面（水平/竖）缝								
第　幢第　层　立面（水平/竖）缝								
第　幢第　层　立面（水平/竖）缝								

施工部位	接缝宽度/mm	背衬材料	防护胶带	基层处理剂	密封胶厚度/mm	接缝长度/m	导水管
第　幢第　层　立面 （水平/竖）缝							
第　幢第　层　立面 （水平/竖）缝							
第　幢第　层　立面 （水平/竖）缝							
第　幢第　层　立面 （水平/竖）缝							
检查人员（签字）					合计		

注：本表参考 DB11/T 1447—2017 附录 B。

（6）淋水试验检查记录。预制构件拼缝处应进行防水构造、防水材料的检查验收。外墙应进行现场淋水试验，并形成淋水试验记录（每 1000m² 外墙面积划分为一个检验批，不足 1000m² 时也划分为一个检验批；每个检验批每 100m² 抽查一处进行现场淋水试验且试验面积不小于 10m²）。

密封防水施工时，应有施工专业资质证书和操作人员的培训合格证明。

5. 施工试验记录

施工试验记录应包括灌浆套筒连接、灌浆料试块复试报告、同条件 1d 和标准养护 28d 灌浆料试块复试等内容。

6. 过程验收资料

（1）检验批质量验收记录。检验批质量验收记录分为预制构件检验批质量验收记录和装配式结构安装与连接检验批质量验收记录，见表 5−8 和表 5−9。

表 5−8　　　　　　　　　　　　　预制构件检验批质量验收记录

02010601＿＿＿＿＿

单位（子单位）工程名称		分部（子分部）工程名称	主体结构分部-混凝土结构子分部	分项工程名称	装配式结构分项
施工单位		项目负责人		检验批容量	
分包单位		分包单位项目负责人		检验批部位	
施工依据		验收依据	《混凝土结构工程施工质量验收规范》（GB 50204—2015）		

		验收项目		设计要求及规范规定	最小/实际抽样数量	检查记录	检查结果
主控项目	1	质量证明文件		第9.2.1条	—		
	2	结构性能检验		第9.2.2条	—		
	3	外观质量严重缺陷:影响结构性能、安装、使用功能的尺寸偏差		第9.2.3条	—		
	4	预埋件、预留插筋、预埋管线等的材料规格和数量以及预留孔、预留洞的数量		第9.2.4条	—		
一般项目	1	构件标识		第9.2.5条	—		
	2	外观质量一般缺陷		第9.2.6条	—		
	3	粗糙面质量和键槽数量		第9.2.8条	—		
	4	长度偏差/mm	楼板、梁、柱、桁架	<12m	±5	—		
				≥12m 且<18m	±10	—		
				≥18m	±20	—		
			墙 板		±4	—		
	5	宽度、高(厚)度偏差/mm	楼板、梁、柱、桁架		±5	—		
			墙 板		±4	—		
	6	表面平整度/mm	楼板、梁、柱、墙板内表面		5	—		
			墙板外表面		3	—		
	7	侧向弯曲/mm	楼板、梁、柱		1/750 且≤20	—		
			墙板、桁架		1/1000 且≤20	—		
	8	翘曲/mm	楼板		1/750	—		
			墙板		1/1000	—		
	9	对角线/mm	楼板		10	—		
			墙板		5	—		
	10	预留孔/mm	中心线位置		5	—		
			孔尺寸		±5	—		
	11	预留洞/mm	中心线位置		10	—		
			洞口尺寸、深度		±10	—		
	12	预埋件/mm	预埋板中心线位置		5	—		
			预埋板与混凝土面平面高差		0,-5	—		
			预埋螺栓		2	—		

续表

	验收项目		设计要求及规范规定	最小/实际抽样数量	检查记录	检查结果
一般项目	12 预埋件/mm	预埋螺栓外露长度	+10，−5	—		
		预埋套筒、螺母中心线位置	2	—		
		预埋套筒、螺母与混凝土面平面高差	±5	—		
	13 预留插筋/mm	中心位置	5	—		
		外露长度	+10，−5	—		
	14 键槽/mm	中心线位置	5	—		
		长度、宽度	±5	—		
		深度	±10	—		

施工单位检查结果	所查项目全部合格	专业工长： 项目专业质量检查员： 年 月 日
监理单位验收结论	验收合格	专业监理工程师： 年 月 日

表 5−9　　　　　装配式结构安装与连接检验批质量验收记录

02010602_____

单位（子单位）工程名称		分部（子分部）工程名称	主体结构分部-混凝土结构子分部	分项工程名称	装配式结构分项
施工单位		项目负责人		检验批容量	
分包单位		分包单位项目负责人		检验批部位	
施工依据		验收依据		《混凝土结构工程施工质量验收规范》（GB 50204—2015）	

	验收项目	设计要求及规范规定	最小/实际抽样数量	检查记录	检查结果
主控项目	1 预制构件临时固定措施	第9.3.1条	—		
	2 套筒灌浆或浆锚搭接的灌浆饱满、密实，材料及连接质量	第9.3.2条	—		
	3 钢筋焊接接头质量	第9.3.3条	—		
	4 钢筋机械连接接头性能与质量	第9.3.4条	—		
	5 焊接、螺栓连接的材料性能与施工质量	第9.3.5条	—		

续表

		验收项目	设计要求及规范规定	最小/实际抽样数量	检查记录	检查结果
主控项目	6	预制构件连接部位现浇混凝土强度	第9.3.6条	—		
	7	外观质量不应有严重缺陷，且不应有影响结构性能和安装、使用功能的尺寸偏差	第9.3.7条	—		
一般项目	1	外观质量一般缺陷	第9.3.8条	—		
	2	轴线位置/mm 竖向构件（柱、墙板、桁架）	8	—		
		水平构件（梁、楼板）	5	—		
	3	标高 梁、柱、墙板楼板底面或顶面	±5	—		
	4	构件垂直度 柱、墙板安装后的高度 ≤6m	5	—		
		>6m	10	—		
	5	构件倾斜度 梁、桁架	5	—		
	6	相邻构件平整度 梁、楼板底面 外露	3	—		
		不外露	5	—		
		柱、墙板 外露	5	—		
		不外露	8	—		
	7	构件搁置长度 梁、板	±10	—		
	8	支座、支垫中心位置 板、梁、柱、墙板、桁架	10	—		
	9	墙板接缝宽度	±5	—		

施工单位检查结果	所查项目全部合格	专业工长： 项目专业质量检查员： 　年　月　日
监理单位验收结论	验收合格	专业监理工程师： 　年　月　日

（2）预制混凝土外墙板接缝处的保温应有墙体节能检验批质量验收记录，外墙板接缝密封防水分项工程宜以每层作为一个检验批。

（3）装配式结构涉及的钢筋、模板、混凝土等内容，应分别纳入钢筋、模板、混凝土、预应力、装配式结构等分项工程进行验收。

（4）装配式结构工程质量验收合格后，应将所有的验收文件归入混凝土结构子分部工程中。

7. 其他资料

装配式结构工程施工应按有关规定，由相关方对构件加工首件预制构件、首段装配式结构安装进行质量验收，验收后应及时填写验收记录，有关各方签字应齐全。

8. 验收资料

装配整体式混凝土结构工程验收时，除应符合《混凝土结构工程施工质量验收规范》（GB 50204—2015）的有关规定外，还应提供下列文件和记录：

（1）工程设计文件、预制构件安装施工图和加工制作详图。

（2）预制构件、主要材料及配件的质量证明文件、进场验收记录、抽样复验报告。

（3）预制构件安装施工记录。

（4）钢筋套筒灌浆型式检验报告、工艺检验报告和施工检验记录。

（5）后浇混凝土部位的隐蔽工程验收文件。

（6）后浇混凝土、灌浆料、坐浆料强度检测报告。

（7）外墙防水施工质量验收记录。

（8）装配式结构分项工程质量验收记录。

（9）装配式工程的重大质量问题的处理方案和验收记录。

（10）装配式工程的其他文件和记录。

9. 资料常见问题与对策

（1）施工物资资料常见问题与对策见表 5-10。

表 5-10　　　　　　　　　　　　施工物资资料常见问题与对策

序号	物资类别	常见问题	对策
1	灌浆料、低温灌浆料、坐浆砂浆、专用低温坐浆砂浆等物资	使用说明书缺失	及时收集
		型式检验报告收集不及时	
		常温型和低温型灌浆料资料混淆	每批次进场，物资相关人员应认真核对
2	防水密封材料	进场物资报验及复试遗漏	及时报验、复试
3	钢筋套筒等不需要复试的物资	报验数量少于施工现场使用数量，漏报、少报	及时报验
4	预制构件	退场及返厂记录收集不全	及时收集
		构件已经进场但资料不齐全；延迟到场的资料时间与构件进场时间不同，造成在资料上构件吊装时间早于构件进场时间，资料时间不交圈	每批次构件与资料应同时进场
5	预制构件所用原材料	构件厂提供的各类检验报告数量不符合规范规定的抽检组批原则及取样规定	应按照相关规范规定收集各类检验报告

（2）施工记录资料常见问题与对策见表 5－11。

表 5－11　　　　　　　　　施工记录资料常见问题与对策

序号	常 见 问 题		对 策
1	钢筋安装隐蔽工程验收记录和模板支设施工记录将装配式部分的内容遗漏		均应体现出装配式部分的资料内容
2	构件吊装记录	构件吊装记录中预制构件填报遗漏（如楼梯、阳台、空调板等）	建议按层报验，每楼层的构件吊装记录按时间先后排序［资料编号后加（1）、（2）］，避免吊装构件遗漏
		同一型号构件不同单体混用，构件混用时会造成施工资料不交圈	应避免同一型号构件不同单体混用
3	装配式结构套筒灌浆申请书	温度记录不准确，灌浆料的批次和有效期填写错误	认真记录、填写，避免出现错误
4	灌浆作业施工质量检查记录表	操作人签字与构件厂提供的上岗证人员不符	严禁灌浆操作人无证上岗
5	灌浆影像资料	灌浆腔的照片和灌浆施工过程中的视频不符合留存要求	严格按照规范要求留置照片和视频
6	冬期施工相关资料	施工环境测温记录表、灌浆养护测温记录表、测点布置图等遗漏	及时整理测温记录并附测温点布置图

（3）施工试验资料常见问题与对策见表 5－12。

表 5－12　　　　　　　　　施工试验资料常见问题与对策

序号	常 见 问 题	对 策
1	灌浆套筒连接工艺检验、灌浆料试块复试漏做、少做	按照规范规定取样试验

（4）过程验收资料常见问题与对策见表 5－13。

表 5－13　　　　　　　　　过程验收资料常见问题与对策

序号	常 见 问 题	对 策
1	外墙板接缝处墙体节能检验批和外墙防水检验批漏做	执行资料规程，避免出现资料漏做
2	接缝密封胶打胶作业记录漏做	

10. 施工组织设计与方案

（1）一般规定。

1）装配式结构工程在施工前应编制施工组织设计，并按进度要求及时编制施工方案，并经过审批后实施。

2）施工组织设计（方案）应具有针对性和指导性，应随主、客观条件的变化，及时调整不适用的内容，并经原审批部门同意后实施。

（2）编制要求。

1）装配式结构工程施工组织设计、专项施工方案由项目负责人主持编制，技术负责人组织编写；施工方案由项目技术负责人组织编制。专业施工方案由专业技术负责人组织相关技术人员编制，工长或技术员编写。

2）装配式结构工程施工组织设计、施工方案及专项施工方案的编制要求详见《建筑施工组织设计规范》（GB/T 50502）、《建筑工程施工组织设计管理规程》（DB11/T 363）。

3）为了保证施工组织设计（方案）的编写质量，在编制过程中要组织相关工程技术人员进行方案讨论、优化。

4）施工组织设计（方案）编制，文字要求简练，图表清楚，打印、装订规范、整齐。

（3）审批规定。

1）装配式结构工程施工组织设计由施工单位的技术负责人审批或其授权人审批；施工方案由项目技术负责人审批。涉及危险性较大分部分项工程专项施工方案应报总部审核与审批。施工组织设计（方案）编制、审批责任划分见表 5-14。

2）施工组织设计、施工方案和专项施工方案应报项目监理机构总监理工程师审批，需要专家论证的专项施工方案需建设单位项目负责人签字。

表 5-14　　　　　　　　　　施工组织（方案）编制、审批责任划分表

文件类别	主持人	编制人	审批人	备注
装配式结构工程施工组织设计	施工单位项目负责人	项目技术负责人组织编写	施工单位技术负责人或其授权人	
专项施工方案	项目负责人	项目技术负责人组织编写	施工单位技术负责人	
施工方案	项目技术负责人	技术员或主管工长	项目技术负责人	

（4）实施。

1）施工组织设计（方案）经审批后，按审批意见完善施工组织设计（方案）文件，必须按要求组织贯彻执行，不得随意改变。

2）施工过程中因重大设计变更而计划调整，工程项目或合同内容有较大变动，施工方案或所用的施工方法发生较大变化，质量管理措施发生较大变化，施工环境等因素发生重大变化而必须修改、补充时，编制部门应及时对原方案进行调整，并报请原审批部门进行审核、批准。

3）建立施工组织设计（方案）落实情况的中间检查制度。对涉及危险性较大分部分项工程的施工方案的落实情况，及时跟踪、检查、指导。

4）项目部应严格遵照审批后的施工组织设计（方案），按照规定进行方案交底，并留存方案交底记录，重点对施工关键部位、关键环节明确相关安全、技术、质量等方面的要求。方案实施过程中，技术负责人、安全负责人等有关人员对方案实施全过程的、有效的监督与控制，严禁不按照方案施工作业。对涉及危险性较大分部分项工程，项目负责人应组织技术、安全等相关人员履行验收程序，留存相关记录；对需要总部参与验收的方案，项目部应提前予以告知。

5.5　装配式结构验收的组卷

1. 验收文件及记录

装配式结构工程质量验收时，应提交下列文件与记录：

（1）工程设计单位已确认的预制构件深化设计图、设计变更文件。

（2）装配式结构工程所用主要材料及预制构件的各种相关质量证明文件。

（3）预制构件安装施工验收记录。

（4）钢筋套筒灌浆连接的施工检验记录。

（5）连接构造节点的隐蔽工程检查验收文件。

（6）叠合构件和节点的后浇混凝土或灌浆料强度检测报告。

（7）密封材料及接缝防水检测报告。

（8）分项工程验收记录。

（9）工程的重大质量问题的处理方案和验收记录。

（10）其他文件与记录。

2. 存档备案

装配式结构工程质量验收合格后，应将所有的验收文件归入混凝土结构子分部工程存档备案。

第6章 装配式剪力墙结构施工案例

6.1 工程概况

1. 工程总体简介（见表6-1）

表6-1   工程总体简介

序号	项目	内容
1	工程名称	通州台湖公租房项目一标段
2	工程地址	北京市通州区台湖镇通马路与亦庄站前街交叉路口东南角
3	建设单位	北京市保障性住房建设投资中心
4	设计单位	中国建筑设计研究院有限公司
5	勘察单位	北京市勘察设计有限责任公司
6	监理单位	中船重工海鑫工程管理（北京）有限公司
7	质量监督单位	北京市通州区质量监督站
8	施工总承包单位	北京城乡建设集团有限责任公司
9	合同承包范围	地基与基础、主体结构、产业化结构施工、建筑装饰装修、建筑屋面、给水、排水及采暖、通风与空调、消防工程、建筑电气、智能建筑、电梯工程以及室外工程等设计图纸显示的全部工程
10	合同工期	2015年12月30日至2018年6月3日，共887日历天
11	质量目标	确保北京市"结构长城杯"（金杯）、北京市"竣工长城杯"（金杯），争创"鲁班奖"
12	安全文明目标	确保"北京市安全文明样板工地"

2. 建筑规模及结构设计概况

本工程总建筑面积197047.7m²，地上建筑共计16栋，各栋建筑面积、层数、建筑高度情况详见表6-2。

表6-2   建筑规模及结构设计概况

序号	项目	内容	
1	工程性质	高层住宅	
2	建筑面积	1号住宅楼	10594m²
		2号住宅楼	8915m²
		3号住宅楼	10494m²
		4号住宅楼	6829m²
		5号住宅楼	9244m²

序号	项　目		内　　容	
2	建筑面积		6 号住宅楼	10601m²
			7 号住宅楼	8794m²
			8 号住宅楼	8794m²
			9 号住宅楼	5594m²
			10 号住宅楼	5678m²
			11 号住宅楼	6893m²
			14 号住宅楼	10494m²
			15 号住宅楼	8915m²
			16 号住宅楼	10494m²
			17 号住宅楼	7825m²
			18 号住宅楼	8915m²
3	建筑结构形式		钢筋混凝土剪力墙结构	
4	建筑耐久年限		50 年	
5	建筑防火等级		一级	
6	抗震裂度		8 度	
7	防水等级		地下室为一级	
8	建筑层数	地上	14～28 层	
		地下	2～3 层	
9	檐口高度	14～28 层	40.4～79.6m	
10	建筑层高	地下	地下一层：2.8～3.5m，地下二层：3.5～3.9m，地下三层：3.2～3.5m	
		地上	2.8m	
11	室内外高差及标高		室内外高差：0.30m；C1、C4 地块＋0.000 为 28.20m，C2 地块＋0.000 为 27.80m	
12	二次结构		90、200mm 厚轻集料混凝土砌块	
13	保温节能	外墙、屋顶	70mm 厚硬泡聚氨酯板（B1 级）；80mm 或 60mm 厚挤塑聚苯板（B1 级）	
		其余	膨胀玻化微珠保温、超细无机纤维、增强玻璃纤维板	
14	垂直交通		核心筒由剪刀梯和两电梯组成	
15	室外装修		外墙均为涂料，屋面均为平屋面	
16	室内装修	地下	地面	细石混凝土楼面
			墙面	防水腻子墙面
			顶棚	板底刷涂料顶棚、防水腻子顶棚
			踢脚	水泥砂浆踢脚
		地上	地面	防滑地砖楼面、水泥砂浆楼面、细石混凝土楼面
			墙面	薄大理石板墙面、涂料墙面、防水腻子墙面、釉面砖墙面
			顶棚	绿色环保涂料顶棚、防水腻子顶棚、铝合金条板吊顶
			踢脚	地砖踢脚、水泥踢脚
17	门窗		断桥铝合金推拉或内平开窗；三防门、四防门和电控防盗门	

序号	项 目		内 容
18	防水	屋面	SBS 热熔型弹性体改性沥青防水卷材（厚度为3＋3）
		开敞阳台、卫生间及厨房	1.5mm 厚单组分聚氨酯防水层
		地下	SBS 弹性体改性沥青防水卷材（厚度为4＋3）＋防水混凝土结构墙自防水
19	无障碍设计		其中，首层住宅中有23套可改造成无障碍住房，满足居住建筑按每100套住房设置不少于2套无障碍住房的要求

3. 装配整体式剪力墙结构简介

（1）预制构件布局情况。本项目结构地下采用现浇混凝土剪力墙结构，地上采用装配整体式剪力墙结构，所有预制构件均由北京某预制构件有限公司生产。现浇剪力墙和预制混凝土墙板通过竖向现浇节点与现浇剪力墙水平连接为整体，预制混凝土墙板采用套筒灌浆连接，预制墙板间通过水平现浇带连接为整体。叠合楼板由预制混凝土板和上部现浇层组成，在预制板内设置桁架钢筋，增加整体刚度及水平截面抗剪性能，桁架高度满足现场水电预埋要求。本项目楼梯间采用标准化设计，采用预制楼梯。阳台板和空调板采用预制外挂墙板，湿式连接与主体结构相连。

（2）施工工艺原理。为方便构件制作和现场安装，依照单元构件受力特点，对不同类型的预制构件进行深化设计，力求相同类型的构件截面尺寸和配筋保持统一，以达到预制构件批量生产的要求。

墙板构件安装与现浇作业交叉施工，工序之间相互独立进行施工，预制墙板安装后采用套筒灌浆连接保证墙板的受力性能，安装后通过现浇节点浇筑形成整体；预制叠合类构件安装与楼板现浇同步施工，通过叠合层上层混凝土浇筑形成整体；预制混凝土保温一体化墙板的使用解决了预制墙板之间现浇节点的外侧模板支设问题。需对预制构件深化设计、生产、运输、存放、吊装、安装、连接、现浇节点处理以及成品保护等各环节质量进行严格控制。通过预制构件专用吊装、就位、安装等工器具的使用，结构施工便捷、质量可靠，提高劳动生产率，达到节能减排的社会效益。

（3）施工特点。预制混凝土装配整体结构充分利用构件工厂化生产的优势，实现了预制构件设计标准化、生产工厂化、运输物流化与安装专业化，提高了施工生产效率，减少了施工废弃物的生产。

1）预制构件设计标准化、生产精度高。单元户型统一，门窗洞口规整有序，综合考虑厨房、卫生间设备和家具产品及管线布置的合理性，采用标准化整体厨卫；主体结构布置简单、规整，充分考虑承重墙上下对应贯通，整体布置管井位置；公共空间及户内各功能分区明确、布局合理。

预制构件包括预制墙板、预制叠合阳台板、预制叠合楼板、预制楼梯、预制空调板、预制阳台挂板，同类型构件其截面尺寸和配筋进行统一设计，保证构件生产标准化。严格控制构件的截面尺寸、定位钢筋位置及构件的平整度、垂直度。

2）预制构件生产及运输计划配套。根据构件使用需求情况，提前做好构件生产和运输计划。构件加工前，应按照构件需求总计划排出阶段生产计划，确保构件生产、运输与现场安装相配套，保证现场流水施工。

3）构件吊装规范化。综合工艺设计构件各方面因素，工艺设计员为项目专项施工绘制了吊装顺序图，降低现场吊装工序复杂化和构件之间的钢筋冲突，让施工现场区域有序施工，形成各工序之间的流水施工，节约工期，从而降低了工程造价。

4）器具支撑方便快捷、料具租赁费降低。根据构件的受力特征和季节性施工因素，设计出专用的拉环斜支撑、定位的工器具；在预制构件生产及现浇部位浇筑混凝土时设置安装用预埋件（在预制构件内预设埋件和现浇混凝土中预设埋件），保证构件就位快捷。

5）质量通病少。预制外墙板为夹心保温体系，采用构件拼接处企口设计，从工艺及构造上解决了外墙面渗漏、开裂等问题；通过工厂标准化生产，解决了构件滴水线易损坏及房间施工尺寸偏差大等质量通病问题，利用主控线测量孔精确定位预制构件所在位置，提高建筑精准度。

6）预制构件连接可靠。根据预制构件的受力特征，采用特定的连接方式与现浇结构连成一体，满足结构承载力和变形要求；与之相伴采用套筒灌浆连接，预制叠合类构件采用叠合面上绑扎钢筋现浇混凝土浇筑连接（混凝土粗糙面保证新旧混凝土结合严密），预制楼梯采用插筋灌浆连接，达到构件连接可靠的目的，满足结构的安全性和耐久性。

7）施工安全隐患少。预制墙板、保温板在工厂加工完成，减少了外立面装修工程量；外墙预制墙板之间现浇节点采用预制混凝土保温一体化方式，减少了消防隐患，避免了节点外侧支模难、保温施工难的问题，减轻了外装修的高空作业风险。

8）生产效率高。传统现浇结构由操作面的钢筋绑扎、模板支设、混凝土浇筑以及墙体的外保温和装修饰面组成；而装配式结构住宅将传统操作面工序统一转为由工厂生产。构件机械化程度高，可大大减少现场人员的配备，降低劳动用工成本，很大程度上降低了现场施工难度，减少了操作面的施工工序，劳动生产效率得到了很大的提高。

9）五节一环保。构件工厂生产减少了建筑材料损耗；现场湿作业显著减少，降低了建筑垃圾的产生；模板支设面积减少，降低了木材使用量；钢筋和混凝土现场工程量减少，减低了现场的水、电用量，也减少了施工噪声、烟尘等污染物的排放，节能减排效益显著，达到"五节一环保"的绿色建筑要求。

6.2　施工依据

1. 设计图纸（见表 6-3）

表 6-3　　　　　　　　　　　　　设 计 图 纸

图纸类别	图纸编号	出图日期
建筑专业施工图	建筑	2016 年 11 月
结构专业施工图	结构	2016 年 11 月
电气专业施工图	电气	2016 年 11 月
暖通专业施工图	设施	2016 年 11 月
设备专业施工图	水施	2016 年 11 月
预制构件详图	详结施	2016 年 11 月

2. 主要规范、规程（见表 6-4）

表 6-4　　　　　　　　　　　主 要 规 范、规 程

类别	名　　称	编号
国家标准	《建筑工程施工质量验收统一标准》	GB 50300—2013
	《混凝土结构工程施工规范》	GB 50666—2011
	《建筑抗震设计规范》（2016 年版）	GB 50011—2010
	《建筑节能工程施工质量验收规范》	GB 50411—2007
	《水泥基灌浆材料应用技术规范》	GB/T 50448—2015
	《工程测量规范》	GB 50026—2007
	《工程测量基本术语标准》	GB/T 50228—2011
	《普通混凝土力学性能试验方法标准》	GB/T 50081—2002
	《混凝土外加剂应用技术规范》	GB 50119—2013
	《混凝土质量控制标准》	GB 50164—2011
	《低合金高强度结构钢》	GB/T 1591—2008
	《屋面工程质量验收规范》	GB 50207—2012
	《建筑地面工程施工质量验收规范》	GB 50209—2010
	《建筑防腐蚀工程施工规范》	GB 50212—2014
	《民用建筑工程室内环境污染控制规范》	GB 50325—2010
	《建筑给水排水及采暖工程施工质量验收规范》	GB 50242—2002
	《给水排水管道工程施工及验收规范》	GB 50268—2008
	《压缩机、风机、泵安装工程施工及验收规范》	GB 50275—2010
	《建筑电气工程施工质量验收规范》	GB 50303—2002
	《火灾自动报警系统施工及验收规范》	GB 50166—2007
	《电气装置安装工程电缆线路施工及验收规范》	GB 50186—2006
	《电气装置安装工程盘、柜及二次回路接线施工及验收规范》	GB 50171—2012
	《机械设备安装工程施工及验收通用规范》	GB 50231—2009
	《现场设备、工业管道焊接工程施工规范》	GB 50236—2011
	《电气装置安装工程　低压电器施工及验收规范》	GB 50254—2014
	《建筑电气工程施工质量验收规范》	GB 50303—2011
	《建筑与建筑群综合布线工程验收规范》	GB/T 50312—2007
	《建设工程项目管理规范》	GB/T 50326—2006
	《建设工程文件归档规范》	GB/T 50328—2014
	《建设工程施工现场供用电安全规范》	GB 50194—2014
	《电气装置安装工程电力变流设备施工及验收规范》	GB 50255—2014
	《电气装置安装工程爆炸和火灾危险环境电气装置施工及验收规范》	GB 50257—2014
	《气体灭火系统施工及验收规范》	GB 50263—2007
	《建设工程工程量清单计价规范》	GB 50500—2013
	《建筑设计防火规范》	GB 50016—2014
	《建筑施工场界环境噪声排放标准》	GB 12523—2011

续表

类别	名　称	编号
国家标准	《环境空气质量标准》	GB 3095—2012
	《声环境标准》	GB 3096—2008
	《城市建设档案著录规范》	GB/T 50323—2001
	《建筑工程施工质量评价标准》	GB/T 50375—2016
行业标准	《高层建筑混凝土结构技术规程》	JGJ 3—2010
	《普通混凝土配合比设计规程》	JGJ 55—2011
	《普通混凝土用砂、石质量及检验方法标准》	JGJ 52—2006
	《建筑变形测量规范》	JGJ 8—2016
	《混凝土泵送施工技术规程》	JGJ/T 10—2011
	《钢筋焊接及验收规程》	JGJ 18—2012
	《钢筋焊接接头试验方法标准》	JGJ/T 27—2014
	《钢筋机械连接技术规程》	JGJ 107—2016
	《混凝土用水标准》	JGJ 63—2006
	《回弹法检测混凝土抗压强度技术规程》	JGJ/T 23—2011
	《超声法检测混凝土缺陷技术规程》	CECS 21:2000
	《铝合金电缆桥架技术规程》	CECS 106:2000
	《终端电器选用及验收规范》	CECS 107:2000
	《建筑机械使用安全技术规程》	JGJ 33—2012
	《建筑施工安全检查标准》	JGJ 59—2011
	《建筑工程冬期施工规程》	JGJ/T 104—2011
	《建筑施工扣件式钢管脚手架安全技术规范》	JGJ 130—2011
	《施工现场临时用电安全技术规范》	JGJ 46—2005
	《装配混凝土结构技术规程》	JGJ 1—2014
	《钢筋连接用套筒灌浆料》	JG/T 408—2013
	《钢筋连接用灌浆套筒》	JG/T 398—2012
	《钢筋套筒灌浆连接应用技术规程》	JGJ 355—2015
主要法律法规及规定	《中华人民共和国合同法》	
	《中华人民共和国建筑法》	
	《中华人民共和国安全生产法》	
	《中华人民共和国环境保护法》	
	《建设工程质量管理条例》	
	《建设工程安全生产管理条例》	
	《安全生产许可证条例》	
	《实施工程建设强制性标准监督规定》	
	《危险性较大的分部分项工程安全管理办法》	建质〔2009〕87 号
	《建筑起重机械安全监督管理规定》	

类别	名　称	编号
地方标准及规定	《预制混凝土构件质量检验标准》	DB11/T 968—2013
	《装配式混凝土结构工程施工与质量验收规程》	DB11/T 1030—2013
	《装配式剪力墙住宅建筑设计规程》	DB11/T 970—2013
	《装配式剪力墙结构设计规程》	DB11/T 1003—2013
	《预防混凝土结构工程碱集料反应规程》	DBJ 01—95—2005
	《北京市建筑工程施工安全操作规程》	DBJ 01—62—2002
	《建筑工程施工现场安全资料管理规程》	DB11/T 383—2013
	《北京市拟建重要建筑项目超限高层建筑工程抗震设防审查及"三新核准"审核管理办法》	京建法〔2017〕102 号

6.3　工程重点、难点分析及解决方案

　　根据目前甲方提供的工程招标文件、设计图纸，结合现场踏勘，施工单位组织了专业技术人员对工程特点、难点进行详细分析，并编制相应对策。

　　大批量预制构件运输、现场存放的道路要求高；预制构件的数量多、体积大，预制构件的成品保护要求高。

　　本工程为群体工程，楼栋多，每栋楼都要配置塔吊，塔吊密度大，场地狭小，对群塔的管理难度大。

　　针对本工程以上特点、难点，施工单位总结近年来在项目中的施工经验，不断优化完善施工总体部署和实施方案，集中各种资源优势，对各种施工不利因素进行细分，并注意化解，精心组织、精心施工，优质、高效实现该工程各项目标。具体采取的主要措施见表 6-5。

表 6-5　　　　　　　　**工 程 难 点 及 对 策**

序号	工程难点及对策
1	构件厂运输与存放 (1) 构件厂家严格按照设计吊装顺序进行装车出厂； (2) 构件厂对构件装车重量和数量进行合理安排； (3) 现场根据施工要求进行场地硬化和存放点布置； (4) 临时道路方便平板车掉头和 PC 板吊装
2	成品保护 (1) 构件厂家编制详细的预制构件运输成品保护方案； (2) 现场编制预制构件安装后的成品保护方案； (3) 设专人进行落实
3	人员组织难度高 (1) 对各施工专业人员进行严格培训，加强安全意识教育； (2) 培养工人流水施工意识； (3) 组织、协调工人之间的矛盾

序号	工程难点及对策
4	新工艺质量控制难度高 （1）对新工艺编制专项施工方案； （2）对施工人员进行严格培训； （3）现场工人操作执行旁站监督
5	塔吊使用协调难度大 （1）塔吊使用优先满足 PC 板吊装； （2）合理安排各类材料吊装时间和顺序； （3）严格规划材料量和使用空间
6	外架搭设难度大 （1）对外架搭设的连墙点与设计协商提前预埋开洞； （2）编制专项施工方案； （3）制定现场质量安全应急预案； （4）对操作工人进行专业培训
7	测量放线控制 （1）每栋至少采用 2 个测量孔，通过垂直激光仪、经纬仪放出主控线及墙板位置控制线； （2）墙板精度控制应制定施工操作要点
8	灌浆工艺 （1）制定灌浆工艺施工工艺和施工要点； （2）灌浆由专业工人进行
9	吊装作业 （1）制定吊装施工方案； （2）作业人员经过严格培训并考核合格

6.4　施工部署

结构工程施工采用流水施工工艺。流水段的合理划分是保证结构工程施工质量和进度，以及高效进行现场组织管理的前提条件。通过流水段划分，能够确保劳动力各工种之间的流水作业，材料的流水供应，机械设备的高效、合理使用，从而便于现场组织、管理和调度，加快工程进度，有效控制工程质量。

6.4.1　地上流水段划分

（1）标准层主体装配施工流向及工序时间。

该工程住宅楼每个单体都有一台塔吊负责作业，并按照作业区域配置相应数量的构件堆场、架料堆场、模板堆场等。

单体楼施工流向为由西向东。

在各单体结构工程施工中，预制叠合板安装与楼板现浇将同步施工，通过叠合层混凝土浇筑形成整体；预制楼梯板和空调板随层安装。

住宅楼标准层工序时间如图 6-1 所示。

月份							
时间 进度 项目	时间/d	1日	2日	3日	4日	5日
楼层放线、钢筋校核	0.2	▬				
墙板吊装及斜支撑安装	1	▬▬				
电梯井、楼梯间、走道现浇墙体钢筋绑扎	0.5		▬			
墙板微调及灌浆	1		▬▬			
节点钢筋绑扎	0.5		▬			
提升下层架子	0.5		▬			
现浇部分模板支设	0.6		▬			
叠合板支撑安装（阳台板和空调板）	1		▬▬			
叠合板、阳台板、楼梯板吊装	1			▬▬		
水电管线安装	0.5			▬		
吊装1、13轴阳台外墙板及GRC板等	0.5			▬		
顶板钢筋绑扎	0.5				▬	
焊接下层阳台及栏杆	0.5				▬	
外墙堵洞及封缝	0.5				▬	
混凝土浇筑	1				▬▬	
提升下层架子	0.5					▬

图6-1　住宅楼标准层工序时间

（2）塔吊平面位置示意图：如图6-2所示。

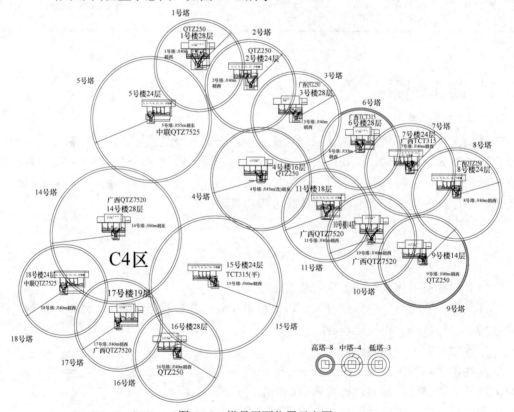

图6-2　塔吊平面位置示意图

（3）内控法轴线控制点的布设示意图：如图 6-3 所示。

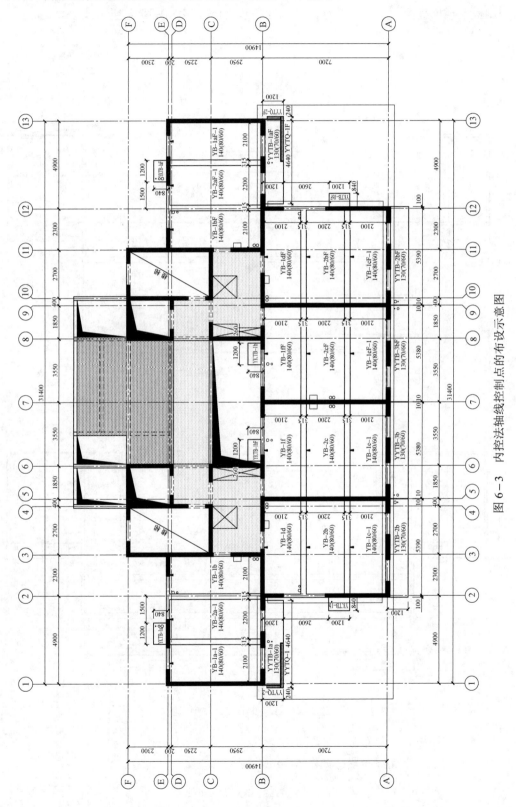

图 6-3　内控法轴线控制点的布设示意图

（4）预制构件吊装顺序。各住宅楼构件吊装按照外墙、内墙、顶板叠合板、阳台板、空调板、楼梯板的顺序依次进行。各构件吊装具体顺序如图6-4所示。

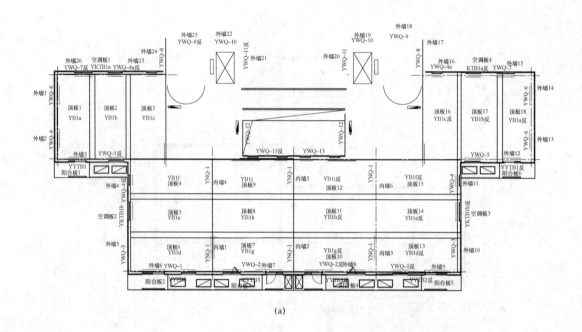

(a)

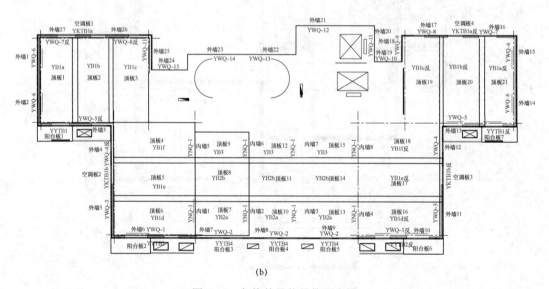

(b)

图6-4 各构件吊装具体顺序图

（5）外墙板斜支撑布置：如图6-5所示。

（6）楼板独立支撑布置：如图6-6所示。

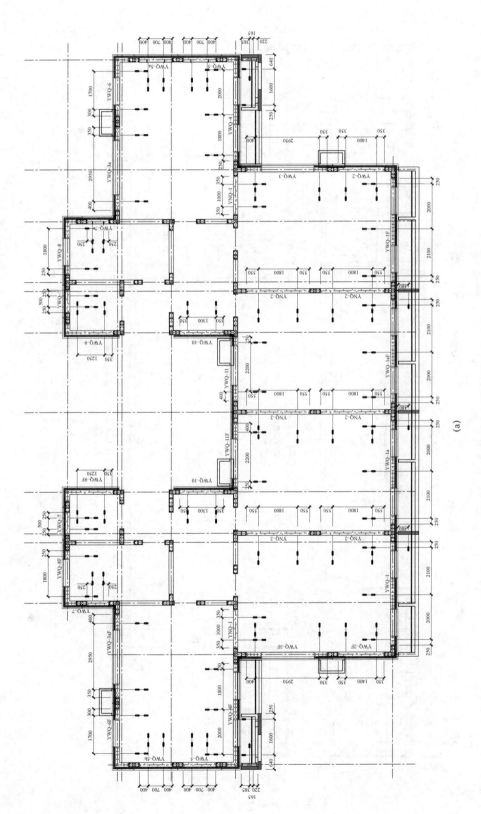

图 6-5　外墙板斜支撑布置图图（一）

(a)

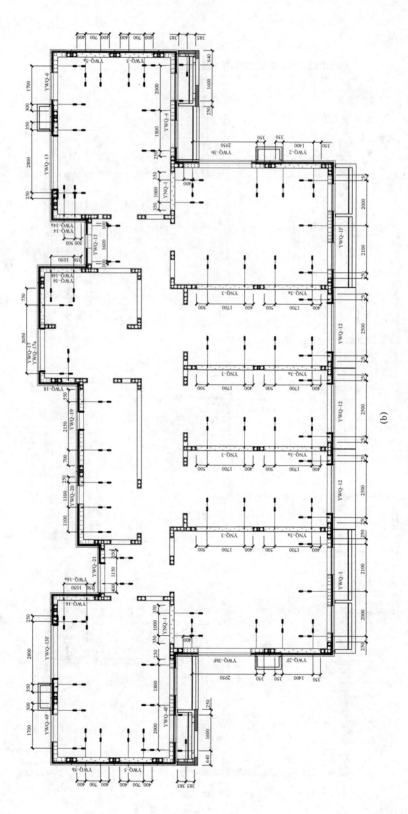

(b)

图 6－5　外墙板斜支撑布置图（二）

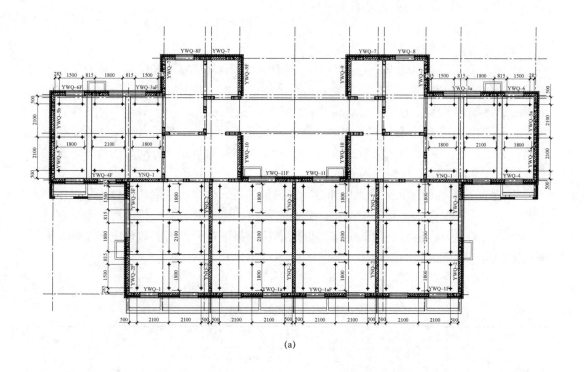

(a)

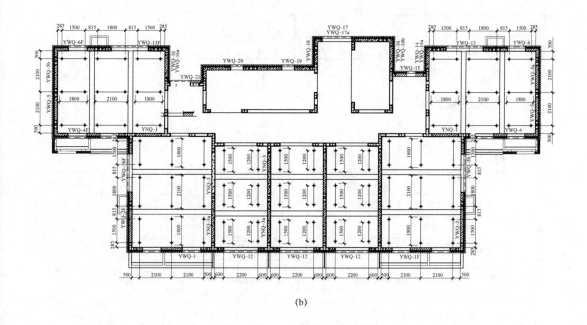

(b)

图 6-6　楼板独立支撑布置图

6.4.2 劳动力组织规划及配备计划

（1）劳动力组织规划。

1）保证劳务队伍的素质。选择与公司长期合作，具有丰富施工经验，具有类似工程施工经验的劳务队伍。按照我公司质量体系文件的要求，对所有劳务队伍进行评审，以确保所选择的劳务人员的技术素质能够胜任本工程施工要求。

2）合理配置劳动力数量和质量，应合理安排各工种的相应数量的配套人员，依据经验计算数量和各工种比例，然后在施工中根据实际进行调整，使劳动力的数量、工种比例最优化，从而避免工作面的闲置或窝工。

3）对突发事件的处理。假如出现劳动力短缺情况，公司将采取从其他工地调配劳动力的措施，优先保证本工程的劳动力。公司有稳定、可靠的劳务队伍，有大量的在施工程，能够从劳务公司进行有效的劳动力调配，从而保证在劳动力的数量上和工种配套上满足工程施工进度的需要。

（2）劳动力配备计划，见表6-6。

表6-6　　　　　　　　　　　劳动力配备计划

工种	人数	工种	人数	工种	人数	工种	人数
电焊工	30	混凝土工	70	电工	15	木工	270
钢筋工	180	试验工	8	普工	45	架子工	60
信号工	34	塔吊司机	34	电气工	90	测量工	15
水暖工	90	安装工	120	灌浆工	48		
消防员	45					共计	1154

注：不含管理人员。

（3）施工机械及设备计划。

1）塔吊选型见表6-7。

表6-7　　　　　　　　　　　塔吊选型

楼号	塔机型号	顶升方向	臂长/m	附着前/节	基础尺寸/（mm×mm×mm）	预埋形式
1号	中联 QTZ250（7525）	西	40	14	6500×6500×1500	预埋腿
2号	中联 QTZ250（7525）	西	40	8	6500×6500×1500	预埋腿
3号	中联 QTZ250（7525）	西	40	9	7200×7200×1500	预埋腿
4号	国弘 QTZ250（7032）	东	45	14	6500×6500×1500	预埋腿
5号	国弘 QTZ250（7032）	东	55	11	6500×6500×1500	预埋腿
6号	广西 QTZ7526	西	35	15	7200×7200×1500	预埋腿
7号	广西 QTZ7526	西	40	12	7200×7200×1500	预埋腿
8号	广西 QTZ7526	西	40	15	7200×7200×1500	预埋腿
9号	广西 QTZ7520	西	40	6	7000×7000×1500	3m 预埋节

楼号	塔机型号	顶升方向	臂长/m	附着前/节	基础尺寸/（mm×mm×mm）	预埋形式
10 号	广西 QTZ7520	西	40	12	7000×7000×1500	3m 预埋节
11 号	广西 QTZ7520	西	40	9	7000×7000×1500	3m 预埋节
14 号	广西 QTZ7520	东	60	14	7000×7000×1500	3m 预埋节
15 号	广西 QTZ7520	西	60	10	7000×7000×1500	预埋腿
16 号	广西 QTZ7520	西	40	13	6500×6500×1500	预埋腿
17 号	三洋 K30/30（7030）	西	40	7	6500×6500×1500	3m 预埋节
18 号	中联 QTZ250（7525）	西	40	10	7200×7200×1500	预埋腿

2）主要施工机械装置见表 6-8。

表 6-8　　　　　主 要 施 工 机 械 装 置

序号	名称	型号	数量	功率/kW	使用部位	备注
1	塔式起重机	—	××	90	主体	详见塔吊选型表
2	车载混凝土输送泵	HTB90	××	—	主体	
3	交流电焊机	BX3-500	××	25	全过程	kVA
4	电锯	MJ400	××	3	主体	
5	电刨	MB103A	××	4	主体	
6	钢筋切断机	GJ5-40	××	5	主体	
7	钢筋弯曲机	GJ7-45	××	4	主体	
8	钢筋套丝机	TQ-3	××	4	主体	
9	挖中打夯机	HW-20	××	1.5	回填土	
10	消防气泵		12	7.5	全过程	
11	气泵		4	5.5	全过程	

3）主要仪器设备配置见表 6-9。

表 6-9　　　　　主 要 仪 器 设 备 配 置

序号	仪器设备名称	规格型号	单位	数量	备注
1	标准养护箱	SHBY-40B	台	1	
2	振动台	YDHZ-1m²	个	4	
3	混凝土坍落度测定仪	—	个	10	
4	混凝土抗压试膜	100mm×100mm×100mm	组	80	
5	抗渗试膜	—	个	40	
6	砂浆试膜	70.7mm×70.7mm×70.7mm	组	80	
7	灌浆料试膜	40mm×40mm×160mm	组	12	
8	坍落度筒	300mm	个	10	

序号	仪器设备名称	规格型号	单位	数量	备注
9	氧气表	0~25MPa	组	4	
10	乙炔表	0~0.25MPa，0~4MPa	块	4	
11	全站仪	SET2010	台	1	
12	经纬仪	DJD2-G	台	5	
13	水准仪	DZS3-1	台	6	
14	钢卷尺	50m	把	5	
15	游标卡尺	0~300	把	3	
16	直角尺	300mm	把	3	

4）装配施工材料工具清单见表 6-10。

表 6-10　　　　　　　　　　装配施工材料工具清单

序号	材料工具名称	规格型号	单位	数量	备注
1	固定螺栓	M16×30	个	4320	
2	单面泡沫胶条	30mm×3mm	m	4200	
		15mm×5mm	m	4200	
3	（黑色）双面泡沫胶条	建议 20mm×30mm 或者（20mm×25mm）	m	4200	
4	斜支撑	2.5/3m	个	1080	
5	自攻钉	M10×75	个	4320	
6	聚氨酯胶		根	800	
7	泡沫棒	直径 3cm	m	80 000	
8	钢扁担	6m	根	80	
9	钢丝绳 22×3m 扎头	6×37a（钢芯）	根	160	
10	钢丝绳 20×4m 扎头	6×37a（钢芯）	根	160	
11	钢丝绳 20×6m 扎头	6×37a（钢芯）	根	160	
12	铝合金靠尺	$L=2.5$m	把	20	
13	撬棍	25mm 螺纹钢/长 1.5m	把	40	
14	铁锤	4P	个	20	
15	安全带		条	120	
16	钢卷尺	7.5m	把	20	
17	钢卷尺	50m	把	12	
18	线锤	0.5kg 及 1kg	个	30	
19	钩鱼线		把	20	
20	墨斗		个	20	
21	墨斗		箱	5	

序号	材料工具名称	规格型号	单位	数量	备注
22	记号笔（油性）		盒	5	
23	尼龙线		m	100	
24	水工铅笔		盒	10	
25	铁锤	6P	把	20	
26	电焊手套		对	100	
27	混凝土料斗	带溜槽		10	公司专供
28	防坠器		个	10	
29	焊把线		m	200	
30	电焊条	3.2mm	盒	100	
31	活动扳手	200mm	把	50	
32	电动扳手	450W	把	20	
33	电锤		把	50	
34	电动扳手（套筒子）		把	50	
35	拖地插头带线		把	50	
36	卸扣		个	50	
37	吊爪		个	72	
38	对讲机		个	34	
39	安全防护门		套	36	
40	防护铁片		个	100	
41	灌浆料		m^3	100	
42		50mm×50mm×20mm	个	600	
43		50mm×50mm×10mm	个	600	
44	调节钢垫片	50mm×50mm×5mm	个	600	
45		50mm×50mm×3mm	个	600	
46		50mm×50mm×2mm	个	600	
47	独立顶托		个	8000	
48	灌浆套筒端部堵头		个	1080	
49	测温仪		个	5	灌浆工具
50	电子秤		台	10	
51	刻度杯		个	10	
52	不锈钢制浆桶		个	10	
53	手提变速搅拌机		台	10	
54	灌浆枪或灌浆泵		台	10	
55	玻璃板		块	10	
56	三联膜		组	10	

5）主要材料及构件数量见表 6－11。

表 6－11　　　　　　　　　　主要材料及构件数量

序号	编号	名称	数量/块	序号	编号	名称	数量/块
1	YWQ	外墙板	××	6	YGB	楼梯隔墙板	××
2	YB	叠合楼板	××	7	YNQ	内墙	××
3	YLT	楼梯板	××				
4	YYT	阳台板	××				
5	YKT	空调板	××			合计	××××

6.4.3　施工进度计划

（1）工程各阶段的施工进度计划（见表 6－12）。

表 6－12　　　　　　　　　工程各阶段的施工进度计划

项目	楼号	开始时间	结束时间	工期/d
装配式施工	1 号	2017 年 2 月 21 日	2017 年 9 月 18 日	178
	2 号	2017 年 2 月 21 日	2017 年 8 月 25 日	154
	3 号	2017 年 2 月 21 日	2017 年 9 月 18 日	178
	4 号	2017 年 2 月 21 日	2017 年 8 月 20 日	122
	5 号	2017 年 2 月 21 日	2017 年 10 月 7 日	170
	6 号	2017 年 2 月 21 日	2017 年 9 月 14 日	198
	7 号	2017 年 2 月 21 日	2017 年 8 月 21 日	174
	8 号	2017 年 2 月 21 日	2017 年 8 月 21 日	174
	9 号	2017 年 2 月 21 日	2017 年 6 月 17 日	102
	10 号	2017 年 2 月 21 日	2017 年 6 月 17 日	102
	11 号	2017 年 2 月 21 日	2017 年 7 月 21 日	134
	14 号	2017 年 2 月 21 日	2017 年 12 月 9 日	194
	15 号	2017 年 2 月 21 日	2017 年 10 月 14 日	166
	16 号	2017 年 2 月 21 日	2017 年月 11 月 7 日	190
	17 号	2017 年 2 月 21 日	2017 年 10 月 16 日	140
	18 号	2017 年 2 月 21 日	2017 年 10 月 14 日	166

（2）施工总进度控制计划（见表 6－13）。

6.4.4　标准单元塔吊吊次时间分期表

（1）首层装配施工安排（见表 6－14）。

表 6−14　　　　　　　　　　　**首 层 装 配 施 工 安 排**

时间	施工工序
第 1 天	预制外墙板吊装、下层楼梯吊装、钢筋绑扎、水电施工
第 2 天	预制内墙板吊装、墙钢筋绑扎、水电施工
第 3 天	节点模板施工、墙体混凝土施工
第 4 天	模板拆除及支撑体系施工
第 5 天	预制楼板、阳台板、空调板安装
第 6 天	顶板钢筋绑扎及水电施工
第 7 天	顶板混凝土施工

（2）标准层装配施工安排（见表 6−15）。

表 6−15　　　　　　　　　　　**标准层装配施工安排**

时间	施工工序
第 1 天	测量放线、材料准备、预制外墙板吊装、下层楼梯吊装、钢筋绑扎、水电施工（晚上）
第 2 天	预制外墙板吊装、阳台板吊装、墙钢筋绑扎、水电施工、模板施工
第 3 天	模板施工、节点模板施工、墙体混凝土施工
第 4 天	模板拆除及支撑体系施工、叠合楼板吊装、水电预埋施工
第 5 天	叠合楼板吊装、水电预埋施工、钢筋绑扎施工、楼板混凝土浇筑
第 6 天	钢筋绑扎施工、楼板混凝土浇筑

6.4.5　构件吊装时间优化

预制构件吊装是施工流水作业的开始工序，该工序占用时间直接影响单元施工流水组织。构件吊装时间由预备挂钩时间、安全检查时间、回转就位时间、安装作业时间、起升回转固定时间、起升时间、落钩至地面的可变动时间组成。按照平均水平考虑，取建筑物中间层及标准单元构件数量次为计算基础，其标准单元预制构件吊装耗费时间见表 6−16。

表 6−16　　　　　　　　　　　**吊 装 时 间**　　　　　　　　　　　（min）

预备挂钩时间	安全检查时间	起升时间	回转就位	安装作业时间	起升回转固定时间	落钩至地面时间
2	2	变量	1.5	7	1.5	变量

6.4.6　现场临时道路及平面布置

（1）施工现场平面布置原则。

1）现场平面布置考虑如下主要因素：塔吊对拟建住宅楼的覆盖程度、对现场物料及构件堆场的覆盖范围、与周围建筑物的关系、两塔之间关系、塔吊的锚固、预制构件的单块最大总量、塔吊吊次等。

2）预制构件、大钢模板等存放位置不能影响测量控制点的通视，应尽量避开导线点、水准点，确保测量控制点之间视线良好。

3）道路布设最大限度地形成循环道路；如不能形成循环道路，则道路宽度要考虑回转及错车等因素。

（2）施工现场临时道路。

1）利用现场大门为现场主出入口，另在现场开设一个大门，与场外道路连接，施工道路全部进行硬化和预制。

2）在大门口设标准车辆洗车池，供车辆清洗，避免将场内的泥土带出施工现场。

3）施工现场设置循环消防车道，均设 4m（局部 6m）宽道路，可循环通车，保证施工期间各种车辆、人员的需求。临时道路原状土经夯压后上铺 22cm 厚预制路面，路面按排水要求做出坡度，沿路边设置排水管道。

6.5 施工准备

6.5.1 预制构件深化设计

1. 预制构件平面和立面布置图深化设计

标段施工及预制构件工艺图纸由设计院设计，构件公司对构件核心细部尺寸进行深度优化，经设计院审核通过后再行组织生产。以方便工厂生产和运输为原则，对构件进行检验编号，根据项目部制定的进度计划及流水，划分定制吊装顺序，便于安全生产和施工。

2. 预制构件模具、配筋图深化设计

根据工艺设计构件尺寸，对预制构件生产模具进一步进行精细设计。细部构造进行深度优化，根据结构图构件设计要求及规范要求，对预制构件配筋进行高质量、高安全、低成本的深度优化，从而可以提高工厂生产质量和效率。

3. 水电暖通材料与配件预埋深化设计

根据设计图纸，进行预制构件支撑埋件、吊装埋件、模板对拉套筒埋件的深度优化设计，以及电气管线排布、设备留槽、燃气留洞、水暖管留洞、外立管固定等后续施工预留预埋的深化设计。

4. 特殊复杂构件深化设计

水平构件根据结构设计规范要求，进行构件抗开裂、抗扭曲、便于生产和运输的深度优化，通过细部处理和研究院试验，让构件拥有能够自我承载并满足现场施工荷载要求。

5. 深化设计图样

预制墙板构件和预制叠合板构件的深化设计图样如图 6-7 和图 6-8 所示。

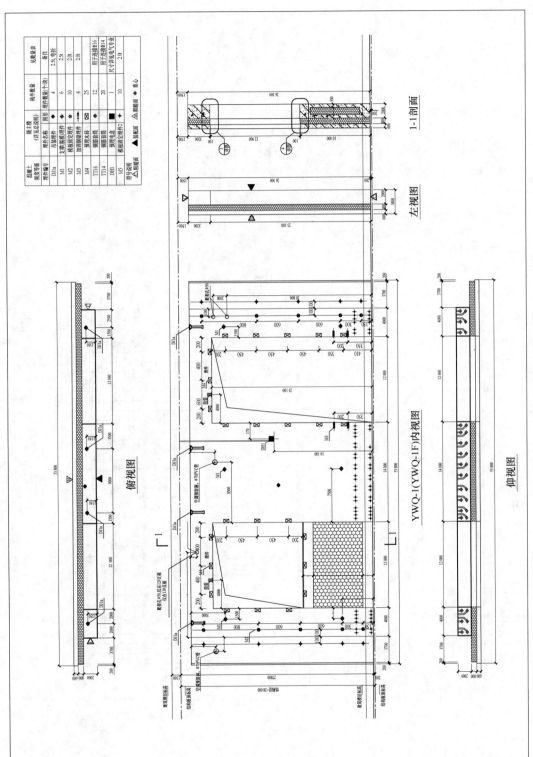

图6-7 预制墙板构件深化设计图

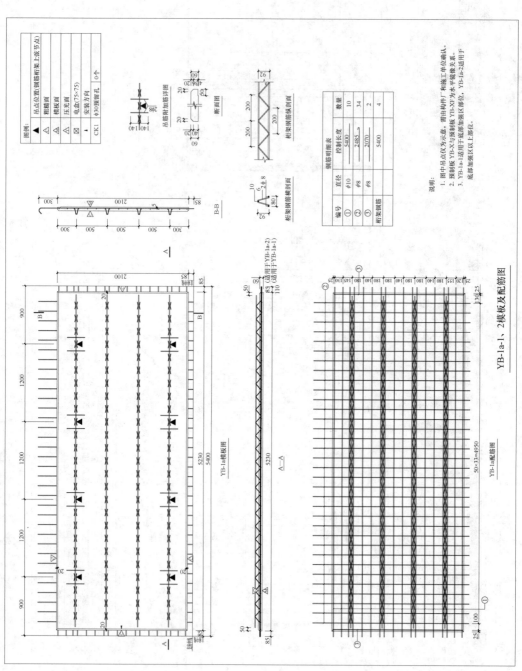

图 6-8 预制叠合板构件深化设计图

6.5.2　预制构件生产

1. 设计、生产、施工一体化

预制构件生产由预制构件有限公司生产，保证了构件的成品质量。

2. 择优选材

预制构件加工时，应择优选择最好原材料，通过竞标确定信用度高、产品性能优越的供货方，确保原材料质量符合现行国家标准。

3. 严格按图生产

按照图纸设计的材料规格和型号对构件进行材料采购，构件尺寸严格按照设计规格进行定制模具，生产前召集生产工人进行图纸培训和重要部位讲解，让工人对构件材料种类和配件位置牢记脑海中。

4. 智能化水泥配合计算配料

通过高精度软件进行砂、石、水泥骨料量比计算，再由全自动配料机上料。为进一步保证外加剂掺量的准确性，可根据每罐混凝土的应掺量，提前将外加剂定量分装在小塑料袋内，并由专人负责添加。严格把控生产工序，关键材料和预埋配件由通过专业培训的工人按图 1:1 进行安装布置，通过仪器进行精准定位，避免了传统施工水泥配合比量差，从而导致强度不满足设计要求的现象。此外应合理选用外加剂。

5. 保温窑最优养护环境

在传统施工中，混凝土养护会经历风吹日晒雨淋等极端恶劣环境，而造成非人为的强度质量问题，往往也不易被检测机构发现，从而形成工程上的弊端，而工厂专业养护窑的智能氧化确保了预制构件在化学反应中反应更加充分，强度更高，质量可控。通过专业培训人员巡查记录，让每一个构件都是最优品。

6. 工厂高精度模具制作

传统施工中剪力墙浇筑的模板都是工人简易操作，存在严重的质量隐患。预制墙板模具通过专业人员设计，智能化模具生产加工，并严格控制模板质量，对不合格模具一律报废，保证模板强度、刚度及平整度。同时，深化设计还考虑拼装简单、拆卸方便。

7. 配件材料精准定位

预制构件在构件加工厂对预制墙板底部预埋钢筋连接套筒，预制叠合类构件的预留吊环、吊钉，预制楼梯的预埋吊装螺母，利用加工模板的定位措施进行有效定位。预制构件模板制作时，利用定位销座将螺栓连接在模板内侧，待浇筑的构件混凝土达到一定强度后脱模，完成构件连接的准确定位。

8. 出窑实测质量

根据深度设计图纸中的现行国家规范、地方标准，进行构件实测实量并记录，找出影响构件生产质量原因，并及时进行更改。严格按照现行国家标准和规范进行质量把控。

6.5.3 构件运输、存放及吊装准备

1. 预制构件运输

预制构件根据安装状态的受力特点，制订有针对性的运输措施，保证运输过程中构件不受损坏。

预制构件运输过程中，运输车根据构件类型设专用运输架，并且需有可靠的稳定构件措施，用钢丝带加紧固器绑牢，以防构件在运输时受损（见图 6-9）。

构件运输前，根据运输需要选定合适、平整、坚实路线，车辆启动应慢，车速行驶均匀，严禁超速、猛拐和急刹车。

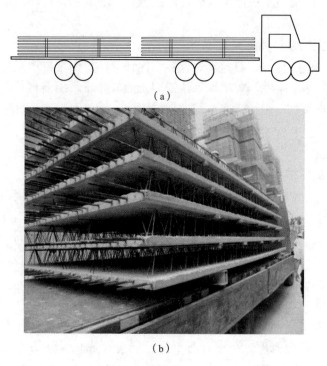

（a）

（b）

图 6-9　预制构件运输车

2. 预制构件存放

预制构件原则上不在现场存放，如必须在现场存放，需在指定地点按要求放置，确保安全、有序地组织施工。

预制构件按流水段要求的规格、数量运至现场后，拖板车在指定地点停放，直接由拖板车上吊至工作面进行安装施工。

预制构件拖板车严格按照总平面布置要求停放在塔吊有效吊重覆盖范围半径内。

预制墙板插放于墙板专用堆放架上，堆放架设计为两侧插放，堆放架应满足强度、刚度和稳定性要求，且应设置防磕碰、防下沉的保护措施（见图 6-10 和图 6-11）；保证构件堆放有序，存放合理，确保构件起吊方便、占地面积最小。堆放时要求两侧交错

堆放，保证堆放架的整体稳定性。堆放架根据构件厂提供的尺寸和要求进行设置加工或采用租赁构件厂的成型插放架。

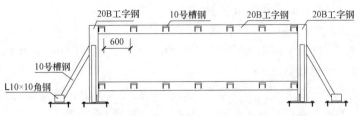

图 6-10　堆放架示意图

图 6-11　装配式墙体插放架体

根据预制构件受力情况存放，同时合理设置支垫位置，防止预制构件发生变形损坏；预制叠合阳台板、预制叠合板、预制楼梯以及预制阳台挂板叠放居中放置，层间应垫平、垫实，垫块位置安放在构件吊点位置。

构件吊装区域内严禁非法作业人员靠近，并对存放区拉警戒线进行封闭管理，针对特殊长时间未使用的构件进行质量措施保护。

3. 吊装前准备

预制构件吊装前根据构件类型准备吊具。加工多点起吊通用吊装梁，采用多功能钢梁吊运技术，根据不同构件吊点位置不同，对横吊梁的吊点位置进行调整，采用多点吊装，以保证每个吊点均匀受力，防止吊装时构件因变形而破坏。通用吊装梁根据各种构件吊装时不同的起吊点位置，设置多个起吊点，确保预制构件在吊装时吊装钢丝绳保持受力均匀，避免钢丝绳产生受力不均匀而导致构件安装不便。

预制构件进场前，根据施工流水计划在构件上标出吊装顺序号，标注顺序号与图纸上序号一致。

吊装前通过主控线将墙板边线和相应垫块标高测量并标好，在预制墙板内侧边缘距离为 200mm 的位置放出控制线，以保证就位位置的精度。

构件吊装之前，需要将所有措施型埋件、构件连接埋件埋设准确，连接面清理干净。

6.5.4　人员培训和岗位要求

1. 构件厂驻场人员培训和岗位要求

（1）人员：技术员、质量员、材料员。

（2）培训内容：《预制混凝土构件质量检测标准》（DB11/T 968—2013）。

（3）岗位职责和要求。

1）熟悉构件拆分图及加工图，掌握预制构件生产、制作的相关工艺和验收标准。

2）参与构件加工模具、预埋预留、相关尺寸进行检查验收。

3）参与装车时预制构件规格、数量、外观质量、成品保护的检查验收。

4）核对相关的质量证明文件。

5）相关人员必须经过国家考核并持有岗位证书。

2. 进场检查验收人员培训的岗位要求

（1）人员：技术员、质量员、材料员、工长、监理员。

（2）培训内容：《预制混凝土构件质量检测标准》（DB11/T 968—2013）。

（3）岗位职业和要求。

1）掌握预制构件验收标准。

2）检查预制构件规格、数量、外观质量、成品保护的检查验收。

3）接收相关的质量证明文件，并传递给资料员。

4）指挥预制构件车辆停放在指定地点。

5）质量员、技术员、工长必须经过国家考核并持有岗位证书。

3. 吊装人员培训和岗位要求

（1）人员：塔吊司机、信号工、司索工。

（2）培训内容：《吊装方案》《建筑施工手册》等混凝土结构吊装工程的相关内容。

（3）岗位职责和要求：

1）相关人员必须持证上岗。

2）塔司严格按信号工的指令进行操作，严格执行"十不吊"的规定。

3）信号工在保证安全的情况下才能发布指令，指令必须清晰。

4）司索工必须了解不同规格构件的重量、几何尺寸、重心位置，班前必须进行检查。起钩前必须检查钢丝绳、卡环处在最合理的受力状态，预制外墙板没有做斜撑固定，绝不允许摘钩。

5）根据构件的受力特征进行专项技术交底培训，确保构件吊装时依照构件原有受力情况，防护构件吊装过程中发生损坏。

6）根据构件的安装方案准备必要的连接工器具，确保安装快捷，连接可靠。

7）根据构件的连接方案，进行连接钢筋定位、构件套筒灌浆连接、螺栓连接、规范操作顺序培训，增强连接施工人员的操作质量意识。

4. 支撑体系及外防护架施工人员培训和岗位要求

（1）人员：架子工。

（2）培训内容：有模架单位进行相关内容的培训。

（3）岗位职责。

1）相关人员必须持证上岗。

2）必须按照相关的工艺流程进行操作，不得违章作业。

3）作业人员必须穿戴安全帽和工作服。

4）必须拥有相关工作经验。

5. 预制构件安装人员培训和岗位要求

（1）人员：预制构件安装相关人员。

（2）培训内容：《装配中混凝土结构工程施工与质量验收规程》（DB11/T 1030—2013）、《产业化施工方案》《预制构件吊装方案》《建筑施工手册》。

（3）岗位职业和工作要求：

1）上岗前必须接受现场的相关培训。

2）熟悉拆分图纸，预制构件安装顺序，必须按照相关的工艺流程进行操作，不得违章作业。

3）预制构件不得磕碰，注意成品保护。

4）严格按要求进行注浆，保证质量要求。

5）外墙板就位后，保证及时进行斜撑固定。

6）在正式操作前必须经过试吊，以熟悉操作工序。

6. 套筒灌浆操作人员培训和岗位要求

1）人员：套筒灌浆操作人员。

2）培训内容：《钢筋连接用套筒灌浆料》（JG/T 408—2013）、《钢筋套筒灌浆连接应用技术规程》（JGJ 355—2015）、《产业化施工方案》《钢筋套筒灌浆施工方案》《灌浆施工工艺操作指导手册》。

3）岗位职责和要求。

① 熟悉工艺设计图纸。

② 熟悉灌浆所需要的工具和仪器等。

③ 悉灌浆施工工艺流程。

④ 熟悉装配式施工测量工序及质量控制要点。

⑤ 相关人员必须经过实操培训。

7. 测量人员培训和岗位要求

（1）人员：测量员。

（2）培训内容：《装配式剪力墙结构设计规程》（DB11/1003—2013）、《工程测量规范》（GB 50026—2007）、《产业化施工方案》《建筑施工手册》。

（3）岗位职责和要求。

1）熟悉工艺设计图纸和施工指导图纸。

2）熟悉测量仪器的使用，如全站仪、经纬仪、水准仪、激光铅垂仪等。

3）熟悉装配式施工测量工序及质量控制要点。

4）相关人员必须经过国家考核并持有岗位证书。

8. 质量检查验收人员培训和要求

（1）人员：技术员、质量员。

（2）培训内容：《预制混凝土构件质量检验标准》（DB11/T 968—2013）、《装配式混凝土结构工程施工与质量验收规程》（DB11/T 1030—2013）、《装配式剪力墙结构设计规程》（DB11/1003—2013）、《产业化施工方案》。

（3）岗位职责和要求。

1）熟悉施工图纸、施工方案及相关的标准、规程。

2）掌握各种验收方法和验收工具。

3）注重过程质量验收，严格质量把关。

4）相关人员必须经过国家考核并持有岗位证书。

9. 安全监督人员培训和要求

（1）人员：安全员。

（2）培训内容：《建筑施工安全检查标准》（JGJ 59—2011）、《产业化施工方案》《建筑施工手册》。

（3）岗位职责和要求。

1）了解施工危险作业的各种规范。

2）熟悉装配式施工。

3）相关人员必须经过国家考核并持有岗位证书。

6.6 专项施工方案

6.6.1 防护体系施工

1. 附着式升降脚手架的施工

附着式升降脚手架的施工流程见图 6-12。

（1）操作平台的组装、搭设。本工程使用的是亿安附着升降脚手架，由于其相关安装和操作要求的特殊性，需要在工程施工进入标准层前按规范要求搭设操作平台（见图 6-13）。

1）材料要求。操作平台要求具有一定的承载能力，所有使用的钢管、扣件必须为合格的国标材料。钢管不得有变形或弯曲现象。所有使用的扣件不能有螺栓、螺母滑丝或配合过松现象。底部桁架组装完后，单位面积净重 150kg，即 $G=mg=150\text{kg} \times 10\text{N/kg}$（这里重力系数近似取 $g=10\text{N/kg}$）$=1.5\text{kN/m}^2$，按方案上要求进行平台的搭设，平台的承载能力不小于 6kN/m^2，所以现场已有的双排架在承载能力上能够满足爬架的要求。操作平台在架体安装完三道附着支座后方可拆除。

2）技术要求。

① 操作平台在标准层地面以上 1.2m 处搭设。平台内立杆距墙尺寸不大于 0.3m，宽度为 1.2～1.5m，水平度误差控制在每 10m 跨度 ±20mm。操作平台搭设完后必须有加固措施，应在平台顶部按每 3m 一组水平拉杆和斜杆对平台进行卸载加固，其承载能力为 6kN/m^2。

② 操作平台搭设于落地脚手架上。具体操作如下：

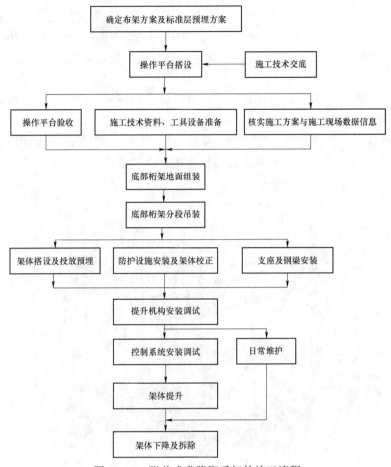

图 6-12 附着式升降脚手架的施工流程

a. 原落地式脚手架立杆在距离标准层底板以上 1.2m 位置收头。

b. 最上一层的所有大横杆与立杆相连的扣件下方全部加装一个防滑扣件。

c. 在原落地式脚手架立杆位置用 1.2m 长的钢管重新搭设一道小横杆,内侧距离内立杆 100mm,分别与内、外排立杆连接。

d. 用钢管在每个立杆位置对小横杆悬挑端进行斜支撑,斜支撑钢管必须跨过两跨,分别与内、外排立杆连接。

e. 落地脚手架在每个立杆最下端垫有方木,以防止架体沉降。

(2)竖向主框架及水平桁架组装。

1)底部桁架的组装。第一步架的组装是整套升降脚手架安装质量的关键,一定要认真仔细,严格按要求进行。一般来说,应在建筑物外形结构形状变化复杂、架体同结

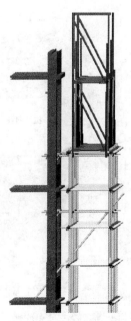

图 6-13 操作平台

构相关因素多的地方开始安装。依照平面布置图，在一块平整空地上组装底部桁架，组装长度不要超过三跨，以避免吊装连接时架体过重而无法移动。水平桁架由立杆、大小横杆、桁架斜杆等定型构件组成，采用 M16×50 螺栓连接，所有连接螺栓全部向内。

在水平支撑桁架安装时，应注意：各种立杆前后、左右高度应错开，桁架斜杆安装在桁架廊道两侧，横杆必须安装在主框架及立杆连接板内侧。桁架斜杆全部安装在连接板外侧，并且保证角钢横边向上（即角钢内面一面向外，一面向下）。桁架斜杆连接在靠近立杆和导轨处的连接孔上，必须保证斜杆连接在主框架处呈正"八"字形，其他位置呈波浪形连接。桁架连接示意图如图 6-14 所示。

图 6-14　桁架连接示意图

图 6-15　底部桁架固定

当此段桁架组装完成后，利用工地上的塔吊将其吊装到事先搭好的操作平台上，当位置确定后，用钢管将架体和事先在楼内做好的预埋环拉结，每个窗口连接一道，以便固定底部桁架（见图 6-15）。当所有底部桁架组装到位后，安装后续架体时主框架之间上下连接采用 M16×40 螺栓连接。桁架以上架体按双排脚手架搭设规范进行搭设。

2）搭设要求。

①安装水平桁架时，桁架外侧必须平整。

②架体外侧水平杆件必须保持平整，管头长短一致。

③相邻立杆、大横杆接头不允许在同一平面（跨）内；扣件螺母拧紧应符合规范，扣件螺母拧紧力矩为 40~65N·m，力矩大小采用扭力矩扳手进行检测。

④ 升降架外侧沿长度和高度连续设置剪刀撑（外排剪刀撑设置在架体内侧），剪刀撑宽度控制在 3.6～4.5m 之间，斜杆成 45°～60° 倾角。剪刀撑斜杆用旋转扣件搭接连接，搭接长度不小于 1m，采用不少于 3 个旋转扣件。剪刀撑应用旋转扣件固定在与之相交的横向水平杆的伸出端和立杆上，旋转扣件中心线至主节点的距离不应大于 150mm，在其中间应增加 2～4 个扣结点。

⑤ 本工程架体外满挂密目网，拐角处使用钢管扣件或钢筋铁丝绑扎，将密目网拐角牵拉平整。

3）架体防护操作层。

提升架根据防护高度共设置 4 个防护操作层，一般设在架体最底层、动力设备悬挂及支座拆除层、模板拆除层和顶部施工作业层。架体总高度为 10.8m 时，防护操作层应设置在架体的第一、第三、第五、第六步底。第一步底为密封层，用来拦截从施工位置坠落的所有物体和杂物，由专业钢脚手板完成，离墙防护按以下步骤完成。

a. 拉出抽拉杆，抽拉杆内侧伸至距建筑物外围 10～15cm 位置处固定，如图 6-16（a）所示；如果抽拉杆向里伸出架体内排长度大于 50cm 时，应用钢丝绳将抽拉杆头部和架体大横杆进行拉结，以保证抽拉杆的强度。

b. 抽拉杆安装到位后，使用花纹板将架体距离墙体的密封层铺严，花纹板铺设外侧与架体钢脚手板内侧搭接，内侧与抽拉杆端头平齐，如图 6-16（b）所示。

c. 花纹板在铺设时，架体廊道距离墙 15cm 的位置区域必须做到完全密封。密封完成后，使用宽度 40～50cm 等宽的花纹板制作翻板。翻板与底部的密封连接可用合页连接。翻板制作时，必须保证架体在施工状态时与建筑物之间靠实、无缝隙，升降状态时翻板能自如翻至架体一侧［图 6-16（c）］。同时，为保证翻板在使用时能抵抗施工层坠物的冲击，翻板底部必须有可靠的加固措施，用木方做背楞。

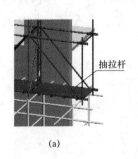
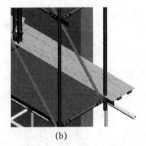
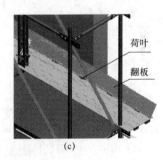

(a)　　　　　　　　　(b)　　　　　　　　　(c)

图 6-16　架体防护操作

d. 第三步底的密封用来缓冲大件坠落时产生的巨大冲击，同时也为升降架操作人员提供可靠的支座拆除、动力机构悬挂操作平台。一般使用木方和竹胶板或木板、竹胶板制作，具操作方法为：用木方作为龙骨，用 10 号铁丝间距 200～250mm 将木方绑扎在架体大横杆上。木方伸出架体外侧立杆尺寸为 10cm，内侧伸至距建筑物外围 10～15cm 位置处。如果木方向里伸出架体内排长度大于 30cm 时，应在方木同向扣钢管小横杆，并在内侧端头木方下加扣一道大横杆与小横杆连接，然后用铁丝将木方与加扣大横杆绑扎牢固，以保证轮毂的强度。木方绑扎到位后，使用竹胶板和铁钉将密封层铺严，竹胶板铺设外侧与架体外立杆内侧平齐，内侧与木方端头平齐。

e. 第五、第六步底为操作工人拆模施工的操作平台和顶部作业层的施工平台，该两层位置使用木脚手板或竹脚手板满铺并固定可靠。

4）搭设后续架体，除按以上要求进行外，还应注意以下几点：

① 在搭设时如出现误差积累且造成某一立杆点左右位置偏差太大时，可现场根据具体情况调整横杆长度组合。

② 架体继续往上搭设，要控制立杆与每一楼层的标准离墙距离和相应的垂直度、水平度。

③ 立杆的相邻接点要错开，以保证架体的整体刚度。

④ 按照确定的预埋点位置尺寸留置预埋孔。预埋管使用 $\phi50$ 的 PVC 管，用软质材料将两端封堵，并牢固绑扎在墙体主筋上，以防混凝土浇筑时移位。如果预埋孔偏差超出预埋尺寸 3cm 以上时，应重新打孔，不得使用错位孔对附墙支座进行强行安装。

⑤ 根据施工现场进度，保持架体至少高出施工层楼面半层的高度。

⑥ 在提升机构未安装好以前，架体应与建筑物有足够的临时水平拉结点，以保证架体的稳定性及安全。

2. 外用电梯的施工

（1）架体采用落地式双排双杆设计，大约每 20m 使用 $\phi12.5$ 钢丝绳卸荷（共卸荷 3 次），一直搭设至楼顶层，高度约 80m。内、外侧立杆横距为 1500mm，单独搭设。

（2）组成构件立杆、大横杆、小横杆、剪刀撑、护栏采用 $\phi48.3\times3.6mm$ 钢管；钢管之间采用螺栓紧固的连接扣件有直角扣件、旋转扣件、对接扣件三种；立网采用 6m×1.5m 的密目安全网；挡脚板和脚手板采用 400mm×200mm×50mm 木制脚手板。

3. 架体组成形式

（1）立杆纵距，最大间距 $l_a=1500mm$；立杆横距 $l_b=1500mm$，内侧立杆距结构墙体净距离 200mm；步距最大间距 $h=1900mm$，每一楼层面处为便于出入步距为 1900mm，架体总长约 6.8m。

（2）此架体在搭设过程中内、外排立杆采用双杆设计，在每楼层飘窗入口处调整大横杆步距为 1900mm，其他位置水平横杆步距保持 1500mm 不变。

（3）因室外电梯在安装过程中需与原结构连接附着，所以外架体随层搭设，为保证安全，室外架体平台需及时跟上搭设且不低于最高附着点。

（4）与结构连接作用的刚性连墙件层层设置，且在入口处与飘窗结构墙体拉接。

（5）防护：平台两侧设置护身栏满包密目安全网并设置 200mm 高挡脚板，为防止物体坠落。

脚手架平面、立面如图 6-17 所示。

4. 塔吊的附着及锚固

（1）在固定环梁及锚固点处下约 1.2m 处，由机长指导工地搭防护架，便于进行锚固作业。

（2）在建筑结构上事先做好预留孔，确认附着点强度合格后，使用双头螺栓、螺母将墙耳板锚固固定，要求安全可靠。

（3）将附着框部件，逐件吊到预定位置，铅丝固定结实并调整水平后，连成整体与塔身固定。

（4）要量好墙耳板与环梁销孔间中心距，在地面拼好撑杆，要留有调节余量，要逐根安装撑杆。

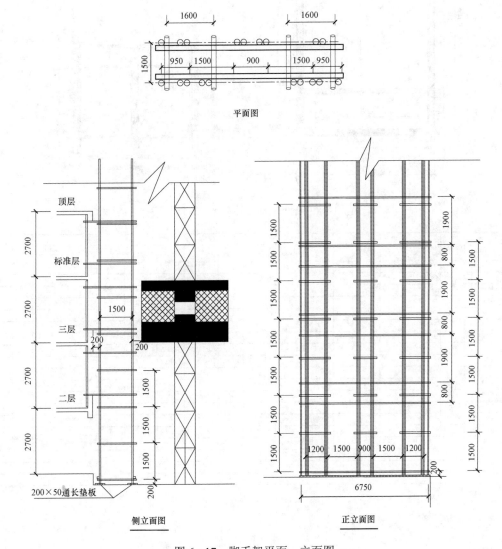

图 6-17　脚手架平面、立面图

（5）锚固点到下面固定点间垂直度≤2‰，否则需松开撑杆一端，回转大臂配合调整撑杆长度，达到塔身垂直度要求。

（6）锚固撑杆按环梁结构不同，一般为 4 根或 3 根。

施工电梯（接料平台）防护门如图 6-18 所示，塔吊锚固节点图如图 6-19 所示，各单体塔吊锚固平面图参见图 6-2，各单体塔吊附着示意图如图 6-20 所示。

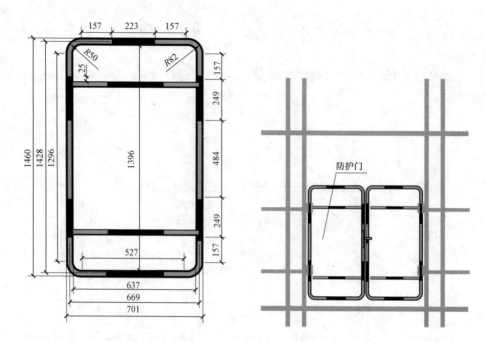

图 6-18　施工电梯（接料平台）防护门

编号	塔机型号	自由高度/m	臂长/m	顶升方向	基础尺寸/(mm×mm×mm)	1 附着前顶升/施工楼层	2 附着	附着前顶升/施工楼层	3 附着	附着前顶升/施工楼层	4 附着	附着前顶升/施工楼层	5 附着	附着前顶升/施工楼层	6 附着	附着前顶升/施工楼层	7 附着	附着前顶升/施工楼层	顶升标准节	附着次数
1#	国弘7032	51.7	40	西	6500×6500×1500	14/7F		/10F	第9节对应9F	7/13F		/17F	第16节对应16F	7/21F		/25F	第23节对应24F	5/封顶	33	3
2#	国弘7032	51.7	40	西	6500×6500×1500	9/5F		2/6F		3/10F	第9节对应9F	5	第14节对应14F	3/18F		4/封顶	拆		26	2
3#	广西7526	59.8	40	西	7200×7200×1500	17/7F		/10F		/14F	第12节对应13F	7/17F		/21F	第19节对应21F	7/封顶	拆		31	2
4#	中联7525	51.7	45	东	7200×7200×1500	14/7F		/7F	第9节对应9F	7/13F		/15F	降1/封顶		拆				20	1
5#	中联7525	51.7	55	东	7200×7200×1500	11/7F	第6节对应6F	6/10F		/13F	第12节对应12F	7/17F		/21F	第19节对应20F	7/封顶	拆		31	3
6#	徐工7525	51	35	西	7200×7200×1500		第9节对应10F	7/14F		/17F	第18节对应18F	/26F	第23节对应25F	5/封顶					28	3
7#	中联7525	51.7	40	西	7200×7200×1500	10/7F	第5节对应6F	7/10F		/14F		/17F	第19节对应21F	7/封顶	降2/封顶				28	3
8#	广西7520	51.7	40	西	7200×7200×1500	14/7F		/10F	第9节对应10F	7/14F		/17F	第18节对应18F	7/21F	封顶		降2/封顶		28	3
9#	中联7525	51.7	40	西	7200×7200×1500	8/3F		3/6F		3/10F	第9节对应10F	封顶	拆						19	1
10#	广西7520	51.7	40	西	7200×7200×1500	14/7F		/11F	第9节对应10F	7/13F	封顶		拆						21	1
11#	广西7520	51.7	40	西	7200×7200×1500	10/6F	第5节对应6F	/11F		/13F	第11节对应12F	7/封顶	封顶						24	2
14#	广西7520	51.7	60	东	7200×7200×1500	10/6F	第5节对应6F	/11F		/18F	第16节对应16F	/25F	第23节对应24F	7/封顶					35	3
15#	广西7520	51.7	60	西	7200×7200×1500	10/6F	第5节对应6F	7/11F		/14F	第11节对应12F	/21F	第18节对应20F	7/封顶	降4/封顶				27	3
16#	K30	51.7	40	西	6500×6500×1500	14/7F		/11F	第9节对应10F	7/14F		/18F	第16节对应18F	7/21F		/25F	第23节对应25F	3/封顶	31	3
17#	广西7520	51.7	40	西	7200×7200×1500	8/3F		4/7F		/10F	第9节对应10F	5/15F	第14节对应14F	3/封顶		4/封顶			26	2
18#	中联7525	51.7	40	西	7200×7200×1500	10/7F	第5节对应6F	711F		/14F	第12节对应13F	7/18F	第12节对应13F	7/21F	第19节对应21F	7/封顶	第19节对应21F	7/封顶	31	3

备注：
1. 本工程采用16台塔机，中联7525计5台：国弘7032计2台；广西7520计6台；广西7526计1台；徐工7525计1台；70/30计1台。
2. 塔机中3#（广西7526）、6#（徐工7525）为平头；其余塔机均为锤头式塔机。
3. 塔机附着以上悬高均按38.5米（12节整节）考虑，提前附着及附着最高不满足说明书要求时均需要验算。

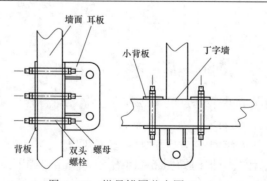

图 6-19　塔吊锚固节点图（一）

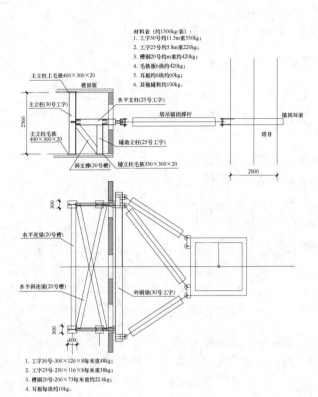

材料表（约1500kg/套）：
1. 工字30号约11.5m重550kg；
2. 工字25号约5.8m重220kg；
3. 槽钢20号约m重420kg；
4. 毛铁板6块约420kg；
5. 耳板约6块约60kg；
6. 其他辅料约100kg。

1. 工字30号-300×126×8每米重48kg；
2. 工字25号-250×116×8每米重38kg；
3. 槽钢20号-200×73每米重约22.6kg；
4. 耳板每块约10kg。

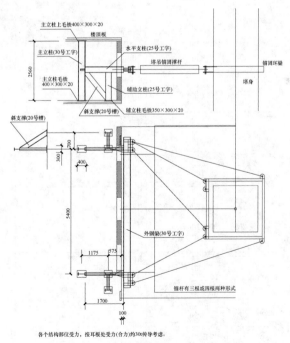

各个结构部位受力，按耳板处受力(合力)的30t传导考虑。

图 6-19　塔吊锚固节点图（二）

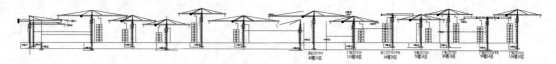

图6-20 各单体塔吊附着示意图

6.6.2 预制构件吊装

1. 预制墙板的吊装及安装精度控制

（1）预制墙板吊装顺序（见图6-21）。

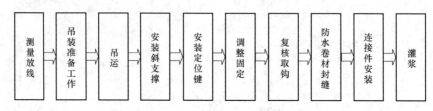

图6-21 预制墙板吊装顺序

（2）测量放线及预制墙板的吊装。

1）通过激光铅垂仪从首层投射激光至施工楼层接收靶中心点上，然后通过经纬仪放出主控线，让构件安装达到毫米级安装精度（见图6-22）。

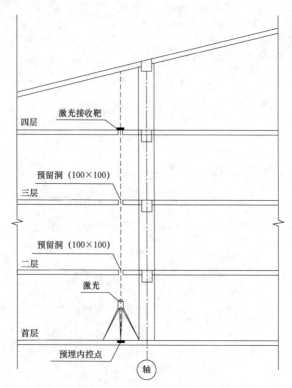

图6-22 竖向投测示意图

2）构件编号及施工控制线，即将构件编号标识于结构层地面上，并按照测量放线的要求，在每层楼面上弹出构件进行控制线（拟轴线内翻 200mm）以及每块构件水平位置控制线。构件吊装之前，需要将所有措施性埋件、构件连接埋件埋设准确，连接面清理干净。

3）依据图纸在楼板面放出每块预制墙板的具体位置线，并进行有效的复核；根据已放出的每块预制墙板的具体位置线，采用专用垫片调整预制墙体的标高及找平；在没有一块墙板两端底部放置专用垫块，并用水准仪测量，使其在同一个水平标高上。

4）根据墙板的大小及重量，选定合适的钢丝绳、钢梁、吊钩，并将按照要求吊钩安装在吊钉上。

5）挂钩之前应检查吊钩是否牢靠，吊钩与吊钉连接是否稳固，检查吊钉周围是否有蜂窝、麻面、开裂等影响吊钉受力的质量缺陷。

6）按照构件调运线路将构件调至安装位置，吊运线路必须在防坠隔离区内，构件在空中吊运时，防坠隔离区不得有施工人员、防坠隔离区为建筑物外边线向外延伸 3m。

7）构件垂直缓慢下降，保证柱子竖直筋包裹在叠合式剪力墙的箍筋上。柱子钢筋绑扎的高度应低于 1m。

8）螺杆安装后，构件缓慢落位，螺杆徐徐插入灌浆孔内。

9）应按斜支撑安装线固定斜支撑，先固定上部支撑点。上部支撑点安装高度在墙板 2/3 位置处；外墙有斜支撑套筒应安装在套筒位置。按照布置图安装外墙定位件，每块墙安装 2 个定位件，防止构件偏移。

10）靠尺距离墙板边 500mm 左右，构件小于 5m 靠两尺，构件大于 5m 靠三尺；采用斜撑杆螺栓旋转调节墙板垂直度。

11）外墙垂直度应控制在 ±4mm 以内；垂直度调整时，应将固定在墙板上的所有斜支撑同时旋转，严禁一根往外旋转，另一根往内旋转。预制墙体吊装就位标高控制准确后，开始加设斜支撑。在加设斜支撑时，利用斜撑杆调节好墙体的垂直度。在调节斜撑杆时必须 2 名工人同时间、同方向进行操作，分别调节两根斜撑杆，与此同时要有一名工人拿 2m 靠尺反复测量垂直度，直到调整满足要求为止（依据规范要求垂直度需满足 ≤5mm）。

12）采用水准仪，利用塔尺后视已知点标高，将塔尺置于板底垫块处，进行标高复核；复核的标高与后视点的差值不应大于 2mm；操作必须规范（如塔尺必须立直，水准仪必须水平）。工艺深化设计为外墙板预留置 2cm 高度可调控制，通过复核有效控制预制墙板的高度累计误差。

13）斜支撑安装紧固完成后，可以取钩；工人站在人字梯上面，应系好安全带及防坠器取钩。

2. 预制楼梯的吊装及安装精度控制

（1）预制楼梯吊装顺序（见图 6–23）。

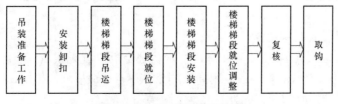

图 6–23　预制楼梯吊装顺序

（2）楼梯梯段吊装。

1）因楼梯为斜构件，吊装时用3根同长度钢丝绳4点起吊，楼梯梯段底部用2根钢丝绳分别固定两个吊顶。楼梯梯段上部由1根钢丝绳穿过吊钩两端固定在两个吊钉上（下部钢丝绳加吊具长度应是上部的2倍）。

2）梯段就位前，休息平台叠合板需安装调节完成，因平台板需支撑梯段荷载。检查休息平台叠合板的标高是否准确，梯段支撑面下部支撑是否搭设完毕且固定牢固。梯段落位后就可用钢管架顶托在楼梯底部（梯段底部一般会有四个脱模吊钉，可将钢管支撑于此）加制成固定。

3）落位后需复核梯段是否按设计预留缝隙，并根据控制线，利用撬棍微调，校正。

3. 叠合楼板的吊装及安装精度控制

（1）叠合楼板吊装顺序（见图6-24）。

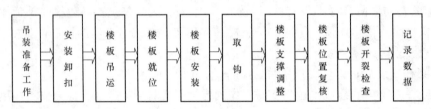

图6-24 叠合楼板吊装顺序

（2）吊装前准备工作。

1）选择合适钢丝绳，小于4m板用4点起吊，大于4m板用8点起吊。

2）预制构件进场前要对构件堆场进行布置，对构件排列进行考虑，其原则是：预制构件存放受力状态与安装受力状态一致，避免由于存放不合理导致构件翻身或运输过程中受力破坏。预制构件进场时必须对每块构件进场验收，主要针对构件外观和规格尺寸。构件外观要求为外观质量上不能有严重的缺陷，且不应有漏筋和影响结构使用性能的蜂窝、麻面和裂缝等现象。

3）叠合板与叠合板之间需放置木方，木方数量根据板长来决定，需保证叠合板无明显的歪曲变形。

（3）叠合楼板的起吊及就位安装。

1）工人需核对板号无误后，安装卸扣和缆风绳，待工人站在安全位置后，再通知塔吊将叠合板从车上慢慢吊起。

2）吊运至设计标高上方500mm处停止塔吊下降，调整好叠合楼板位置后，缓慢下降至墙板上，速度过快容易造成楼板出现裂缝。

3）墙板上需贴好单面胶条，让楼板完全搭在单面胶条上面，将楼板缓慢降至墙板上，注意保证楼板与墙板搭接为1.5cm，并目测楼板的边缘与墙板顶部单面胶条是否搭接完全。

（4）叠合楼板的取钩及复核。

1）塔吊下降至钢丝绳成松弛状态，在确认叠合板位置无误后，将挂钩取下。

2）利用水准复核1m标高线，用卷尺测量高度=（地板标高-1m），与图纸相复核，根据偏差调整独立立杆直至满足水平要求。

3）对照图纸，检查预留预埋洞口尺寸及位置。

4. PCF 板的吊装及安装精度控制

（1）PCF 板吊装顺序（见图 6-25）。

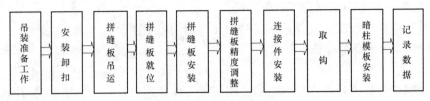

图 6-25　PCF 板吊装顺序

（2）PCF 板安装工艺。

PCF 板按以下顺序进行安装：① PCF 板吊装前首先进行外围暗柱钢筋绑扎，待暗柱钢筋绑扎完成后开始准备吊装 PCF 板；② 操作工人在防护架上控制 PCF 板落位方向和位置，然后控制 PCF 板缓慢下降至施工前打好的水平标高垫块上；③ 接着安装 PCF 板与外墙板的连接件，取掉墙板上方钢丝绳吊钩；④ 安装拼缝保温板；⑤ 安装模板对拉杆；⑥ 暗柱模板安装；⑦ 模板加固背楞安装。

（3）PCF 板施工精度控制。

1）PCF 板底部留置 2cm 的可调高度，避免 PCF 板造成累计高度误差。

2）PCF 板底部标高引自正负零，避免层高的累计误差。

3）PCF 板位置用过楼层测量孔利用电子经纬仪放射出 4 根主轴控制线，再根据主轴线放射出 PCF 板位置控制线，避免了累计误差。

6.7　质量管理

6.7.1　预制构件施工质量及进场检验标准

1. 预制构件施工质量验收标准

（1）一般要求。

1）预制构件安装施工质量应符合《装配式混凝土结构工程施工与质量验收规程》（DB11/T 1030—2013）的规定。

2）预制构件应采用吊装梁吊装，吊装时应保持吊装钢丝绳均匀受力。

3）灌浆作业前，应对灌浆操作从业人员进行专业技能培训，考试合格后方可上岗操作。

4）预制墙板灌浆直螺纹钢筋连接套筒灌浆作业前，应进行灌浆接头班前检验。

5）预制墙板灌浆作业时，应控制作业环境及灌浆构件的温度，合理安排作业时间。

6）灌浆作业时，设专人全程监控，并由监理人员进行旁站，最后形成记录文件。

7）预制墙板水平缝应采取分区灌浆等措施，保证水平缝灌浆饱满。

8）预制墙板节点区后浇混凝土应采取可靠的浇筑质量控制措施，确保连续浇筑并振捣密实。

9）预制构件安装完成后，应采取有效可靠的成品保护措施，防止构件损坏。

（2）装配中结构节点区施工质量标准。

1）预制墙板吊装前，应进行灌浆接头连接钢筋隐蔽验收。

2）预制墙板现浇节点在混凝土浇筑前，应进行预制墙板甩出钢筋及构件粗糙面隐蔽验收。

3）预制叠合板类构件安装完成后，钢筋绑扎前，应进行叠合面质量隐蔽验收。

4）预制叠合板类构件板面钢筋绑扎完成后，应进行钢筋隐蔽验收。

5）预制墙板节点区后浇混凝土应采取可靠的浇筑质量控制措施，确保连续浇筑并振捣密实。

6）预制构件安装完成后，应采取有效可靠的成品保护措施，防止构件损坏。

（3）预制构件拼缝防水节点施工质量标准。

1）预制构件拼缝处防水材料必须符合设计要求，并具有合格证及检测报告。必要时应提供防水密封材料进场复试报告。

2）拼缝处密封胶打注必须饱满、密实、连续、均匀、无气泡，宽度和深度符合要求，胶缝应横平竖直、深浅一致、宽窄均匀、光滑顺直。

（4）预制构件安装尺寸的允许偏差及检验方法见表 6-17。

表 6-17　　　　　　　　预制构件安装尺寸的允许偏差及检验方法

项　　目		允许偏差/mm	检验方法
构件中心线对轴线位置	基础	15	尺量检查
	竖向构件（柱、墙板、桁架）	10	
	水平构件（梁、板）	5	
构件标高	梁、板底面或顶面	±5	水准仪或尺量检查
	柱、墙板顶面	±3	
构件垂直度	柱、墙板 <5m	5	经纬仪测量
	≥5m 且<10m	10	
	≥10m	20	
构件切斜度	梁、桁架	5	垂线、尺量检查
相邻构件平整度	板端面	5	钢尺、塞尺测量
	梁、板下表面	5	
		3	
	柱、墙板侧表面	5	
		10	

续表

项　　目		允许偏差/mm	检验方法
构件搁置长度	梁、板	±10	塞尺测量
支座、支垫 中心位置	板、梁、柱、墙板桁架	±10	塞尺测量
接缝宽度		±5	塞尺测量

注：1. 装配中结构预制构件的防水节点构造做法应符合设计要求。

　　2. 检查数量：全数检查。

　　3. 检查方法：观察检查。

2. 预制构件进场验收质量标准

（1）一般要求。

1）预制构件安装施工质量应符合《装配式混凝土结构工程施工与质量验收规程》（DB11/T 1030—2013）的规定。

2）预制构件进场前应具有产品合格证、预制构件混凝土强度报告、灌浆直螺纹套筒性能检测报告、预制构件保温材料性能检测报告、预制构件面砖拉拔试验报告等质量证明文件，且预制构件的外观不应有明显的损伤、裂纹。

3）预制构件连接材料如钢筋接头灌浆料、螺栓瞄固灌浆料等，应具有产品合格证等质量证明文件，并经进场复试合格后，放可用于工程。

4）预制构件进场时，预制墙板明显部位必须注明生产单位、构件型号、质量合格标志；预制构件外观不得存有对构件受力性能、安全性能、使用性能有严重影响的缺陷，不得存有影响结构性能和安装、使用功能的尺寸偏差。

5）构件验收均应留有验收记录及影像资料。

（2）预制构件及连接材料存放质量标准

1）预制构件及连接材料存放质量应符合《装配式混凝土结构工程施工与质量验收规程》（DB11/T 1030—2013）的规定。

2）各类预制构件进场验收合格存放时，应确保构件存放状态与安装状态相一致，叠放存放构件（预制叠合阳台板、预制叠合板、预制楼梯板、预制装饰板）不得超过 4 层，垫木应放置于起吊点位置下方。预制构件堆放顺序应与施工吊装顺序及施工进度相匹配。

3）预制构件不宜在施工现场进行翻身操作。确需进行翻身操作时，应制订构件翻身操作专项措施，经审核后实施。

4）钢筋接头灌浆料应合理分批进厂，进场后必须采取妥善的存放措施，防止钢筋接头灌浆料因受潮、暴晒而造成质量性能改变，并确保在钢筋接头灌浆料保质期内使用完成。

3. 分项工程质量验收标准

（1）模板与支撑。

1）预制构件安装临时固定支撑应稳固可靠，应符合设计及相关技术标准规定。

2）检查数量：全数检查。

3）检验方法：观察检查，检查施工记录或设计文件。

4）装配式结构中后浇混凝土结构模板安装的偏差应符合表 6-18 的规定。

5）检查数量：在同一检验批内，对梁和柱，应抽查构件数量的 10%，且不少于 3 件；对墙和板，应按有代表性的自然件抽查 10%，且不少于 3 件。

表 6-18 模板安装允许偏差及检验方法

项　目		允许偏差/mm	检验方法
轴线位置		5	尺量检查
底模上表面标高		±5	水准仪或拉线、尺量检查
截面内部尺寸	柱、梁	+4，-5	尺量检查
	墙	+2，-3	尺量检查

注：检查轴线位置时，应沿纵、横两个方向测量，并取其中的较大值。

（2）钢筋。

1）预制构件采用直螺纹钢筋灌浆套筒连接时，钢筋的直螺纹连接应符合现行行业标准《钢筋机械连接技术规程》（JGJ 107—2016）的规定，钢筋套筒灌浆接头应符合设计要求及有关标准规定。

2）检查数量：按同一工程、同一牌号和规格的钢筋，灌浆前制作 3 个平行试件。

3）检验方法：检查钢筋接头力学性能实验报告。

4）连接钢筋、预埋件安装位置的允许偏差及检验方法见表 6-19。

表 6-19 连接钢筋、预埋件安装位置的允许偏差及检验方法

项　目		允许偏差/mm	检验方法
连接钢筋	中心线位置	5	尺量检查
	长度	10	
灌浆套筒连接钢筋	中心线位置	2	宜用专用定位模具整体检查

注：检查预埋件中心线位置时，应沿纵、横两个方向测量，并取其中的较大值。

（3）混凝土。

1）装配式结构安装连接节点和连接接缝部位的后浇筑混凝土强度应符合设计要求：

2）检查数量：每工作班同一配合比的混凝土取样不得少于 1 次，每次取样应至少留置 1 组标准养护试块，同条件养护试块的留置组数宜根据实际需要确定。

3）检验方法：检查施工记录及试件强度实验报告。

4）装配中结构后浇混凝土的外观质量不应有严重缺陷。

5）对已经出现的严重缺陷，应由施工单位提供出技术处理方案，并经监理（建设）单位认可后进行处理。对经处理的部位，应重新检查验收。

6）检查数量：全数检查。

7）检验方法：观察检查，检查技术处理方案。

8）装配式结构后浇混凝土的外观质量不宜有一般缺陷，对已经出现一般缺陷，应由施工单位按技术处理方案进行处理，并重新检查验收。

9）检查数量：全数检查。

10）检查方法：观察，检查技术处理方案。

4. 质量控制和处理措施

（1）模板、钢筋、混凝土分项工程质量控制。构件制作的模板分项工程、钢筋分项工程和混凝土分项工程质量验收，按照《混凝土结构工程施工质量验收规范》（GB 50204—2015）要求执行。

（2）门窗和涂料工程质量控制。构件生产时门窗子分部工程和涂料子分部工程质量，按照《建筑装饰装修工程质量验收规范》（GB 50210—2018）要求执行。

（3）预制构件之间连接质量控制。预制构件与结构之间的连接应符合设计要求。连接处钢筋或预埋件采用焊接和机械连接时，接头质量应符合《钢筋焊接及验收规程》（JGJ 18—2012）、《钢筋机械连接通用技术规程》（JGJ 107—2016）的要求。

（4）预制构件质量控制。预制构件质量应符合《预制混凝土构件质量检验标准》（DB11/T 968—2013）。

如果有不满足规范要求，但能通过返修并不影响正常使用构件视为合格产品，经过返修仍然不满正常使用要求作废品处理。

板类构件尺寸允许偏差见表 6-20，墙板类构件允许偏差见表 6-21。

表 6-20　　　　　　　　　　　　　板类构件尺寸允许偏差

项次	检验项目			允许偏差/mm
1	规格尺寸	长		+10，−5
2		宽		±5
3		高		+5，−3
4		翼板宽		±5
5		肋宽		±5
6		对角线差		10
7	外形	表面平整	模具面	3
			手工面	4
8		侧向弯曲		$L/1000$ 且≤20mm
9		翘曲		$L/1000$
10	预埋部件	铁件	中心线位置偏差	10
11			平面高差	3
12		螺栓、销栓	中心线位置偏差	△3
13			留出长度	+10，−5
14		插筋、木砖	中心线位置偏差	10
15			插筋留出长度	±20
16		吊环	相对位置偏移	30
17			留出高度	±10
18		电线管、电盒	水平方向中心线位置偏移	20

续表

项次	检验项目			允许偏差/mm
19	预埋部件	电线管、电盒	垂直方向中心线位置偏移	+5，0
20	预留孔洞	孔洞	中心线位置偏差	5
21			规格尺寸	+10，0
22		安装孔中心线位置偏差		△5
23	主筋外留长度			+10，−5
24	主筋保护层			△+5，−3

注：1. L 为构件长度（mm），△表示不允许超偏差项目。

2. 有装饰要求的板类构件尺寸偏差按墙板类标准执行。

表 6−21 　　　　　　　　　　　**墙板类构件尺寸允许偏差**

项次	检验项目			允许偏差/mm
1	规格尺寸	高		±3
2		宽		±3
3		厚		±2
4		对角线差		△5
5		门窗口	规格尺寸	±4
6			对角线差	△4
7			位置偏移	△3
8	外形	清水面表面平整		△2
		普通面表面平整		△3
9		侧向弯曲		$\Delta L/1000$ 且≤5
10		扭翘		$L/1000$ 且≤5
11		门窗口内侧平整		2
12		装饰线条宽度		±2
13	预埋部件	铁件	中心线位置偏移	5
14			平面高差	3
15		安装结构用吊环	中心线位置偏移	△10
16			留出长度	△±10
17		插筋、木砖	中心线位置偏移	10
18			插筋留出长度	±10
19	预留洞口	中心线位置偏移		5
20		安装门窗顶预留孔深度		±5
21		尺寸规格		±5
22		主筋保护层		△+5，−3
23	结构安装用预留件（孔）	螺栓	中心线位置偏移	△3
24			留出长度	△+5，0
25		内螺母、套筒、销控等中心线位置偏移		△2

注：L 为构件长度（mm），△表示不允许超偏差项目。

（5）PC 构件安装质量保障措施。

1）预制墙板质量保证。

a. 按照安装图和事先制订好的安装顺序进行吊装，依次逐块进行安装，形成一个封闭的外围护结构。

b. 吊装外墙板时，根据墙板上预埋的吊钉数量采用两点或四点起吊。就位应垂直平稳，吊装钢丝绳与构件水平面夹角不宜小于 60°。起吊后要小心缓慢地将墙板放置于垫片之上。

c. 每块外墙板通常需用两个斜支撑来固定，斜撑上不通过专用螺栓与在外墙板上部 2/3 高度处固定，斜支撑底部与地面（或楼板）用膨胀螺栓或专用螺栓进行锚固；支撑与水平楼面夹角在 40°～50° 之间；安装过程中，必须在确保两个斜支撑安装牢固后方可接触外墙板上的吊车吊钩。

d. 外墙板的校正应根据地面控制边线，用撬棍对墙板位置进行微调。使外墙板构件边缘与地面控制边线重合；外墙板的垂直度调整，通过在两根斜支撑上放螺纹套管调整来实现，两根斜支撑要同时调整；外墙板吊装就位后应复核外墙板横向、竖向拼缝宽度及构件垂直度；外墙板应对外立面横向、竖向接缝高度差进行严格控制。

e. 外墙板充当外模板时，应充分考虑现浇混凝土施工时的侧向压力。需确保外模不开裂，对拉杆布置数量合理；后浇混凝土其他部位的模板应在混凝土浇筑时不产生明显变形漏浆；后浇混凝土层施工前，应按设计要求检查结构面粗糙度和清洁度，检查并校正预制构件的外漏钢筋；浇筑叠合楼板面层混凝土前应对结合部进行处理，包括清扫垃圾、清理污渍、洒水湿润等；竖向构件混凝土浇筑时，浇筑完成顶部标高应低于叠合板板底标高；竖向构件的混凝土宜采用自密实混凝土施工；现浇部分的施工环节还应满足《混凝土结构工程施工质量验收规范》（GB 50204—2015）和《混凝土结构工程施工规范》（GB 50666—2011）中相关条款的要求。

2）叠合楼板质量保证措施。

a. 叠合楼板的安装铺设顺序应按照楼板的安装布置图进行，并有利于起吊和安全。

b. 叠合楼板起吊不少于 4 个吊点，吊点位置为格构梁上弦与腹筋交接处，跨度大于 6m 的叠合楼板要采用 8 点起吊；吊点应左右对称、前后对称布置，且有专用吊具平均分担受力，多点均衡起吊。

c. 在叠合楼板上堆放其他材料时，应控制施工荷载不超过设计规定，并应避免单个叠合楼板承受较大的集中荷载，未经设计允许不得对叠合楼板进行切割、开洞；叠合楼板吊装完成后必须有专人对叠合楼板板底接缝高低差进行校核；叠合楼板板底接缝高低差不满足设计要求时，应将构件重新起吊，用可调托座进行调节。

d. 叠合构件后浇混凝土层施工前，应按照设计要求检查结合面粗糙度和清洁度，检查并校正预制构件的外漏钢筋；叠合构件应根据构件类型、跨度来确定后浇混凝土支撑件的拆除时间。强度达到设计要求后，方可承受全部设计荷载。

e. 浇筑叠合楼板面层的混凝土前应对结合部进行处理，包括清扫垃圾、清理污渍、洒水湿润等；叠合楼板面混凝土应连续浇筑，并严格控制现浇混凝土表面的平整度。

f. 楼板与墙板防漏浆措施：叠合楼板落位时，在预制剪力墙板上面粘贴双面胶条，如果楼板和预制剪力墙搭接部位缝隙过大，则用水泥砂浆进行封堵。

g. PCF板施工加固措施：① PCF板通过连接件与预制剪力墙板进行可靠连接；② 外围通过定型钢背楞进行暗柱混凝土加固，背楞同对拉杆高度一致，形成躲到钢背楞防护，避免了胀模、跑模现象发生；③ PCF板拼缝中间塞有保温板形成堵浆作用，防止了浇筑混凝土过程中漏浆问题，个别细部缝隙可以用发泡剂进行封堵。

（6）构件外观质量缺陷鉴定标准（见表6-22）。对于一般缺陷的不需要进行修补，对于严重缺陷构件需要制定专项修补方案，合格后才能使用。

表6-22　　　　　　　　　　　　　构件外观质量缺陷鉴定标准

名称	现象	严重缺陷	一般缺陷
露筋	构件内钢筋未被混凝土裹而外露	纵向受力钢筋有露筋	其他钢筋有少量露筋
蜂窝	混凝土表面缺少水泥砂浆而形成的石子外漏	构件主要受力部位有蜂窝	其他部位有少量蜂窝
孔洞	混凝土中孔穴深度和长度均超过保护层厚度	构件主要受力部位有孔洞	其他部位有少量孔洞
夹渣	混凝土中夹有杂物且深度超过保护层厚度	构件主要受力部位有夹渣	其他部位有少量夹渣
疏松	混凝土中局部不密实	构件主要受力部位有疏松	其他部位有少量疏松
裂缝	缝隙从混凝土表面延伸至混凝土内部	构件主要受力部位有影响结构性能或使用功能的裂缝	其他部位有少量不影响结构性能或使用功能的裂缝
连接部位缺陷	构件连接处混凝土缺陷及连接钢筋、连接件松动	连接部位有影响结构传力性能的缺陷	连接部位有基本不影响结构传力性能的缺陷
外形缺陷	缺棱掉角、棱角不直、翘曲不平、飞边凸肋等	清水混凝土构件有影响使用功能或装饰效果的外形缺陷	其他混凝土构件有不影响使用功能的外形缺陷
外表缺陷	构件表面麻面、掉皮、起砂、沾污等	具有重要装饰效果的清水混凝土构件有外表缺陷	其他混凝土构件有不影响使用功能的外形缺陷

（7）施工资料。装配中结构工程质量验收时，应提交下列文件与记录：

1）工程设计单位已确认的预制构件深化设计图、设计变更文件。

2）装配式结构工程所用主要材料及预制构件的各种相关质量证明文件，进场材料复试报告。

3）预制构件安装施工验收记录。

4）钢筋套筒灌浆连接的施工检验记录。

5）连接构造节点的隐蔽工程检查验收文件。

6）叠合构件和节点的后浇混凝土或灌浆料强度检测报告。

7）密封材料及接缝防水检测报告。

8）分项分部工程验收记录。

9）工程的重大质量问题的处理方案和验收记录。

10）其他文件与记录。

预制构件应具有出厂合格证及相关质量证明文件，应根据不同预制构件的类型与特点，分别包括混凝土强度报告、钢筋复试报告、钢筋套筒灌浆接头复试报告、保温材料复试报告、面砖及石材拉拔试验、结构性能检验报告等相关文件。

装配式结构工程质量验收合格后，应将所有的验收文件归入混凝土结构子分部工程存档备案。

（8）试验要求。

1）与传统施工项目试验内容一致。

① 结构混凝土的强度等级必须符合设计要求。用于检查结构构件混凝土强度的试件，应在混凝土的浇筑地点随机抽取。取样与试件留置应符合下列规定：

（a）每拌制 100 盘且不超过 100m³ 的同配合比的混凝土，取样不得少于一次；

（b）每工作班拌制的同一配合比的混凝土不足 100 盘时，取样不得少于一次；

（c）当一次连续浇筑超过 1000m³ 时，同一配合比的混凝土每 200m³，取样不得少于一次；

（d）每一楼层、同一配合比的混凝土，取样不得少于一次；

（e）每次取样应至少留置一组标准养护试件，同条件养护试件的留置组数应根据实际需要确定。

② 外墙拼缝防水试验。做防水层时外墙防水的主要构造，若出现渗漏，则功能无法实现。渗漏检查可在防水层完工后雨后或者持续淋水 30min 后观察。如果出现渗漏，应查找原因及漏水部位并修整，确保验收无渗漏现象。

③ 水泥检测试验。水泥进场时应对其品种、级别、包装或散装仓号、出厂日期等进行检查，并应对其强度、安定性及其他必要的性能指标进行复验，其质量必须符合《通用硅酸盐水泥》（GB 175—2007）等的规定。当在使用中对水泥质量有怀疑或水泥出厂超过 3 个月（快硬硅酸盐水泥超过 1 个月）时，应进行复验，并按复验结果使用。检查数量：按同一生产厂家、同一等级、同一品种、同一批号且连续进场的水泥，袋装不超过 200t 为一批，散装不超过 500t 为一批，每批抽样不少于一次。检验方法：检查产品合格证、出厂检验报告和进场复验报告。

④ 钢筋检测试验。对于每批钢筋的检验数量，应按相关产品标准执行。《钢筋混凝土用钢　第 1 部分：热轧光圆钢筋》（GB 1499.1—2017）和《钢筋混凝土用钢　第 2 部分：热轧带肋钢筋》（GB 1499.2—2018）中规定每批抽取 5 个试件，先进行重量偏差检验，再取其中 2 个试件进行力学性能试验。

2）增设钢筋套筒灌浆试验，具体做法如下：

① 应在现场模拟构件钢筋套筒连接接头的灌浆方中，同一牌号每种规格钢筋制作 3 个套筒灌浆连接接头，进行灌浆质量以及连接接头抗拉强度的检验，并应在检验结果合格后进行灌浆作业。

② 灌浆作业应及时形成施工质量检查记录表，并应按每工作班制作 1 组 3 个同规格为 40mm×40mm×160mm 的长方体试块进行标准养护。

③ 装配式结构安装连接节点和连接接缝部位的后浇混凝土每工作班同一配合比的混凝土取样不得少于 1 次，每次取样应至少留置 1 组标准养护试块，同条件养护试块的留置组数宜根据实际情况需要确定。

④ 灌浆检测应由有相应资质检测机构在每个单体结构转换层进行饱满度检测。

⑤ 钢筋套筒灌浆前，应在现场模拟构件钢筋套筒连接接头的灌浆，同一牌号每种规格钢筋制作 3 个套筒灌浆连接接头，进行灌浆质量以及连接接头抗拉试验。

（9）PC 构件厂试验。

1）传统产品检测试验一般项。分批次的构件检测、钢筋分批次的检测、混凝土强度的分批次检测等传统施工试验一般项。

2）新增检测试验项。根据《关于加强装配式混凝土结构产业化住宅工程质量管理的通知》（京建法〔2014〕16 号）及北京质检总站下发文件需做试验如下：

① 拉接件锚入混凝土后的抗拔强度。试验方法应依据《混凝土结构后锚固技术规程》（JGJ 145）。当 3 个拉接件锚入混凝土后的抗拔强度均达到设计值 1.5 倍时，判定为该组实验合格；当抗拔强度未达到设计值 1.5 倍，且发生拉接件从混凝土拔出的锥体破坏时，判定为该组实验不合格；当抗拔强度未达到设计值 1.5 倍，且拉接件未从混凝土拔出，发生了拉接件从夹具中拔出或拉接件自身的破坏时，判定为该组试验无效，需要重新委托试验。

② 预制楼梯、预制叠合板结构性能检验。试验方法依据《混凝土结构工程施工质量验收规范》（GB 50204—2015）、《混凝土结构试验方法标准》（GB/T 50152—2012）。试验荷载和支撑条件由委托单位提供，并应与施工现场相一致。试验荷载采用荷载组合值，试验结果应符合设计和规范要求。

③ 夹心保温外墙板传热系数性能检验。试验方法应依据《绝热　稳态传热性质的测定　标定和防护热箱法》（GB/T 13475—2008）。检测机构可根据自有设备条件自行定试件尺寸，但试件尺寸不小于 1500mm×1500mm，建议尺寸为 1800mm×1800mm，试验结果应符合设计要求。

④ 钢筋连接套筒灌浆料。试验方法应依据《钢筋连接用套筒灌浆料》（JG/T 408），试验结果应符合设计和产品标准要求。

⑤ 灌浆套筒连接接头抗拉强度试验。试验方法应依据《钢筋机械连接技术规程》（JGJ 107），试验结果应符合 I 级接头要求。

3）试验汇总、检测单位选择及名单。关于检测机构的选择本着依据相关规范和政策要求，从检验结果权威性、及时性，设备先进性、人员专业性，费用合理性等方面进行选择具体检测试验和具有检测结构名单。

6.7.2　构件吊装注意要点及成品保护措施

1. 构件吊装注意要点

（1）在吊装过程与吊装完成后墙板清水面如有砂浆等污染及时处理干净。吊装墙、板时与各塔吊信号工协调吊装，避免碰撞造成损坏。

（2）在吊装前预制楼梯采用多层板钉成整体踏步台阶形状保护踏步面不被损坏，并将楼梯两侧用多层板固定做保护，踏步上多层板留出吊装孔洞以便吊装时使用。

（3）吊装预制阳台之前采用橡塑材料成品护阳角。

（4）预制阳台、叠合板在施工吊装时不得野蛮施工，不得踩踏板上钢筋，避免其偏位。

2. 套筒连接锚固钢筋保护

（1）在主楼地下墙体浇筑前绑扎定位插筋，然后用钢筋措施件固定插筋位置，避免在浇筑混凝土时插筋跑偏，导致墙板安装跟不上。

（2）在浇筑地下墙体之前，插筋采用塑料薄膜包裹严实，保护其不被混凝土砂浆污染。

（3）在浇筑地下墙体完成后与预制墙板吊装前将插筋上塑料薄膜去除干净，避免遗留污染物。

3. 墙板预埋件保护

（1）在浇筑楼梯间的地板之前，将楼梯埋件参照楼梯深化图中楼梯上埋件位置定位准确。

（2）在浇筑楼板前与附加钢筋及主筋焊接定位预埋螺母。

（3）在浇筑楼板前，将预埋螺母预留丝扣处采用塑料胶带包裹密实，以免被混凝土污染，导致墙板支撑安装出现问题。

（4）在浇筑楼板完成后及安装墙板支撑之前将预埋螺母上塑料胶带拆除干净，以免安装支撑是出现问题。

6.8　安全文明施工

现场文明施工及形象布置严格按照现场工业化建筑手册及公司形象作业指导书进行。

6.8.1　现场安全文明施工

1. 工地大门

工地大门采用绿色环保颜色，以便和工地现场绿色草坪融为一体，绿色为主色有利于保护眼睛，更贴近自然。进入工地现场必须打卡进入，便于管理现场非操作人员的进入造成安全问题，人员入口处安装显示屏，显示现场操作人员人数和管理人员人数，以便更好地管理现场人员。

2. 门禁系统

（1）保安亭为集装箱改装式成品，靠工地大门放置，尺寸为 6000mm×2438mm×2438mm。

（2）大门一侧为人员进出门系统，另一侧作为保安传达室。

（3）保安亭上配 400mm（高）×4000mm（长）LED 屏。

（4）外立面颜色为铁灰色（与 PC 板颜色相近），体现工业化特征。

（5）工地保安亭可再回收利用，减少建筑垃圾。

3. 现场工程名牌及构件展示

（1）材质：按要求生产的原装 PC 构件。

（2）颜色：保持 PC 板出厂原色（混凝土本色）。

（3）尺寸：可视项目具体情况而定，参考尺寸 $L=6m$，$H=2m$。

（4）内容：第一排为公司"LOGO"+"××集团"；第二排为承建项目名称，字体为黑体，不锈钢金属字。

（5）做法：PC 板整体向场内倾斜 5°，内部用斜支撑固定。

（6）PC 构件及样板房展示区。

4. 现场施工道路

（1）现场主要施工干道宜铺设 4000mm 宽、200mm 厚以上的预制混凝土路面。

（2）施工人员通道宜铺设厚 80mm 以上的 C20 混凝土。

（3）生产加工厂地及堆放材料的地面宜铺设 100mm 厚以上的 C20 混凝土。

（4）场地周边设置良好的排水系统。

（5）在工地内设全自动洗车机，对进出工地车辆进行清洗，以达到文明施工目的，不污染市政道路。

5. 七牌一图

图牌内容：工程概况牌、管理人员名单及监督电话牌、安全生产制度牌、消防保卫制度牌、环境保护牌、文明施工牌、总平面布置图。

6. 消防器材展示台

消防组合柜长×高×厚：5000mm×2500mm×400mm，组合柜须配备干粉灭火器 6～8 只、消防水带 2～3 条、消防铁锹 4～5 把、消防沙桶 8～10 只、斧头 2～3 把等，并设置容量相当的砂池。

采用三个钢架和若干连接杆组成，各部件采用 M10 螺栓连接，文字部分采用 1mm 厚铁皮为背板，两层刷大红油漆。

7. 班前讲评台

班前讲评台的框架与消防台共用，在消防台背面挂 2500mm×5000mm 广告布做班前讲评台。

8. 安全通道、施工电梯防护棚

建筑物入口处坠落半径范围内的人行通道外均设置安全通道。采用 ϕ150 圆钢管立杆搭设，顶部采用工字钢连接铺设彩钢板。长度为 3000～6000mm（根据建筑物高度确定危险半径），宽度为 4000mm，高度为 3800mm，具体尺寸应根据项目现场实际情况而定。

电梯防护棚做法同安全通道。

9. 移动厕所

每三层设置一个移动厕所，长×宽×高为 1000mm×800mm×1650mm，距地 350m，骨架选用 40×40×4 角钢焊接，踏板及冲洗槽选用 3mm 厚钢板与骨架满焊而成，刷两道防锈漆，墙板及门扇选用 20mm 厚压缩板，骨架采用自攻螺钉固定。

10. 垃圾箱

在施工区与生活办公区的结合位置处放置可回收和不可回收垃圾箱（见图 6-26），垃圾箱尺寸为 2000mm×800mm×1000mm。

材质：底部为 3mm 厚钢板，侧壁为 ϕ4@50×50 钢丝网，箱体龙骨采用 ϕ20 圆钢。

11. 现场标示牌、标语

材质：铁皮或塑料板，面层贴膜（楼层牌：KT 板）；

规格：400mm×500mm（楼层牌：400mm×600mm）；

式样：黑字体、黑色字（楼层牌：蓝底白字）。

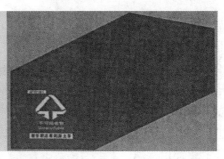

图 6-26　垃圾箱

12. 生活布置区

（1）布置内容：宿舍、食堂、卫生间、淋浴房、洗漱池、晒衣区等。

（2）生活区的临建房必须有经过公司相关部门审批的策划方案方可实施建设。

（3）生活区与施工区应明显分隔，应符合卫生和安全要求。

宿舍楼优先选用集装箱式成品板房，以便安装及提高重复利用率。宿舍楼应与办公楼统一材质及颜色，每间宿舍布置 4 个上下铺，供 8 人住宿，安装空调一台；设置桌子和储物柜，便于洗漱用具的摆放及衣物放置；板房式食堂配置热菜台、蒸汽柜、消毒柜、冰箱、柜台等，根据项目实际情况及用餐人员数量决定食堂的规模及具体做法。

6.8.2　安全防护措施

1. 施工现场水平洞口防护

（1）边长在 25～200mm（含 200mm）的水平洞口防护，采用洞口楔紧 2 根木枋（立放），其上盖 18mm 厚木胶合板用铁钉钉牢。水平洞口防护盖上后应具有一定的稳定性，不易移动方合格。

（2）边长在 25～500mm（含 500mm）的水平洞口防护，洞口上部盖 18mm 厚木胶合板，用 $\phi8$ 膨胀螺栓固定，严禁偷工减料。

（3）边长在 500～1500mm（含 1500mm）的水平洞口防护，采用洞口上部铺木枋（立放）@400mm，上盖 18mm 厚木胶合板，用铁钉钉牢，木枋侧面与地面之间的缝隙也用 18mm 厚木胶合板封严。洞口周边设置 $\phi48$ 钢管防护栏杆。

（4）边长在 1500mm 以上的水平防护洞口周边设置 $\phi48$ 钢管防护栏杆，立杆间距不大于 1800mm，防护栏杆下部设置 200mm 高、18mm 厚木胶合板挡脚板。醒目位置应悬挂安全警示和禁止标志。

（5）电梯井的防护为每 3 层设置一道安全密目网；密目式安全网用于立网，其构造为：网目密度不应低于 2000 目/cm²，安全网要做耐贯穿性冲击试验；每张安全网出厂前，必须有国家指定的监督检验部门批量验证和工厂检验合格证，必须具备厂家的产品生产许可证；安全网必须采用符合 GB 5725 要求的且通过 GB/T 5455 检测的阻燃安全网（是指续燃、阴燃时间均不大于 4s 的安全网），并附相关证明文件。

2. 施工现场竖向洞口防护

（1）电梯井浇筑完成、模板拆除完成之前，在电梯井处安装上电梯井防护门；电梯

井防护门采用 $4\phi10$ 的自攻螺钉固定在核心筒外部；安装完成之后不能随意拆除，在装修时方可拆除。

（2）阳台防护设置在通往阳台的门洞口位置，安装应牢固可靠，不能随意拆除，在挂架升上去之后，外墙窗台高度低于 800mm 处做防护。

3. 建筑物防坠区域

建筑物防坠半径为 3m，防坠区域外围需搭设防护栏杆进行隔离。在醒目位置应悬挂安全警示和禁止标志。

6.8.3　现场安全文明施工要点

（1）严格执行国家、行业和企业的安全生产法规和规章制度。认真落实各级各类人员的安全生产责任制。

（2）建立健全安全施工管理、安全奖罚、劳动保护、工作许可证制度，明确各级安全职责，检查督促各级、各部门切实落实安全施工责任制；组织全体职工的安全教育工作；定期组织召开安全施工会议、巡视施工现场，发现隐患，及时解决。

（3）定期检查电箱、摇动器、电线的使用情况，发现漏电、破损等问题必须立即停送维修。所有用电必须用三级安全保护，严禁一闸多机。

（4）构件运输车辆司机运输前应熟练现场道路情况，驾驶运输车辆应按照现场规划的行车路线行驶，避免由于司机对场地内道路情况不熟悉，导致车辆中途陷车、进行中托底、无法掉头等问题，而造成可能的安全隐患。

（5）预制构件卸车时，应首先确保车辆平衡，并按照一定的装卸顺序进行卸车，避免由于卸车顺序不合理导致车辆倾覆等安全隐患。

（6）预制构件卸车后，应按照现场规定，将构件按编号或使用顺序，依次存放于构件堆放场地，严禁乱摆乱放，而造成构件倾覆等安全隐患，构件堆放场地应设置合理稳妥的临时固定措施，避免构件存放时固定措施不足而存在可能的安全隐患。

（7）安装作业开始前，应对安装作业区进行维护并树立明显的标识，拉警戒线，并派专人看管，严禁与安装作业无关的人员进入。

（8）施工单位应对从事预制构件吊装的作业人员及相关从业人员进行有针对性的培训及交底，明确预制构件进场、卸车、存放、吊装、就位等环节可能存放的作业风险，及如何避免危险出现的措施。

（9）吊装指挥系统是构件吊装的核心，也是影响吊装安全的关键因素。因此，应成立吊装领导小组，为吊装制订完善和高效的指挥操作系统，绘制现场吊装岗位设置平面图，实行定机、定人、定责任，使整个吊装过程有条不紊地顺利进行，避免由于指挥失当等问题而造成的安全隐患。

（10）吊装作业开始后，应定期、不定期地对预制构件吊装作业所用的工器具、吊具、锁具进行检查，一经发现有可能存在的使用风险，应立即停止使用。

（11）吊机吊装区域内，非操作人员严禁入内。吊装时操作人员精力要集中并服从指挥号令，严禁违章作业。施工现场使用吊车作业时严格执行"十不吊"的原则。

（12）吊装人员安装每组设置 1 个专职吊装安全员负责吊装安全管理，在吊装前对设备进行专项检查，吊装时进行旁站管理。

6.9　质量安全专项应急预案

施工现场一旦发生质量安全事故，能够及时有效地实施应急救援，最大限度地减少人员伤亡和财产损失以及不良社会影响，依据现行有关的法律、法规、住房和城乡建设部和北京市住房和城乡建设委员会的相关要求编制"施工现场生产安全事故应急救援预案"，特制定本预案。本预案由工程开工起实施至本工程竣工终止。

6.9.1　基本原则

贯彻落实：① "安全第一、预防为主"的方针；② 以人为本、快速有效；③ 统一指挥、分工负责；④ 自救互救、安全抢救；⑤ 优先保护人与保护贵重财产等是应急救援预案的基本原则。

6.9.2　基本概况

（1）气象状况。

本工程处于北京市郊区，属温带湿润大陆季风型气候。

主导风向：夏季：南偏东风，风力：3.7m/s；

冬季：北偏西风，风力：2.9m/s；

气温：夏季极端最高 42℃，冬季极端最低温 −27.4℃。

（2）施工现场附近医疗机构：

1）附近医疗机构：×××医院；

2）医务室常用医药和抢救设施：急救箱、担架、外伤救护用品等。

6.9.3　应急救援领导小组、救援组织及其职责

1. 应急救援领导小组

组长：×××　　　副组长：××× ××× ××× ×××

职责：（1）组长（项目经理）：① 负责本工程"施工现场质量事故应急预案"的制订和实施；建立应急救援组织并定期组织培训与实施演练；检查督促做好重大事故的预防措施和应急救援的各项准备工作；② 一旦发生重大质量事故，一是要立即抢救伤员及保护现场和组织与实施救援行动并采取有效措施防止事故扩大；二是要按照总公司"安全生产事故报告及处理制度"及时向所属分公司经理报告；③ 根据事故情况请求社会援助（拨打 120、119、110 等救援电话）；④ 配合各级事故调查组进行事故的调查。

（2）副组长：① 在组长的指令下负责指挥在现场抢救工作，及时处理突发灾变。② 负责事故应急救援的技术指导。确定事故抢救的技术方案和措施，解决事故救援过程中的技术问题。

2. 应急救援组

负责人：×××

成员：××× ××× ×××

职责：按组长或副组长的指令实施事故的救援任务。

3. 义务消防队

负责人：×××

成员：×××

职责：按组长或副组长的指令实施火灾事故的救援任务。

6.9.4 质量安全事故应急救援预案

1. 脚手架坍塌质量安全事故应急救援预案

脚手架坍塌事故通常发生在外墙脚手架使用过程中。本施工现场一旦发生上述的坍塌事故，项目部应立即启动应急救援系统，按下列方法进行救援：

（1）坍塌事故无作业人员被埋压时应急救援。事故发生后由项目部应急救援小组组长（技术负责人）负责组织应急救援组立即到现场救援，一是立即停止施工作业；二是找出坍塌事故的原因，以便事后对相关责任人进行调查处理；三是采取有效的安全防护措施，以防事故的延续或再次发生；四是检查整改后的安全防护措施并验收和经项目经理签字后方可复试。

（2）坍塌事故有人被埋压时应急救援。

1）项目部应急救援领导小组接到事故报告后，要立即启动应急救援预案，由组长（项目经理）和副组长（生产副经理与技术负责人）负责组织应急救援组赶到现场实施救援。

2）应急救援组到现场后首先要停止一切作业，撤离作业区内无关人员，要搞清被埋压人员的数量、部位等相关情况，并迅速做出应急救援方案实施救援。一是根据方案立即实施自救；二是根据方案及现场情况请求所在地相关部门救援；三是及时上报所属的分公司，由分公司上报总公司，启动总公司应急救援系统。

3）项目部的应急救援小组搞清被埋压人员的数量和位置后，对埋压人员的部位救援组宜采用收货手锯等手工小型器具小心切断移除以防二次伤害，如果有较重或较大的脚手架构件可以用吊车吊移。在确认没有埋压人员的地方，并且不会对埋压人员再次造成伤害的地方可以使用大型工程机械，以加快搜索和救援进度。

4）对现场实施警戒线，防止坍塌事故的再次发生。

5）项目部安全员要用照相机或摄像机随时拍摄救援过程。

6）对受伤人员进行必要的现场救治并根据伤势情况立即送往医院及由组长或副组长拨打 120 电话进行救护。

2. 火灾质量安全事故应急救援预案

施工现场内因易燃易爆物品燃烧爆炸引起的建筑结构质量安全事故，为了提高消防应急能力，全力、及时、迅速、高效地控制火灾事故，最大限度地减少会在事故损失和事故造成的负面影响，保障我工地的人员与财产安全，根据相关制度与施工现场"用火用电制度"，制订本施工现场火灾事故应急救援预案。

（1）指导思想。贯彻落实"隐患险于明火，防范胜于救灾，责任重于泰山"的原则，坚持"预防为主、防消结合"的消防方针。组织全体作业人员与管理人员认真学习灭火的基本知识及救援知识。定期对义务消防队员进行培训与训练，熟练使用灭火器具。

（2）本工程小房简况：

1）已发生火灾的重点部位及负责人：

① 木工房、木料存放区　　　　　　　　负责人：×××

② 电气焊作业地点　　　　　　　　　　负责人：×××

③ 油漆、稀料库房　　　　　　　　　　负责人：×××

④ 氧气瓶、乙炔瓶存放处　　　　　　　负责人：×××

⑤ 施工作业中用火部位（防水作业等）　负责人：×××

⑥ 办公区、生活区（食堂、宿舍等）　　负责人：×××

⑦ 保温、防水材料存放处　　　　　　　负责人：×××

2）消防设施和灭火器具及相关器材的准备。

① 在施工消防平面布置图中画出消防栓、灭火器的设置位置，易燃易爆的位置，消防紧急通道，疏散紧急通道，疏散路线等。

② 救护物质：救护物资有水泥、黄沙、石灰、麻袋、铁丝等。数量充足，位置明显。

③ 救灾装备器材：仓库内备有安全帽、安全带、切割机、气焊设备、小型电动工具、一般五金工具、铁锹、铁镐等、雨衣、雨靴、手电筒等。上述器材统一存放在仓库，仓库保管员 24 小时值班。

④ 急救物品：施工现场的临时医务室配备急救药箱、口罩、担架及外伤救护用品。

⑤ 备用的水龙带与灭火器。

⑥ 急救伤员时能够动用的车辆 1 辆，车型金杯。

（3）消防领导小组、义务消防队人员名单及其职责。

1）消防领导小组。

组长（项目经理）：×××　　　副组长（生产副经理）：×××

2）义务消防队人名单（8~16 人）：×××。

3）职责。

组长：工地发生火灾事故时，组长是工地进行抢救工作的总指挥，向各分工人员和义务消防队下达抢救指令任务，协调抢救工作，随时掌握最新动态并做出最新决策，根据情况向当地消防部门、建设行政主管部门与有关部门报告和求援，并及时拨打 119 电话，且派人员到出入口引导消防车。

副组长：服从组长指令，负责现场救援工作。

义务消防队：平时多观察施工现场消防的预防工作是否到位，如发现火灾隐患及时上报组长或副组长，一旦发生火灾事故时，服从组长指令并负责现场的救援任务。

（4）火灾事故的应急预案。

1）发生火灾或发现人立即报告项目部的有关人员，安全员用喊话器、信号工用哨音发报警信号。

2）由组长或副组长立即启动应急救援预案，并根据火灾的种类组织义务消防队员马上赶到失火部位进行灭火。

3）灭火方式。

① 木工房、木料存放区灭火：一是关掉木工房的总电源；二是木工房与木料存放区的消防负责人及操作人员利用现场的灭火器具和消火栓进行灭火；三是项目部义务消防队员赶到现场后利用灭火器具及附近消火栓进行灭火。

② 在施工过程内灭火（主要是由吸烟、电气焊作业、防水作业等违章作业时引起的火灾）：一是现场的发现人及相关工种的操作工人利用现场的灭火器具及设置的消火栓进行灭火；二是项目部义务消防队队员赶到现场后利用灭火器具及消火栓有序地进行灭火。

③ 易燃、易爆材料仓库灭火：首先要观察分析是什么物品着火，根据火源情况采取相应的措施，首先要切断电源，以防扩大灾情造成损失和在救火过程中造成不必要的损失及伤亡。根据失火的类别使用适当的灭火器材如下：

a. 一般物品失火，视为普通火，使用干粉灭火器和泡沫灭火器及水都可以。

b. 化学物品（油漆、稀料等）失火要使用泡沫灭火器和二氧化碳灭火器，在灭此类火时要注意预防气体中毒的发生。

c. 在有爆炸可能的情况（氧气瓶、乙炔瓶和压力容器）要注意降温，在有可能的情况下立即搬离货源，防止扩大损失。

④ 施工现场电气设备灭火：施工现场电气设备发生火灾时应立即切断电源，以免事态扩大，切断电源时应戴绝缘手套，使用有绝缘手柄的工具，当火源距离开关较远需剪断电线时，火线和零线应分开错位逐根剪断，以免造成事故。当电源线因其他原因不能及时切断时，要派专人迅速到供电端拉闸，同时人体的各个部位与带电体应保持一定的安全距离，必须穿戴绝缘防护用品。

⑤ 施工现场电气设备灭火：施工现场电气设备发生火灾时应立即切断电源，以免事态扩大，切断电源时应戴绝缘手套，使用有绝缘手柄的工具，当火源距离开关较远需剪断电线时，火线和零线应分开错位逐根剪断，以免造成事故。当电源线因其他原因不能及时切断时，要派专人迅速到供电端拉闸，同时人体的各个部位与带电体应保持一定的安全距离，必须穿戴绝缘防护用品。

根据①～⑤的灭火方式进行补救仍不能灭火及控制不住火势的情况下，由消防领导小组组长或副组长及时拨打119电话。

4）失火后如有人员受伤，轻伤人员立即送附近医院治疗，有重伤人员由消防领导小组组长或副组长拨打120电话。

5）在救火过程中要注意人员的疏散与隔离，要将易燃、易爆物品搬至安全地带并有专人看管，防止火势蔓延造成更大损失。

（5）火灾应急救援的培训与演练。

1）救援知识培训：定期组织全体员工培训有关安全、抗灾救助知识，学习防火与自救常识。邀请当地消防部门有关专家来现场讲课，通过知识培训，做到迅速、正确地处理好火灾事故现场，把损失减少到最低限度。

2）灭火器材使用和维护技术培训：对各类灭火器材的使用，定期组织员工培训与演练，教会员工人人会使用灭火器材。仓库保管员定期对配置的各类器材进行维修保护及管理。备用的抢险器材平时不得挪作他用，对各类应急救援物品、器具落实专人保管与检查。

3）每季度对义务消防队员和相关人员进行一次防火知识、防火器材使用培训和演练（伤员急救常识、灭火器材使用常识、抢险救灾基本常识等）。

6.9.5 爆炸质量安全事故应急救援预案

施工现场氧气瓶、乙炔瓶、汽油等易燃易爆品贮存于使用不当时易发生爆炸事故。当气体爆炸、可燃性材料起火引起爆炸发生，项目经理或副经理要立即启动应急救援系统，组织应急救援组，义务消防队到现场救援，救援组首先要控制引起爆炸的火源、可燃物及助燃物，并根据现场情况由项目经理或副经理拨打 110、119、120 报警，及时通知非救援人员马上撤离事故现场，现场救援组对伤员紧急救治，项目经理按照事故报告程序逐级报告，特殊情况可越级报告，并协助各级事故调查组对事故展开调查。

6.9.6 质量安全事故应急救援程序

1. 质量安全事故应急救援程序

依据总公司的《质量安全事故应急救援预案》，本工程现场一旦发生生产安全事故，一是要立即抢救伤员及保护现场和采取其他有效措施防止事故扩大；二是要及时向分公司经理报告。本施工现场应急救援程序流程图如图 6-27 所示。

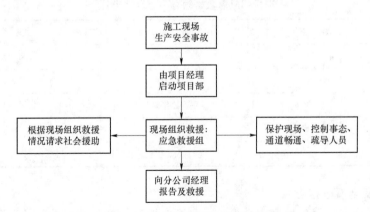

图 6-27 施工现场应急救援流程图

2. 应急救援的器材设备

（1）在施工消防平面布置图中画出消防栓、灭火器的设置位置，易燃易爆的位置，消防紧急通道，疏散路线等。

（2）救护物资：救护物资有水泥、黄砂、石灰、麻袋、铁丝等。

（3）救灾装备器材：仓库内备有安全帽、安全带、切割机、污水泵、气焊设备、小型电动工具、一般五金工具、铁锹、铁镐、雨衣、雨靴、手电筒、电工工具、绝缘手套、绝缘棒等。上述器材统一存放在仓库，仓库保管员 24 小时值班。

（4）急救物品：施工现场的临时医务室配备急救药箱、氧气袋、口罩、担架及外伤救护用品等。

（5）备用的水龙带与灭火器。

（6）急救伤员时现场能够动用的车辆 1 辆，车型金杯。

（7）照相或摄像器材。

3. 应急救援的培训与演练

（1）救援知识培训：定期组织全体员工培训有关安全、抗灾救助知识，学习防火与自救常识。邀请当地消防部门有关专家来现场讲课，通过知识培训，做到迅速、正确地处理好事故现场，把损失减少到最低限度。

（2）灭火器材使用和维护技术培训：对各类灭火器材的使用，定期组织员工培训、演练，教会员工人人会使用灭火抢险器材。仓库保管员定期对配置的各类器材进行维修保护及管理。备用的抢险器材平时不得挪作他用，对各类应急救援物品、器具落实专人保管与定期检查。

（3）每季度对义务消防员、应急救援组和相关人员进行一次防火知识、防火器材使用培训和演练（伤员急救常识、灭火器材使用常识、抢险救灾基本常识等）。

4. 通信联络

火警：119；救护：120；匪警与刑事案件及有员工死亡事故：110；工地内交通事故：122。

项目部应急救援领导小组联系电话见表 6-23。

表 6-23　　　　　　　　　　　项目部应急救援领导小组联系电话

序号	姓　名	职　务	手　机
1	×××	项目经理	×××××××××
2	×××	安全经理	×××××××××
3	×××	生产副经理	×××××××××
4	×××	技术负责人	×××××××××
备注	以上人员手机昼夜开机		

5. 生产安全事故报告

本施工现场一旦发生生产安全事故一是要立即抢救伤员及保护现场，组织与实施救援行动并采取有效措施防止事故扩大；二是要按照"安全生产事故报告及处理制度"及时向分公司经理报告；三是根据事故情况请求社会援助（拨打 120、119、110 等救援电话）；四是配合各级事故调查组进行事故的调查。本施工现场质量安全事故报告程序流程图如图 6-28 所示。

6. 生产安全事故资料

当施工现场出现一般事故（四级事故）以上伤亡事故时，项目部要派专人立即收集整理相关资料。

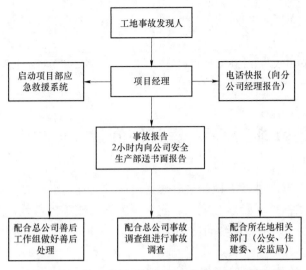

图 6－28　施工现场质量安全事故报告程序流程图

（1）质量安全事故报告：① 事故发生的时间；② 事故发生的地点；③ 事故发生的详细过程；④ 事故发生后项目部采取的应急预案及相关措施；⑤ 事故原因分析；⑥ 事故报告人（项目经理）签字。以上内容要在事故发生后 4 小时内书面上报总公司安全生产部，并附电子版。

（2）建筑工程施工许可证（复印件）。

（3）建设工程施工合同（复印件）。

（4）项目经理资质等级证书、安全生产考核合格证书（复印件）、项目经理法人委托书。

（5）劳务分包企业资质证书和安全生产许可证、劳务队负责人（建制队长或施工队长）资格证书（复印件盖公章）。

（6）劳务分包合同、伤亡者劳动合同书（复印件）。

（7）劳务分包安全管理协议书（复印件）。

（8）劳务用工注册手续（复印件）。

（9）施工现场平面布置图（事故现场示意图）。

（10）专项施工方案及审批手续（与事故相关的专项方案）。

（11）安全技术交底（与事故相关的交底）。

（12）班组班前安全活动记录（与事故相关的班组记录）。

（13）与事故相关的特殊工种操作证（复印件）。

（14）与事故相关的机械设备（塔吊、外用电梯、物料提升机、电动吊篮等）资料（复印件）。

（15）安全生产教育记录（作业人员安全教育记录表）。

（16）安全生产考核记录（应知应会安全教育培训考核登记表及考试卷）。

（17）事故现场照片（事故发生后由项目部拍摄）。

（18）证人证言记录（有本人签字并按手指印）。

（19）项目部的整改报告（并附电子版）。

（20）企业资质证书、营业执照、安全生产许可证（复印件）由总公司安全生产管理部提供。

注：上述资料要在事故发生后 8 小时内由分公司经理、项目经理负责上报总公司安全生产部两套（用 A4 纸）。

6.10　传统绿色施工与环境保护问题

传统的现场施工方法进行工程建设时暴露出许多问题，列举如下：

（1）现场施工条件差、管理难度大。建筑工人露天施工条件差，并且产生大量的建筑垃圾。钢材、混凝土、木材等建筑材料浪费严重。为防止工程质量和安全事故等问题，需要付出相当大的精力。

（2）人工成本逐年增大。熟练和半熟练技术工人越来越缺乏，"用工荒"的出现导致工人工资大幅提高。人员流动性大，迫使工程成本增大。

（3）工程项目竣工后，后期的维护、保修的工程量大。

（4）北方地区施工周期短，施工效率低。由于受到气候条件限制，一年里只有半年多的时间可以施工作业。然而工业建筑克服了传统作业弊病。

6.10.1　工业建筑五节一环保

工业建筑的"五节一环保"（节水、节地、节时、节材、节能、绿色环保）保障了原材料的质量，为环境贡献一份责任，其主要优点表现在以下方面：

1. 工业建筑节水

PC 构件产生过程中严格控制用水量，按照设计标准 1:1 进行配合比计算，然后使用计算机结果中的用水量，从而避免了传统施工中混凝土过稀、过干等质量弊病。工厂制造机械化生产一体化，产品质量有专业监督机构监督，材料全部来自工厂机械化加工，未经现场恶劣环境破坏等。现场施工没了需要湿润的砖墙，没了搅拌站，降低了现场80%的湿作业操作，大大节约了水资源，降低了建筑污水的排放。

2. 工业建筑节地

工业化建筑现场现浇面减少大大降低了模板的使用量，从而降低了模板占地；墙体采用工厂成品生产的预制墙板降低了砖砌的废弃物垃圾，预制构件随到随吊不长期占用建筑用地，从而降低了废弃垃圾占地；现场成品加工料斗可以在工厂成批量机械化自动生产加工钢筋；现场墙体抹灰面积少，减少了施工机械占地。全装配式建筑节地更是显著。

3. 工业建筑节时

传统建筑施工现场人工操作多，工人之间容易就工作面过于集中而产生矛盾，进而影响工作效率、影响工期。而工业化建筑 PC 构件吊装只需要专业的塔吊指挥员、专业培训的 PC 构件安装工，再加上工艺深化图纸辅助细部处理工等便可以有条不紊将一个标准层预制墙体、预制楼板安装完毕。大大降低了工序操作时间，节约工期，比传统建筑施工至少节约 1/3 的工期。

4. 工业建筑节材

工业化建筑采用预制 PC 构件，减少了模板抹灰材料、钢筋、钢管等建筑材料的用量。对建筑 PC 构件进行了标准化设计、工业机械化生产，严格把控材料质量，精准控制材料用料，避免了传统建筑工人盲目取材和浪费材料，同时也避免传统建筑管理人员对材料质量和用量把控不当使产品质量得不到保证的情况。

5. 工业建筑节能

集中工业化生产，综合能耗低，建造过程节能，墙体高效保温，门窗密闭节能，使用新能源及节能型产品。降低了现场各类机械的使用量，节约用电。装配式建筑保温、隔声、抗渗等性能好，降低了用户空调等电器设备用电量。

6. 工业建筑绿色环保

工厂制造，大量减少现场作业，减少了粉尘、噪声和污水的污染；集中装修，无二次装修大量建筑垃圾污染，每百平方米建设面积就可减少约 5t 建筑垃圾产生，同时减少对森林土地的破坏；产品全部使用环保材料，绿色健康。

6.10.2　季节性施工及成品保护措施

1. 雨期施工

（1）施工部署。

1）成立防汛领导小组，制定防汛计划和应急措施。组织有关人员学习，并做好对工人的技术交底。熟悉现场总平面布置、以及临水、临电的布置，明确雨期施工中要进行的分项工程及所用的人、机、料，主要的施工工艺、安全、质量等施工注意点。

2）针对雨期施工的主要工序编制雨期施工方案，雨期施工主要以预防为主，采用防雨措施及加强排水手段，确保雨期施工生产不受季节影响。

（2）雨期施工一般措施。

1）做好防汛人员雨期培训工作，组织相关人员定期全面检查施工现场的准备工作，包括临时设施、临电、机械设备防护等项工作。

2）夜间设专职的值班人员，保证昼夜有人值班并做好值班记录，同时要安排天气预报员，负责收听和发布天气情况，防止暴雨突然袭击，合理安排每日的生产工作。

3）检查施工现场及生产生活基地的排水设施，沿建筑物四周设置环形排水沟，通过环形排水沟排入附近的污水管线，保证建筑物四周的雨水不流入基坑内。

4）疏通各种排水渠道，清理雨水排水口，保证雨天场地内排水通畅。雨期前对现场所有的配电箱、闸箱、电缆临时支架等仔细检查，需加固的及时进行加固，缺盖、罩、门的及时补齐，确保用电安全。

5）雨期所需材料、设备和其他用品，如水泵、抽水软管、草袋、塑料布、苫布等由物资及设备部提前准备，及时组织进场。水泵等设备应提前检修。

（3）雨期施工专项措施（见表 6-24）。

表 6-24   雨 期 施 工 专 项 措 施

序号	项目		施 工 措 施
1	施工测量		雨天不宜进行室外测量放线，雨后进行施工测量，轴线投放之前应先将工作面积扫除干净，使投放的轴线清楚准确
			对设备进行防御保护，钢尺、仪器等用后进行保养，保持其干燥良好状态
			测量人员在加设仪器设备时务必要对仪器进行防滑、防高空坠落措施，大风（6 级以上）、大雨天气严禁测量作业
			为防雨水冲刷，控制点位标识方法改红色油漆标识为"▽"，标识在 PC 板构件上
2	施工机械管理		塔吊、施工电梯等做好防雷装置，在雨季前对避雷装置进行全面检查，并测量接地电阻，确保防雷安全。雷电后应检查阀型避雷器的瓷瓶、连接线和地线均应完好无损
			露天使用的电气设备，如混凝土输入泵、电焊机、切割机、电动葫芦等设备搭建好防雨棚，停放在较高的坚实地面上
			小型施工机械在雨天尽量放置于室内
			装修机械应安装在防雨、防风沙的机棚内
			施工现场的各种配电箱、开关箱必须有防雨设施，并应装设端正、牢固
		吊装作业	起重机、塔吊等做好防雷接地措施，吊装用的各种索具应在使用前进行检查
			及时清扫构件、清除构件上泥水，防止构件带泥掉入作业面
			检查临电电箱、用电工具确保其绝缘性能良好，雨后及时检查安全绳（麻绳）、安全网等防护设施
3	钢筋混凝土工程	钢筋工程	现浇钢筋垫起堆放，以防钢筋泡水锈蚀。雨后钢筋视情况进行防锈处理
			为保护后浇带处的钢筋，在后浇带用木板遮盖
			钢筋的焊接应搭设防雨棚和挡风设施
		模板工程	雨天使用的模板拆下后应放平，以免变形，模板拆下后应及时清理，刷脱模剂，经大雨冲刷后应重新脱模剂刷一遍
			模板拼装后尽快浇筑混凝土，防止模板遇雨松动。若模板拼装后不能及时浇筑混凝土，又被雨水淋过，则浇筑混凝土前应重新进行检查，对模板重新进行调整、加固
			模板落地时，地面应坚实，并支撑牢固，对模板堆场应注意观察。如有下陷或变形，应立即处理
		混凝土工程	混凝土施工应尽量避免在雨天进行，大雨和暴雨不得浇筑混凝土，新浇混凝土应及时覆盖
			底板垫层未施工前，遇降雨时须对地基表面进行覆盖，防止地基被浸泡
			搅拌站随时测定砂石含水率，及时调整混凝土配合比
4	装饰工程		室内木工、油漆及精装修在雨期施工时，其室外门窗采取封闭，防止作业面被雨水淋湿浸泡
			当持续下雨，空气湿度较大时，即湿度计显示 80%时，在木作施工现场，增加工业用电风扇，同时放置干燥吸湿材料，在油漆施工时，加入适当的化白水，确保工程质量
			下班前关好门窗，防止雨水损坏室内装修，防止门窗玻璃遭到破坏
			各种惧雨防潮装修材料按物质保管规定入库存放，并覆盖防潮布
			在雨期前要对外幕墙避雷装置进行全面检查，确保防雷安全
5	机电工程		做好施工场地内的下水管道和雨水管井的检查，保证排水畅通，雨后不陷、不滑、不泥泞、不存水
			施工用机械设备需经常检查接零、接地保护，所有机械棚要搭设严密，防止漏雨，随时检查漏电装置是否灵敏有效
			钢管码放时要用木方将底部垫起，同时铺盖塑料布

序号	项目	施 工 措 施
5	机电工程	对现场所进的批量材料，而楼座内又无法及时放置的，做好防雨遮盖措施，尤其是电气设备和半成品
		在主体封顶后及雨季之前，做好各种预留孔洞的防雨水下落工作，避免雨量过大引起室内积水
6	雨期环保措施	在场地的出入口对进出场地的车辆进行清洗
		对于机械设备等进行覆盖。加强对油料的保管，防止油液随雨水进入排水管道
		集中处理场区内的雨水，沉淀后方可排入市政污水管道
		雨期使用的彩条布、塑料布用后要集中处理，禁止随处堆放和抛弃

（4）雨期施工专用物资使用计划（见表 6-25）。

表 6-25　　　　　　　　　　雨期施工专用物资使用计划

物资名称	单位	年　份			用　途
		2016	2017	2018	
抽水泵	台	20	20	20	雨期排水
抽水管	m	500	500	500	
麻袋	条	500	500	500	防汛
塑料布	m²	5000	5000	5000	防风防雨
彩条布	m²	500	500	500	防风
雨衣	件	100	100	100	
雨鞋	件	100	100	100	

2. 冬期施工

冬季来临时，当连续 5 日平均气温低于 5℃，则进入冬期施工。

（1）施工部署。

1）成立冬期施工领导小组，由项目经理、项目副经理、总工程师及各有关部门经理组成，负责冬期施工准备及安排生产计划、组织实施冬期施工方案。

2）组织各施工班组学习冬期施工方案，熟悉冬期施工要点，在施工过程中严格贯彻执行。

（2）冬期施工前期施工准备工作。

1）根据生产任务安排冬期施工计划，分析冬期施工难点，检查和督促各分包单位制订冬期施工专项措施，所需材料要在冬期施工前做好准备。

2）各部门应做好施工人员的冬期施工培训工作，组织相关人员进行冬期施工工作的全面检查，落实施工现场的冬期施工准备工作，包括临时设施、机械设备的检修及保温等工作。

3）冬期施工中加强天气预报工作，防止寒流突然袭击，合理安排每日的工作，同时加强防寒、保温、放火、防煤气中毒等工作。

（3）冬期施工专项措施（见表 6-26）。

表 6-26　　　　　　　　　冬 期 施 工 专 项 措 施

序号	项目		施 工 措 施
1	施工测量		气温低于 -20℃时严禁测量作业，当空气能见度过低时为减少仪器照准误差，启动仪器马达自动驱动功能的同时对目标观测点位辅以手电筒照射的方法
			施工测量使用的钢卷尺和量具，装配式建筑和钢结构使用的应相同，每日上下班之前进行温度和气压的测量记录，并适时调整仪器的最大值
			将当日实测的温度值与预调整值成果相比，始终保持预调整成果表的温度条件与当日实测的大气温差值之差≤±3℃。当气温值超过该范围时即请求重新计算预调值
2	施工机械管理		大型机械要做好冬期施工所需油料的储备和工程机械润滑油的更换、补充以及其他检修保养工作
			施工电梯的曳引机应加低温齿轮油，若停梯时间较长，检查润滑油有凝结现象，必须采取措施处理后，方可开车
			冬季在塔吊、施工电梯操作室取暖时，应采取防触电和火灾的措施
			雪后应及时清除栈桥和道路上的积雪、冰雪，钢平台和钢构件堆放取垫木方等防滑措施
			场内轮胎式运输车辆应采取防止车轮与地面冻结的措施
			水泵冬季运转时，做好管路、泵房的防冻、保温工作。水泵停止作业时，应将各部放水阀打开，放净水泵和水管中积水
			对焊机冬期施焊时，室内温度不应低于 8℃；作业后，应放尽机内冷却水
3	钢筋混凝土工程	钢筋工程	在负温条件下使用的钢筋，施工时应加强检验，遇雪天时，绑扎好的钢筋要用塑料布遮盖严密，以防钢筋表面结冰霜，浇筑混凝土前及时将冰雪等清理干净
			在负温条件下焊接钢筋，应有遮挡措施，温度不低于 -20℃，焊后接头部位应用石棉粉保护，严禁立刻碰到冰雪使接头受冷脆裂
		模板工程	支模时，应清除基层的冰雪，并且在雪天时，支设的模板要覆盖上口，防止冰雪进入模板内。浇筑混凝土前及时将冰雪等清理干净
			模板外和混凝土表面覆盖的保温层，不得采用潮湿状态的材料，也不应将保温材料直接铺盖在潮湿的混凝土表面，新浇混凝土表面应铺一层塑料薄膜
			拆除柱模板时，应在混凝土达到临界强度且温度降至 5℃以下时方可拆除，混凝土温度与环境温度差不得大于 20℃，拆模后的混凝土表面应及时覆盖，使其缓慢冷却
			冬期施工有霜、雪时，必须将脚手架等作业环境的霜、雪清除后方可作业
4		混凝土工程	及时与混凝土供应公司沟通，做好冬期施工混凝土配合比的设计管理，混凝土中掺入的早强抗冻外加剂必须符合规范要求
			混凝土供应公司应保证混凝土的入模浇筑温度；在运输中不得有表层冻结、混凝土离析、水泥砂浆流失、坍落度损失等现象
			在浇筑前，要清除模板和钢筋上的冰雪和污垢
			在施工缝处浇筑混凝土时，除掉水泥薄膜和松动石子，湿润并冲洗干净且使接缝处混凝土的温度高于 2℃，然后刷水泥浆或混凝土砂浆成分相同的砂浆一层，接着浇筑混凝土
			混凝土浇筑后应在裸露混凝土表面采用塑料膜、草帘等材料覆盖并进行保温；对边、棱角部位的保温厚度应增大到表面部位的 2~3 倍，并压紧填实、周圈封好；保温层要干燥；混凝土养护期间应防风防失水
			冬季混凝土搅拌时间应是常温下搅拌时间的 1.5 倍，混凝土出机温度不低于 10℃，入膜温度不低于 5℃
			混凝土测温：室外日平均温度连续 5d 稳定低于 5℃即应开始测温，测温包括大气、原材料及混凝土入膜和养护室温度，测温孔按照要求进行布设，掺防冻剂的混凝土浇筑后达到临界强度之前每 2h 测温一次，临界强度之后每 6h 测温一次

续表

序号	项目	施 工 措 施
5	装饰工程	风力大于 5 级，下雪浓雾天气，停止高空吊装及安装的配套工作
		焊接遇风天施工时，为了保证焊接质量，需搭设一定的防风措施（用彩条布绕操作平台四周封闭高 1.8m），并将平台平面上的洞、缝用塑料布盖严
		在做好通风与防火的前提下，施工区域采用加厚门帘以御严寒
		施工区域内的安装管道及空调末端盘管经试压后的余水必须进行事先吹干，防止冻裂
		设备及材料不宜于露天，应合理安排进场时间，做到及时运输、及时安装就位，并做好防冻保护
		冬季气候干燥风大，防火工作尤其重要，对此加强对工人的防火教育，建立动用明火申请审批制度
6	机电工程	由于天气寒冷，线缆绝缘层会变硬，敷设线缆时，绝缘层容易被损坏，故敷设线缆尽量在 0℃以上的时间进行，避免夜间施工
		电线敷设前，放在温暖的房间里，使绝缘层变软后才能使用
		敷设电缆时，注意对电缆绝缘层的保护；在桥架转角的地方，派专人看管保护，避免电缆在桥架的转角等处被刮伤
		管道试压工作避开冬期施工
7	冬季环保措施	油漆、涂料等施工时尽量封闭施工区域，防止任意向空气中释放
		电焊头、氧割屑等废弃物要当天回收
		将油料、油漆、涂料放入暖棚，防止冻坏流出

（4）冬期施工专用物资使用计划（见表 6-27）。

表 6-27　　　　　　　　冬期施工专用物资使用计划

物资名称	单位	年份		用途
		2016	2017	
塑料薄膜	m²	5000		保湿、养护
防滑鞋	双	1300		

3. 高温天气施工

根据近几年气温有逐渐升高、持续时间增长的趋势，在夏季高温季节施工过程中，为保证现场职工的安全与健康，确保本工程顺利进行，重点做好安全生产、防暑降温和疾病预防等工作。

（1）组织保证。在夏季高温季节项目经理部成立"夏季高温季节工程指挥部"，以项目经理为组长，项目副经理和行政经理为副组长，其余各部门经理、各分包单位以及专业工程分包单位负责人为组员，确保现场信息畅通。同时施工现场管理和职工生活管理做到责任到人，认真督促检查，做到责任到人，措施得力，确实保证职工健康和工程的顺利进行。

（2）集体管理措施。

1）在夏季高温季节增加职工食堂、宿舍、办公室、厕所的环境卫生检查次数，不合格的饭菜不允许出现在职工的餐桌上，定期喷洒杀虫剂，防止蚊蝇滋生，杜绝常见流行病。在保证营养的同时向职工（特别是生产第一线和高温岗位职工）提供降温避暑药及绿豆汤等，以确保安全和健康。对在特殊环境下（如露天、封闭环境等）施工的人员，采取诸如遮阳、通风等措施或调整工作时间，早晚工作，中午休息，防止职工中暑、窒息、中毒和其他事故的发生，炎热时期派医务人员深入工地进行巡回防治观察。一旦发生中暑、窒息、中毒等事故，立即进行紧急抢救或送医院急诊抢救。严禁职工到江河湖泊中洗澡、游泳，以免发生意外事故。

2）夏季高温季节是现场用电高峰期，定期对电气设备逐台进行全面检查、保养，禁止不规范用电，对职工宿舍的降温用电设备及电线进行定期检查，同时在此阶段开展"安全用电活动"评比活动。

3）加强对易燃、易爆等危险品的贮存、运输和使用的管理，在露天堆放的危险品采取遮阳降温措施。严禁烈日暴晒，避免发生泄漏，杜绝一切自然、火灾、爆炸事故。

4）人容易在夏季高温季节产生烦躁心理，项目综合部根据周边居民以及相关部门的实际情况，进行定期的走访、沟通，协调好与周边居民以及相关部门的关系，保证现场施工顺利进行。

（3）各施工阶段具体措施。根据本工程的网络计划安排，部分主体结构、地下室等工程将在夏季高温季节进行施工，可采取如下措施：

在做好职工个人防护的前提下，重点控制混凝土的养护施工，对于大体积混凝土内应采用循环水降温，并采用覆盖保温养护，对于竖向墙体结构采取喷水养护，水平楼板结构采用草袋被进行覆盖养护，现场指派专人进行监督、检查，确保混凝土结构在湿润的状态下进行养护，以保证工程的质量。

4. 大风季节施工措施

大风会增加塔吊、护墙板等作业环境危险性，当风力大于四级，应限制塔吊作业，风力在五级以上应停止作业。

（1）施工组织措施。根据以往经验，秋季、冬季、春季时有大风，我们将对现场的工人进行"大风天气安全施工"知识讲座，并安排专人收听天气预报，防止不安全事故的发生，同时注意洒水压尘，确保绿色施工。

（2）各施工阶段具体措施。

1）吊装主题工程。收听天气预报，及时做好防范措施，在大风到来之前进行全面检查。作业面上容易有被大风吹落的渣土和材料。采用可靠的措施固定，如与建筑物绑牢或者采用密闭容器盛装。作业过程中若突遇大风，应按照预先的安全隐蔽原则，选择现场临建作为隐蔽场所，根据天气情况，在风力较弱的情况下转移到更加安全的地点。

2）施工机械管理。塔吊的各构件要仔细检查一遍，同时塔吊的小车和吊钩均摇停靠在最安全处，封锁装置必须可靠有效。对塔吊拔杆进行了限位的应将拔杆用缆风绳固定在可靠的结构上，驾驶室的门窗要关闭锁好。大风到来时各机械停止操作，人员停止施工。大风过后对各机械和安全设施进行全面检查，没有安全隐患时才可恢复施工作业。

（3）大风后的管理措施。大风之后可能会给机械设备、脚手架等设施带来潜在的安全隐患，项目组应在大风之后立即组织人员进行机电设备、防雷接地、外架稳定性、现场消防设施等方面进行全面检查，保障安全生产。

5. 大雾、沙尘暴天气施工

现场出现大雾或者沙尘暴天气时，应立即停止施工，并做好各种防护措施。复工前必须进行全面地安全生产检查，确认具备安全生产条件后才能施工。大雾或沙尘暴天气不利因素的安全防护规定：

（1）施工负责人应及时了解和掌握天气预报情况，避开大雾时间（大雾一般起于午夜，散于午时），做好工作时间的调整，把安全做到防患于未然。

（2）遇大雾、沙尘暴天气应根据具体情况安排施工，能见度不足时暂停吊车吊装作业，机械、车辆暂缓工作安排，待能见度提高后再行安排。

塔吊的顶部分别安装探照灯，在有大雾、沙尘暴的时候开启。

6. 施工期间的防雷措施

（1）防雷装置设置的要求。

1）施工现场内的起重机、外用电梯等机械设备，以及钢脚手架和正在施工的在建工程等的金属结构等均应安装防雷装置。

2）做防雷接地机械上的电气设备，所连接的 PE 线必须同时做重复接地，同一台机械电气设备的重复接地和机械的防雷接地可共用同一接地体，单接地电阻应符合重复接地电阻值的要求，接地电阻阻值应小于 4Ω。

3）防雷引下线的设置：施工现场各机械设备防雷引下线可以利用该设备的金属结构体代替，其前提条件是能够保证设备的金属结构体间实现电气连接。否则应单独敷设引下线，并应符合下列规定：引下线宜采用圆钢或扁钢，优先采用圆钢，圆钢直径不应小于 8mm，扁钢截面不应小于 $48m^2$，其厚度不应小于 4mm。采用多根引下线时，宜在各引下线距地面 0.3～1.8m 之间装设断接卡。在易受机械损坏和防止人身接触的地方，地面上 2.0m 至地下 0.2m 的一段接地线应使用圆钢、硬质塑料管保护。

（2）机械设备的防雷装置。施工现场应针对下列设备采取防雷接地装置，如塔吊、大型钢模板防雷接地、电动爬架防雷接地、钢结构施工防雷接地、室外提升电梯防雷接地。

1）塔式起重机的防雷装置。塔式起重机应按照规范做好重复接地和防雷接地。塔式起重机另设避雷针。塔式起重机的防雷接地应与重复接地共用同一接地体，接地电阻阻值不大于 4Ω。人工接地体采用 L50×5 角钢×2.5m，4×40 镀锌扁钢，每组接地装置设计 3 个接地钎子，间距为 5m，接地线与设备基础钢支座两点采用焊接连接，接地焊接时扁钢搭接长度为 2D，焊接长度 100mm，三面焊接，刷沥青防腐两道。

安装完成后进行接地电阻遥测，并记录归档。每季度遥测一次接地电阻，要求小于 4Ω。如实测大于 4Ω 应加补接地极。

当工程基础地板钢筋敷设完成后，利用基础地板上下两根主筋（螺纹 25）与塔吊柱腿钢柱焊接作为防雷接地。

2）外用电梯的防雷装置。外用电梯的顶部应安装避雷针，针长 1～2m，采用圆钢时直径不小于 16mm，采用钢管时直径不小于 25mm。外用电梯的防雷引下线利用电梯的金属结构，上部与避雷针可靠连接，下部与接地装置可靠连接。外用电梯的防雷接地应与重复接地共用同一接地体，室外电梯电源必须有单独的电源箱供电，且经过漏电保护器进行控制，配电箱内接地线压接牢固可靠。接地电阻阻值，不大于 4Ω。

6.10.3　特殊时段保证措施

本工程拟定施工时间内将经历元旦、春节、五一、高考、十一等特殊时段，在这些特殊时段内本公司将采取以下措施：

（1）施工现场管理人员坚守工作岗位，根据实际情况轮流安排管理人员调休，并在此之前做好工作交接，确保工作的连续性。

（2）安全部加强现场检查与巡视，落实预防措施，杜绝事故隐患。

（3）材料部门提前制订材料进场计划，尤其是钢筋的进场计划，做好钢材储备。并根据特殊时段的市内交通情况，提前落实运输材料进场车辆的行驶落线，确保材料运输的及时与通畅；对委托加工的半成品、构件提前与加工厂商联系，由加工厂商提前加工或安排加班生产，以确保半成品、构件能按照原定计划组织进场。做好材料的储备工作和相关材料的检测工作。

（4）节假日期间现场监理工程师可能会放假休息，项目部提前与监理工程师预约，使得现场有监理工程师值班，以确保隐蔽工程或中间验收工作的连续性。

（5）特殊时段施工时特别加强现场文明施工管理、消防管理、防噪声、防尘处理措施，保持良好的现场形象，维持现场及周围的市容环境整洁。

参 考 文 献

［1］ 王召新. 混凝土装配式住宅施工技术研究［D］. 北京工业大学，2012.

［2］ 王铁宏. 绿色建造与高质量发展［N］. 中国建设报，2019−06−21（008）.

［3］ 邹世华. 预制装配式建筑施工技术分析［J］. 建材世界，2019，（03）：60−62.

［4］ 黄琼. 预制装配式建筑施工技术研究［J］. 居舍，2019，（17）：54.

［5］ 火东升. BIM 技术在装配式建筑中的应用探究［J］. 建材与装饰，2019，（17）：10−11.

［6］ 龙凤. 装配式建筑结构体系和施工关键技术研究［J］. 建材与装饰，2019，（16）：23−24.